职业教育教学质量提升工程系列教材

基础焊接与实训

崔忠萍　主　编

杜花清　副主编

中国铁道出版社

CHINA RAILWAY PUBLISHING HOUSE

内 容 简 介

本书分为焊工的职业道德与安全规程、焊接基础知识、焊条电弧焊、焊条、焊接缺陷和其他熔焊技术共6章,每章内容包括理论知识和实训部分。

理论知识主要讲述基础焊接的一般操作,以平焊为主,立、横、仰焊略有涉及。焊种以常见为主,新式焊种也略有涉及,具体包括手工电弧焊、二氧化碳气体保护焊、氩弧焊等基础焊和焊接缺陷与检验等知识。实训部分包括相应焊种的平焊、立焊、横焊、仰焊的操作技术。初学者可根据情况自行侧重掌握。

本书适合作为中等职业学校焊接技术应用及相关专业学生的教材,还可以作为从事相关行业的培训用书。

图书在版编目(CIP)数据

基础焊接与实训/崔忠萍主编.—北京:中国铁道出版社,2018.3
职业教育教学质量提升工程系列教材
ISBN 978-7-113-24261-9

Ⅰ.①基… Ⅱ.①崔… Ⅲ.①焊接—中等专业学校—教材 Ⅳ.①TG4

中国版本图书馆CIP数据核字(2018)第019373号

书　　名:基础焊接与实训
作　　者:崔忠萍　主编

策　　划:陈　文　　　　**读者热线**:(010)63550836
责任编辑:陈　文　尹　娜
封面设计:刘　颖
责任校对:张玉华
责任印制:郭向伟

出版发行:中国铁道出版社(100054,北京市西城区右安门西街8号)
网　　址:http://www.tdpress.com/51eds/
印　　刷:虎彩印艺股份有限公司
版　　次:2018年3月第1版　2018年3月第1次印刷
开　　本:787 mm×1 092 mm　1/16　**印张**:12　**字数**:292千
书　　号:ISBN 978-7-113-24261-9
定　　价:35.00元

PREFACE

前 言

基础焊接与实训是一门基础性的初级焊工入门课程，是初级焊工入门的基础课程之一，然而目前尚没有一套融焊接理论与应用为一体的教科书，为了教学需要，我们编写了这本适合中职学校学生自身特点的并具有实用性的教材。编写这本教材，是以学校制订的焊接人才培养方案为指导思想，结合当前学校学生的实际情况，针对中职学生的学习特点，我们将初级焊接理论和实操有机结合，既提高了理论知识储备，又能较好地培养学生的动手操作能力。

本书中的焊接件未标注尺寸单位，默认为 mm。

全书共分六章，由崔忠萍任主编，杜花清任副主编。在编写过程中，参阅了大量的书刊和相关论著，并吸取了其中的有益经验。

在本书编写过程中得到了中国铁道出版社领导、编辑、学校领导及 2013 年国培焊接同仁的鼎力支持，在此一并表示感谢！

由于编写时间紧，书中难免会有疏漏之处，敬请广大读者批评指正，并提出宝贵意见。

编者

2017 年 12 月

CONTENTS

目 录

第一章

焊工的职业道德与安全规程

第一节 职业道德

一、定义

职业道德是指与人们的职业活动紧密联系,符合职业特点所要求的道德准则、道德情操与道德品质的总和。它既是本职人员在职业活动中的行为标准和要求,同时又是职业对社会所负的道德责任与义务。职业道德是指人们在职业活动中应遵循的基本道德,即一般社会道德在职业活动中的具体体现,是职业品德、职业纪律、专业胜任能力及职业责任等的总称,属于自律范围,它通过公约、守则等对职业活动中的某些方面加以规范。焊工的职业道德是与焊工的职业活动紧密联系的符合焊接特点所要求的道德准则、道德情操与道德品质的总和,它既是焊工在职业活动中的行为标准和要求,同时又是焊工对社会所负的道德、责任与义务。

二、主要内容

爱岗敬业,诚实守信,办事公道,服务群众,奉献社会,素质修养。

职业道德的含义包括以下8个方面:

(1)职业道德是一种职业规范,受社会普遍的认可。

(2)职业道德是长期以来自然形成的。

(3)职业道德没有确定的形式,通常体现为观念、习惯、信念等。

(4)职业道德依靠文化、内心信念和习惯,通过员工的自律实现。

(5)职业道德大多没有实质的约束力和强制力。

(6)职业道德的主要内容是对员工义务的要求。

(7)职业道德标准多元化,代表了不同企业可能具有不同的价值观。

(8)职业道德承载着企业文化和凝聚力,影响深远。

三、基本要求

概括而言,职业道德主要应包括以下几方面的内容:忠于职守,乐于奉献;实事求是,不弄虚作假;依法行事,严守秘密;公正透明,服务社会。

1. 忠于职守,乐于奉献

尊职敬业是从业人员应该具备的一种崇高精神,是做到求真务实、优质服务、勤奋奉献的前提和基础。从业人员应安心工作、热爱工作、献身所从事的行业,把自己远大的理想和追求落到工作实处,在平凡的工作岗位上做出非凡的贡献。焊接人员有了尊职敬业的精神,就能在实际工作中积极进取、忘我工作,把好工作质量关。对工作认真负责,把工作中所得出的成果,作为自己莫大的荣幸;同时认真分析工作中的不足,积累经验。

2. 实事求是,不弄虚作假

实事求是不仅是思想路线和认识路线的问题,也是一个道德问题,而且是职业道德的核心。求,就是深入实际,调查研究;是,有两层含义,一是是真不是假,二是规律性。为此,我们必须办实事,求实效,坚决反对和制止工作上弄虚作假。这就需要有无私的职业良心和无私无畏的职业作风与职业态度。如果夹杂着私心杂念,为了满足自己的私利或迎合某些人的私欲,弄虚作假就会背离实事求是这一最基本的焊工职业道德。

作为一个焊接工作者，必须有对国家、对人民高度负责的精神，把实事求是作为履行责任和义务最基本的道德要求，坚持不唯书、不唯上、只唯实。焊工要特别注意，应去粗取精、去伪存真、由表及里、由此及彼地分析。

3. 依法行事，严守秘密

坚持依法行事和以德行事"两手抓"。一方面，要大力推进国家法治建设，进一步加大执法力度，严厉打击各种违法乱纪的现象，依靠法律的强制力量消除腐败滋生的土壤；另一方面，要通过劝导和教育，启迪人们的良知，提高人们的道德自觉性，把职业道德渗透到工作的各个环节，融于工作的全过程，增强人们的道德意识，从根本上消除腐败现象。

严守秘密是职业道德的重要准则，从业人员必须保守国家、企业的秘密。

4. 公正透明，服务社会

优质高效的服务是焊工职业道德所追求的最终目标，是职业生命力的延伸。

第二节　安 全 规 程

工作时必须重视设备的安全使用和人员的安全防护。焊接实训室必须设立相应的安全检查制度、设备管理制度及各种设备的安全使用制度。

一、焊接实训室管理制度

1. 焊接设备的使用检查制度

(1)焊接设备必须在指导老师的统一调配下使用，个人不许私自进行开、关机等操作，养成统一检查、一致行动的工作习惯。

(2)焊接设备的使用者必须经过专业操作技术培训，取得焊接操作证后方可独立操作，严禁无证操作和乱开、乱动。

(3)焊接设备应有完整的保护外壳，一、二次接线柱处应有安全保护罩，一次线一般不超过5 m，二次线一般不超过30 m，如有接头，接头不超过3个，设备外壳要可靠、接地，使用前必须仔细检查。

(4)一旦焊机出现故障，学生不得私自修理，必须报告老师，老师能现场修理的则修理，不能修理的上报学校，申请专业人员维修，严禁带故障操作，即便只是小问题。

2. 焊接设备的保养制度

(1)承包到底制。贯彻谁使用，谁维护、谁保养的制度，增强操作者的责任心和主人翁意识。

(2)每日清扫制。每日擦拭设备上的灰尘、油污，每月使用高压空气对电焊机内部的灰尘进行吹扫。长期不用的设备也要顾及。并且焊接设备上不允许放置任何物品。

(3)每日检查制。每日必须检查焊接设备的输入、输出端子有无松动，是否有虚接和过热老化的情况，不能存在遗漏，发现问题要及时处理。

(4)相关设备制。每日检查风机是否旋转，如果风机不转不允许作业。每月给风机转轴加适当润滑油。每日检查其他相关设备，做到用必查。

(5)其他。有电路板的焊接设备每周使用酒精棉球小心除尘和去杂。长期搁置的设备也要定期上油和除尘。凡实验室的设备都要定期检查。

3. 焊接设备的保管制度

(1)各个小组必须清楚本班组焊接设备的数量及调拨情况,一般由组长负责。

(2)在作业结束后,整理好焊接设备配套设施并摆放整齐,确定无异常后方可离去。

(3)长期做好防盗、防火工作,每日检查,放假超过两天则必须将可拆卸的部分拆卸后放到安全地方存放,关闭总开关。

(4)对长期不使用的设备进行覆盖,防止灰尘沉积过多;再次使用时必须检查后方可投入使用。

4. 焊接实训室安全管理制度

(1)严格遵守焊接特种作业安全的有关规定。

(2)凡实训设备、仪器、工量器具,未经允许不得随意乱动或拿出室外;凡室内各种电路、线路未经允许不得乱拉、乱接;凡消防设备不得随意搬动,改作他用。杜绝各类人身、设备事故的发生。

(3)库房未经指导老师允许,严禁擅自入内,物品归还要放回原处。

(4)氧气、乙炔气等气体必须按照类别分别存放,空瓶要写上明显标记,存放于空旷处。

(5) 节约耗材,下课后废料要按照规定清理,放置在废料库房,不得私自变卖。

(6)焊接设备必须严格施行检查制度,不得带故障运行。

(7)凡学生进行实训应遵守“焊接车间十不准”守则。

(8)凡使用的教学设备如:教具、仪器、仪表,除下课时进行清点外,实习教师应及时调整还原至起始备用状态,保证教学设备的完好率和后续课程的正常进行。

(9)凡实训教学时,学生因不听从指导而损坏教学设备、教具,均应按损坏公物赔偿管理办法执行。如盗窃教学设备、教具、材料的,除应追回被盗原物外,还应依据《学籍管理规定》《治安管理条件》处理。

(10)凡进入实训室进行教学时,教师、学生均应佩戴胸卡。严格执行设备维修保养、工具管理、和安全操作规程,定期召开安全会议,做好记录,发现问题及时纠正。

二、焊接设备安全操作规程

焊接是一种高危职业,因此在焊接时必须严格按照设备的安全操作规程进行,下面介绍几种初级焊工常见设备的安全操作规程。

1. 电焊机安全操作规程

(1)露天装设的电焊机应设置在干燥场所,并设棚遮蔽。

(2)电焊机外壳须可靠接地,裸露的导电部位和转动部分须有保护罩,试验可靠后方可投入使用。

(3)电焊机一次线(电源线)须绝缘良好,无裸露部位。

(4)电焊机二次线(地线、电焊带子)中间不许有破损,如发现应用绝缘胶带包扎,在穿越道路时,应有防护措施。

(5)电焊机应有单独的电源装置,使用前先检查,确认无异常后方可合闸,使用后及收工时必须关闭。

(6)电焊机工作期间不准随意开关空气开关,不准有类似用绳子栓住空气开关等违规操作。

(7)禁止电焊机长时间过热工作。一般工作 2 h 后应将机器断电休息 15~20 min。

(8)严禁带电操作。在倒换快速插头时,必须切断电源。

(9)保证安全通道直行畅通。为了使安装电焊机的房间保持良好的通风,不允许随意在焊机房内放置其他与焊接无关物品。

(10)电焊带子走向要尽量一致、整齐,保持良好的施工形象。

(11)设备应存放于干燥、通风并有可靠接地的专用房内,不许随意更改位置。

2. 焊条烘干箱安全操作规程

(1)将焊条放入烘干箱中并及时关闭箱门。

(2)将控制仪的温度设定旋钮调到需要的温度值上。

(3)将排气阀转到需要开放的程度。

(4)依次开启电源开关、加热开关,使烘干箱投入运行。

(5)温控仪上红绿信号灯交替指示时,表明工作室内温度已恒定,烘干箱进入恒温状态。

(6)如果控制电器发出超高温报警信号,说明出现故障,应立即停机检修。

(7)取焊条或工件开启箱门时,应戴耐高温手套,防止烫伤。

(8)焊条取放后随时关闭烘干箱门。

(9)严禁将烘干箱作为焊条长期存放处。

3. 气焊、气割安全操作规程

(1)持证上岗。进行气焊(气割)作业的人员必须持"特种作业操作证"方可上岗操作,或具有上岗资质的人员才可操作。

(2)氧气瓶、乙炔瓶的阀、表均应齐全完整,紧固牢靠,不得松动、破损和漏气。氧气瓶及其附件、胶管和开闭阀门的扳手上均不得沾染油污。

(3)氧气瓶应与易燃气瓶、油脂等其他易燃易爆物品分开存放,也不宜同车运输。氧气瓶应有防震胶圈和安全帽,不得在强烈阳光下暴晒,也不能长期存放于室外。严禁用塔吊或其他吊车直接吊运氧气或乙炔瓶。

(4)乙炔胶管、氧气胶管不得错装,不得混用。乙炔胶管为黑色,氧气胶管为红色。

(5)氧气瓶与乙炔瓶储存和使用时的距离不得少于10 m,氧气瓶、乙炔瓶与明火或割炬(焊炬)间距离不得小于10 m。

(6)严格遵守使用顺序。在点燃焊(割)炬时,应先开乙炔阀点火,然后开氧气阀调整火焰,关闭时先关闭乙炔阀,再关闭氧气阀。

(7)工作中如发现氧气瓶阀门失灵或损坏,不能关闭时,应让瓶内的氧气自动跑尽后再行拆卸修理。

(8)胶管的使用严格按照国家标准规定。氧气胶管,外径18 mm,各项性能应符合GB/T 2550—2016《气体焊接设备 焊接、切割和类似作业用橡胶软管》的规定;乙炔胶管,外径16 mm,各项性能应符合GB/T 2550—2016的规定。

(9)熄火严格按照规定操作。使用中,氧气软管着火时不得采用拆弯胶管断气,应迅速关闭氧气阀门,停止供气。乙炔软管着火时,应先关熄焊(割)炬火,可采用弯拧前面一段胶管的办法将火熄灭。

(10)严禁替代。未经压力试验的胶管或代用品及变质老化、脆裂、漏气的胶管或沾上油脂的胶管均不得使用。

(11)不得将胶管放在高温管道和电线上,或将重物或热的物件压在胶管上,更不得将胶管与电焊用的导线敷设在一起,胶管经过车道时应加护套或盖板。

(12)使用位置要求。氧气瓶使用时可立放也可平放(端部枕高),乙炔瓶必须立放使用。立放的气瓶,要注意固定,防止倾倒。

(13)操作中,不得将胶管背在背上操作。割(焊)炬内若带有乙炔、氧气时不得放在金属管、槽、缸、箱内操作。

(14)工作完毕后,应关闭氧气瓶、乙炔瓶,拆下氧气表、乙炔表,拧上气瓶安全帽。

(15)作业结束后,应将胶管盘起、捆好挂在室内干燥的地方,减压阀和气压表应放在工具箱内。

(16)工作结束,应认真检查操作地点及周围,确认无起火危险后,方可离开。

(17)对有压力或易燃易爆物品气割前必须经技术人员采取有效安全措施后,确保无误方可进行操作,严禁擅自进行气割作业。

4. 二氧化碳气体保护焊安全操作规程

(1)作业前,二氧化碳气体应预热 15 min。开气时,操作人员必须站在瓶嘴的侧面。

(2)作业前,应检查并确认焊丝的进给机构、电路的连接部分、二氧化碳气体的供应系统及冷却水循环系统合乎要求,方可进行下一步操作。严禁在焊枪冷却水系统漏水时操作。

(3)二氧化碳气体瓶宜放置于阴凉处,其最高温度不得超过 30 ℃,否则应采取措施。气瓶应放置牢靠,不得靠近热源。

(4)二氧化碳气体预热器端的电压,不得大于 36 V,作业后应切断电源。

(5)焊接操作及配合人员必须按规定穿戴劳动防护用品,并做好防止触电、高空坠落、瓦斯中毒和火灾等事故发生的安全措施。

(6)现场使用的电焊机,应设有防雨、防潮、防晒的机棚,并在附近装设相应的消防器材。

(7)高空焊接或切割时,必须系好安全带,焊接周围和下方应采取防火措施,并应有专人监护。严禁在有风和下雨工况下施焊。

(8)当施焊受压容器、密封容器、油桶、管道沾有可燃气体和有毒、有害、易燃物质及溶液时,应先消除容器及管道内压力,消除可燃气体和溶液,然后冲洗;对存有残余油脂的容器,应先用蒸汽或碱水冲洗,并打开盖口,确认容器清洗干净后,再灌满清水方可施焊。在容器内焊接应做好防止触电、中毒和窒息的有关措施。焊、割密封容器应留出气孔,必要时在进、出气口处装设通风设备;容器内照明电压不得超过 12 V,焊工与焊件间应采取绝缘垫板等绝缘措施;容器外应设专人监护。严禁在已喷涂过油漆或塑料容器内焊接。

(9)对承压状态下的压力容器及管道、带电设备、承载结构的受力部位和装有易燃、易爆物品的容器内严禁焊接和切割,若必须施焊则要采用相应措施,否则严禁操作。

(10)对铜、铝、锌、锡等有色金属焊接时,应保持通风良好,焊接人员应戴防毒面罩、呼吸滤清器或采取其他防毒措施,否则不可操作。

(11)消除焊缝焊渣时,应佩戴防护眼镜,头部应避开敲击焊渣飞溅方向,用力要适当。

(12)雨天不得在露天施焊。在潮湿地带作业时,操作人员应站在铺有绝缘物品的地方,并采取穿绝缘鞋等绝缘措施。

5. 手工电弧焊安全操作规程

手工电弧焊是焊工掌握焊接技术的基础,且电焊、气焊均为特殊工种,经专业安全技术学习、训练和考试合格,颁发“特殊工作操作证”后,方能独立操作,严禁无证操作。焊接场地,禁止放易燃易爆物品,应备有消防器材,保证足够的照明和良好的通风。严格按照焊接工艺及图纸要求操作,严禁焊工私改图纸，如有疑问需请示上级。工作完毕应检查场地，灭绝火种，切断电源，才能离开。具体内容如下：

(1)应掌握一般电气知识，遵守焊工一般安全规程，工作前应该检查焊机电源线、引出线及各接线点是否良好；若线路横跨车行道时应架空或加保护盖；焊机二次线路及外壳必须有良好接地装置；电焊钳把绝缘必须良好。焊接回路线接头不宜超过三个。还应熟悉灭火技术，触电急救及人工呼吸方法。

(2)操作场地 10 m 内，不应储存油类或其他易燃易爆物品，若有此类物品，而又必须在此操作时，应通知消防部门和安技部门到现场检查，采取临时性安全措施后，方可操作。

(3)下雨天不准露天电焊。在潮湿地带工作时，应站在铺有绝缘物品的地方并穿好绝缘鞋。高空作业应系安全带，采取防护措施，不准将工作回线缠在身上，地面应有专人监护。

(4)严禁带电操作。移动式电焊机从电力网上接线或拆线，以及接地、更换熔丝等工作，均应由电工进行。电焊机若不能正常运转，应找专业维修人员维修，严禁私自拆卸电焊机。

(5)推闸刀开关时身体要偏斜些，要一次性推足，然后再开启电焊机；停机时，要先关电焊机，才能拉断电源开关。

(6)欲移动电焊机位置，须先停机断电；焊接中突然停电，应立即关好电焊机。焊接电缆接头移动后应检查，保证牢固可靠，否则不许离开。

(7)在人多的地方焊接时应安设遮拦挡住弧光。无遮拦时应提醒周围人员不要直视弧光。工作前必须穿戴好防护用品，操作时所有工作人员必须穿戴好防护眼镜或面罩。仰焊时，应扣紧衣领，扎紧袖口，戴好防火帽。

(8)换焊条时应戴好手套，身体不要靠在铁板或其他导电物件上。敲渣时应戴上防护眼镜。

(9)焊接有色金属器件时，应加强通风排毒，必要时使用过滤式防毒面具。

(10)在修理压力管道、易燃易爆气(液)体管道或在有易燃易爆物泄漏的地方焊接时，要事先通知有关部门及消防、安技部门，得到允许后方可工作。工作前必须关闭气(液)源，加强通风，把积余气(液)排除干净。修理机械设备，应将其保护零(地)线暂时拆开，焊完后再行连接。

(11)焊机启动后，焊工的手和身体不应随便接触二次回路导体，如焊钳或焊枪的带电部位、工作台、所焊工件等。在容器内，潮湿、狭窄部位，以及夏天身上出汗或阴雨天等情况下作业时，应穿干燥衣物，必要时要铺设橡胶绝缘垫。在任何情况下，都不得使操作者自身成为焊接回路的一部分。电焊机接地零线及电焊工作回线都不准搭放在易燃易爆的物品上，也不准接在管道和机床上，工作回线应绝缘良好，机壳接地必须符合安全规定。

第三节　对常用焊接设备的选用与要求

一、选用电焊机的一般原则

电焊机的选用是制订焊接工艺的一项重要内容，涉及的因素较多，但主要应注意如下几方面。

1. 被焊结构的技术要求

被焊结构的技术要求包括被焊结构的所选材料特性、结构构造特点、尺寸要求、精度要求和结构的使用条件等。一般遵循以下原则：

如果焊接结构材料为普通低碳钢，则选用弧焊变压器即可；如果焊接结构要求较高，并且要求用低氢型焊条焊接,则要选用直流弧焊机。

如果是厚大件焊接,则可选用电渣焊机;棒材对接,可选用冷压焊机和电阻对焊机等。

对活性金属或合金、耐热合金和耐腐蚀合金,根据具体情况,可选用惰性气体保护焊机、等离子弧焊机、电子束焊机等。

对于批量大、结构形式和尺寸固定的被焊结构,可以选用专用焊机。

2. 实际使用情况对电焊机的要求

不同的电焊机,可以焊接同一焊件,这就要根据实际使用情况,选择较为合适、经济的电焊机。

在野外焊接时缺乏电源和气源,只能选择柴(汽)油直流弧焊发电机等弧焊发电机作为焊接设备。

对焊后不允许再加工或热处理的精密焊件,应选用能量集中、不需添加填充金属、热影响区小、精度高的电子束焊机或其他高精密焊机,考虑经济要求。

3. 经济效益对电焊机的要求

焊接时,电焊机的能源消耗是相当大的,所以选用电焊机时,应考虑在满足工艺要求的前提下,尽可能选用耗电少、功率因数高的电焊机,并力求节约能源。

二、对弧焊机的要求

1. 对弧焊机外特性的要求

弧焊机外特性曲线的形状对电弧及焊接参数的稳定性有重要影响。在稳定工作状态下,电焊机输出的电流与电源输出端电压的关系称为电源的外特性,为保证焊机电弧系统的稳定性,焊机外特性曲线的形状与电弧静特性曲线的形状必须匹配。

2. 对弧焊机空载电压的要求

不同的焊接方法,对焊机的电压、电流等参数的要求也有所不同。用于焊接的焊机须满足一定的技术要求。而且电焊工在工作时,每时每刻都要接触电气设备,手工焊时,巨大的电流从焊工手握的焊把中流过;自动焊时,焊工要操作电气按钮和开关。因此,为避免发生触电事故,焊工还必须掌握焊接安全用电知识。

三、对橡胶软管的要求

(1)橡胶软管须经压力试验后方可投入使用。氧气软管试验压力为2 MPa;乙炔软管试验压力为0.5 MPa。未经压力试验的代用品或变质、老化、脆裂、漏气的胶管及沾上油脂的胶管禁止使用。

(2)长度及使用要求。软管长度一般为10~20 m,禁止使用过短或过长的软管。接头处必须用专用卡子或退火的金属丝卡紧扎牢。

(3)不可替代的要求。氧气软管为红色,乙炔软管为黑色,连接时不可接错。

(4)熄火注意事项。乙炔软管在使用中发生脱落、破裂、着火时,应先将焊炬或割炬的火熄灭,然后停止供气。氧气软管着火时,应先迅速关闭氧气阀门。不准用弯折的办法来消除氧气软管着火。乙炔软管着火时可用弯折前一段胶管的办法来将火熄灭。

(5)其他要求。禁止把橡胶软管放在高温管道和电线上,或把重的或热的物件压在软管上,也不准将软管与电焊用的导线敷设在一起。使用时应防止割破。若软管经过车行道时,应加护套或盖板。

四、氧气瓶和乙炔瓶的使用要求

1. 氧气瓶的使用要求

(1)保存运送及时间要求。每个气瓶必须在定期检验的周期内使用(氧气瓶的使用期限三年),色标明显,瓶帽齐全。氧气瓶应与其他易燃物品分开保存,也不准同车运输。运送、储存、使用气瓶须有瓶帽。禁止用叉车或吊车吊运氧气瓶。

(2)安放及停止使用要求。氧气瓶附件有缺陷时应停止使用。氧气瓶应直立安放在固定支架上,防止倾倒。

(3)配套设备要求。禁止使用没有减压器的氧气瓶。

(4)剩余要求。氧气瓶中的氧气不允许全部用完,气瓶剩余压力应不小于 0.05 MPa,并将阀门拧紧,写上"空瓶"标记。

(5)开启要求。开启氧气瓶时,要用专用工具,动作要缓慢,不要面对减压表,但应观察压力表指针是否灵活正常。

(6)防串入要求。当氧气瓶和电焊在同一工作地点时,瓶底应垫绝缘物,防止被串入电焊机的二次回路。

2. 乙炔瓶的使用要求

(1)输送、储存时的要求。输送、储存时必须保持直立固定,严禁卧放或倾倒;避免剧烈震动、碰撞;运输时应使用专用小车,不得用吊车吊运,环境温度超过 40 ℃时应采取降温措施。

(2)减压器要求。乙炔气瓶使用时,一把焊(割)炬配置一个减压器。

(3)开启要求。操作者应站在阀口的侧后方,轻缓开启。拧开瓶阀不宜超过 1.5 圈。

(4)剩余气体要求。瓶内气体不能用光,必须留有一定余压。当环境温度为 0 ℃以下时,余压为 0.05 MPa;温度为 0~15 ℃时,余压为 0.1 MPa;15~25 ℃时,余压为 0.2 MPa;25~40 ℃时,余压为 0.3 MPa。

(5)存放要求。焊接工作地乙炔气瓶存量不得超过 5 只。超过时,车间内应有专用的储存间。若超过 20 只应置放在乙炔瓶库。

(6)距离要求。乙炔气瓶与氧气瓶、明火相互间距至少 10 m。

五、对焊(割)炬的使用要求

(1)通透要求。焊嘴在使用前要通透,通焊嘴应用铜丝或竹签,禁止用铁丝。

(2)射吸能力要求。使用前检查焊炬、割炬的射吸能力。检查办法:先接上氧气管,打开乙炔阀和氧气阀(此时乙炔管与焊炬、割炬应脱开)用手指轻轻接触焊炬上乙炔进气口处,如有吸力,说明射吸能力良好。接插乙炔管时,应先检查乙炔气流,正常后方能接上。若没有吸力,甚至氧气从乙炔接头中倒流出来,则必须修理,否则严禁使用。

(3)选用要求。根据工件的厚度,选择适当的焊炬、割炬及焊嘴、割嘴,避免使用焊炬切割较厚的金属,应用小割嘴切割厚金属。

(4)连接要求。焊、割炬射吸检查正常后,接头连接时必须与氧气胶皮管确保连接牢固,而乙炔进气接头与乙炔胶皮管不应连接太紧,以不漏气并容易接插为宜。对老化和回火时烧损的皮管禁止使用。

(5)辅助要求。工作地点要有足够清洁的水,供冷却焊嘴用。当焊炬(或割炬)由于强烈加热而发出噼啪的炸鸣声时,必须立即关闭乙炔供气阀门,并将焊炬(或割炬)放入水中冷却。此时注意最好不关氧气阀。

(6)再用要求。短时间休息时,必须把焊炬(或割炬)的阀门闭紧,禁止将焊炬放在地上。较长时间休息或离开工作地点时,必须熄灭焊炬,关闭气瓶球形阀,除去减压器的压力,放出管中余气,并停止供水,然后收拾软管和工具。

(7)具体使用要求。焊炬(或割炬)点燃操作规程如下:

①点火前需要试风,急速开启焊炬(或割炬)阀门,用氧气吹风,以检查喷嘴的出口,但不要对准脸部试风。无风时不得使用。

②点、熄火要求。进入容器内焊接时,点火和熄火都应在容器外进行。

③防回火。对于射吸式焊炬(或割炬),点火时应先微微开启焊炬(或割炬)上的乙炔阀,然后送到灯芯或火柴上点燃,当冒黑烟时,立即打开氧气手轮调节火焰。发现焊、割炬不正常,点火并开始送氧后一旦发生回火时,必须立即关闭氧气,防止回火爆炸或点火时的鸣爆现象。

④点火顺序。使用乙炔切割机时,应先放乙炔气,再放氧气引火,调整火焰。

⑤熄火顺序。熄灭火焰时,焊炬应先关乙炔阀,再关氧气阀。割炬应先关切割氧,再关乙炔和预热氧气阀门。当回火发生后,若胶管回火防止器上出现喷火,应迅速关闭焊炬上的氧气阀和乙炔阀,然后关上一级氧气阀和乙炔阀门,再采取灭火措施。

(8)工作要求。操作焊炬和割炬时,不准将橡胶软管背在背上操作。禁止使用焊炬(或割炬)的火焰来照明,必须用专用的照明设备。

(9)防漏气要求。使用过程中,如发现气体通路或阀门有漏气现象,应立即停止工作,消除漏气后方能继续使用。

(10)气源管路通过人行道时,应加罩盖,注意与电气线路保持安全距离。

(11)通风要求。气焊(割)场地必须通风良好,容器内焊(割)时应采用机械通风。

第四节 安 全 用 电

一、工作环境

电焊需要在不同的工作环境操作,工作环境按触电危险性分类。按照触电的危险性,考虑到工作环境,如潮湿度、粉尘含量、腐蚀性气体或蒸气浓度、温度高低等条件的不同,可分为以下3类。

1. 普通环境

普通环境的触电危险性较小,这类环境一般应具备如下条件:

(1)干燥(相对湿度不超过75%)。

(2)无导电粉尘。

(3)由木料、沥青或瓷砖等非导电材料铺设地面。

(4)金属占有系数(即金属物品所占面积与建筑物面积之比)小于20%。

2. 危险环境

凡具有下列条件之一者,均属危险环境:

(1)潮湿(相对湿度超过75%)。

(2)有导电粉尘。

(3)有泥、砖、湿木板、钢筋混凝土、金属或其他导电材料制成的地面。
(4)金属占有系数大于20%。
(5)炎热、高温(平均温度经常超过30.2 ℃)。
(6)人体能够同时在一方面接触接地导体和在另一方面接触电器设备的金属外壳。

3. 特别危险环境

凡具有下列条件之一者,均属特别危险环境:
(1)特别潮湿(相对湿度接近100%)。
(2)有腐蚀性气体、蒸气、煤气或游离物。
(3)同时具有以上所列危险环境的两个及以上条件。
根据焊工所处环境,为防止触电事故的发生,必须加强安全教育,了解安全知识。

二、安全用电

根据欧姆定律,安全电压等于人体允许电流和人体电阻的乘积,即 $U=IR$。由于不同环境条件下人体电阻相差很大,因而使得安全电压也各不相同。

对比较干燥而触电危险性较大的环境,人体电阻可按1 000~1 500 Ω 考虑,通过人体的电流可按不引起心室颤动的最大电流 30 mA 考虑,则安全电压 $U=30\times0.001\times(1\ 000\sim1\ 500)=30\sim45$(V)。世界各国规定的安全电压不一样,如荷兰、瑞典为24 V,美国为40 V。目前我国规定36 V、50 Hz 的交流电源电压为安全电压。凡是在危险和特别危险的干燥环境里,焊接操作使用的手提灯、局部照明灯、二氧化碳气体保护焊的预热器,均采用36 V的安全电压。

对于潮湿而危险性又较大的环境,人体电阻按650 Ω 考虑,电流仍按30 mA 考虑,则安全电压 $U=30\times0.001\times650=19.5$(V),我国规定为12 V。凡在特别危险环境,以及金属容器、管道里的焊接用手提灯,均应使用12 V的安全电压。

对于在水下焊接或其他因触电会导致严重二次事故的环境,人体电阻应按650 Ω 考虑,通过人体的电流应按不引起强烈痉挛的电流5 mA 考虑,则安全电压 $U=5\times0.001\times650=3.25$(V),国际上规定为2.5 V以下。尽管如此,若大量电流长时间流经人体也有很大的危险,必须引起足够的重视,切不可麻痹大意。

凡电压大于36 V为危险电压。当人体接触到这种电压的电源,就有致命的危险。而一般焊接工作所用的电源电压均为380 V或220 V,电焊机的空载电压多数为60 V以上。通常380 V或220 V的电源都接到各动力开关箱上,而焊工每天又要与电焊开关箱打交道,亦即与380 V或220 V的危险电压打交道。由此可见,如电气线路和设备的绝缘不好,就有可能发生严重的触电事故。

1. 安全电压

通过人体的电流决定于外加电压和人体电阻。影响人体电阻的因素较多,如皮肤潮湿多汗,带有导电性粉尘、加大与带电体的接触面积和压力等,都会降低人体电阻。在一般情况下,我国现规定为42 V、36 V、24 V、12 V、6 V五个等级的安全电压,应根据不同的作业环境来选择。

2. 电流对人体的危害

电流对人体的危害有电击、电伤和电磁生理伤害等。在这些危害中电击和电伤是可以避免的,而电磁场生理伤害是永久存在的。在所有触电事故中大约75%是电击事故。

3. 影响因素

(1)电流强度。通过人体的电流越大,引起心室颤动所需时间就越短,致命危险性就越大。

(2)电流通过人体的时间。电流通过人体的时间越长,则触电危险性增加;另一方面,人的心脏每收缩扩张一次,中间约有0.1 s的间歇,这0.1 s对电流最为敏感,如果电流在这一瞬间通过心脏,即使电流很小,也会引起心脏振颤,如果电流不在这一瞬间通过心脏,即使电流很大(达到10 A)也不会引起心脏麻痹。由此可知,如果电流持续时间超过0.1 s,则必然与心脏最敏感的间歇重合,造成最大危险。

(3)电流通过人体途径。一般认为,通过心脏、肺部和中枢神经系统的电流越大,电击的危险性也越大,特别是电流通过心脏时,危险性最大。几十毫安的工频交流电即可引起心室颤动,从而导致人体死亡。电流通过人的头部会使人立即昏迷。若电流过大,会对大脑产生严重的损害,甚至导致昏迷不醒而死亡。

(4)电流频率。通常采用的工频交流电,对于设计电器设备来说比较合理,但对人的安全来说是最危险的频率。20~300 Hz的交流电对心脏的影响最大;2 000 Hz以上的交流电对心脏的影响较小,高频电电击的伤害程度比工频电轻得多,但高压高频电也有电击致命的危险。

(5)人体健康状况。人体健康状况不同,对电流的敏感程度,以及通过同样的电流的危险程度都不完全相同。凡患有心脏病、神经系统疾病,高血压等病症的人,受电击伤害的程度都比较重。

4. 发生触电的原因

一般包括发生直接电击和间接电击两种。

(1)直接电击事故指当人体直接触碰带电设备其中的一相或两相时,电流通过人体和大地形成回路,或通过人体形成回路而发生的事故。

一般由以下原因造成:

①在更换焊条及其他操作中,手和身体某部位接触到电焊条、焊钳或焊枪的带电部分,而脚或身体其他部分与地面和金属结构之间又无绝缘。特别是在金属容器、管道、锅炉里或金属结构物上、身上大量出汗或在阴雨潮湿的地方焊接时、容易发生这类事故。

②在接线或调节电焊设备时,手或身体某部碰到接线柱、极板等带电体而触电。

③在登高焊接时,触及或靠近高压网路引起的触电事故等。

(2)间接电击事故是指由于绝缘损坏导致罩壳故障,使本来不带电的物体带电,如果人体接触到这些物体就会导致的触电事故。

间接电击事故一般由以下原因造成:

①不该有电的带电。电焊设备的罩壳漏电而罩壳又缺乏良好的接地或接零保护,人体碰触罩壳而触电。下列情况可能造成电焊机罩壳漏电,由于线圈潮湿致绝缘损坏;由于长期超负荷运行或短路发热致绝缘降低、烧损。电焊机的安装地点和方法不符合安全要求,遭受震动、碰击,而使线圈或引线的绝缘造成机械损伤,并且破损的导线与铁芯和罩壳相连。

②现场管理失职。维护检修不善或工作现场管理混乱致使小金属物如铁丝、铁屑、铜线或小铁管头之类导电体,一端碰到电线头,另一端碰到铁芯或罩壳而漏电。

③弧焊电源损坏。电焊变压器的一次绕组与二次绕组之间的绝缘损坏时。变压器反接或错接到高压电源时,手或身体某部触及二次回路的裸导体;而同时二次回路缺乏接地或接零保护。

④操作不当。操作过程中触及绝缘破损的电缆,胶木闸盒破损的开关等。

⑤乱搭乱建。由于利用厂房的金属结构、管道、轨道、天车吊钩或其他金属物体搭接作为焊接回路而发生的触电事故。

5. 防止触电的技术措施

防止触电的隔离防护措施有绝缘、接地与接零、自动断电等。

6. 预防触电的安全技术

(1)实行检查制。焊接前应先检查弧焊电源、设备和工具是否安全。焊机是否可靠接地、接线是否良好、电缆、电线的绝缘有无损坏等。

(2)按章操作制。必须切断电源后方可进行的操作,如在改变弧焊电源接头、更换焊件及需要改接二次回路、转移工作地点、更换熔体等。推、拉闸刀开关时,必须戴绝缘手套,同时头部偏斜,防止电弧火花灼伤脸部。

(3)防护安全制。焊工工作时,必须穿戴防护工作服、绝缘鞋和绝缘手套。绝缘鞋、手套须保持干燥、完好和绝缘可靠。在潮湿环境工作时,焊工应使用绝缘橡胶衬垫。

(4)加强防护制。焊钳应有可靠的绝缘,中断工作时,焊钳要放在安全的地方,防止焊钳与焊件短路而烧坏弧焊电源。焊接电缆应尽量采用整根,避免中间接头,有接头时应保证连接可靠、接头绝缘可靠。参考焊钳安全使用规则。

(5)监护制。在金属容器内或狭小工作场地施焊时,必须采取专门的防护措施,保证焊工身体与带电体绝缘。要有良好的通风和照明。不允许采用无绝缘外壳的自制简易焊钳。焊接工作时应有人监护,随时注意焊工的安全动态,遇险时及时抢救。

(6)照明安全制。在光线较暗的环境工作时,必须用手提工作行灯,一般环境行灯电压不超过36 V,在潮湿、金属容器等危险环境工作时,照明行灯电压不超12 V。

(7)专职制。焊接设备的安装、检查和修理必须由电工完成。设备在使用中发生故障,应立即切断电源,通知维修部门修理,焊工不得自行修理。

(8)急救。触电抢救措施如下:

①切断电源。遇到有人触电时,不得赤手去拉触电人,应先迅速切断电源。如果远离开关,救护人可用干燥的手套、木棒等绝缘物拉开触电者或者挑开电线。千万不可用潮湿的物体或金属件作防护工具,以防自己触电。

②人工抢救。切断电源后如果触电者呈昏迷状态,应立即使触电者平卧,进行人工呼吸,并迅速拨打120送往医院抢救。

7. 焊工高空作业安全措施

离地2 m(含2 m)以上的作业称为高空作业。在高空进行焊接作业时,比在平地上作业具有更大的危险性,必须遵守下列安全操作规则。

(1)自身安全。在高空焊接作业时,焊工必须戴上安全帽,系上带弹簧钩的安全带,并把身体可靠地系在构架上,以防碰伤、坠落,伤及自身。

(2)安全梯的架设。高空焊接作业时,焊工使用的攀登物、脚手架、梯子必须牢固可靠。梯子要有专人扶持,焊工工作时应站稳把牢,谨防失足摔伤。

(3)工具安放。高空作业时,焊接电缆要紧绑在固定处,严禁绕在身上或搭在背上工作。应使用盔式面罩,不得用盾式面罩代替盔式面罩。辅助工具如钢丝刷、锤子、錾子及焊条等,应放在工具袋里。更换焊条时,焊条头不要随便往下扔。

(4)防火防爆。高空作业的下方,要清除所有的易燃易爆物品(工作地点下方周围10 m)。

(5)监护人。在高处焊接作业时,不得使用高频引弧器,预防触电、失足坠落。高处作业时应有监护人,密切注意焊工安全动态,电源开关应设在监护人近旁,遇到紧急情况立即断电。

(6)注意天气。焊工工作地点应加以防护,避免受不良天气的影响。遇到雨、雾、雪、阴冷和干冷天气时,应遵照特种规范进行焊接工作。

(7)身体素质。患有高血压、心脏病、癫痫病、恐高症、不稳定性肺结核及酒后工人不宜从事焊接作业。

(8)安全带。高空作业时应配备符合要求的安全带,不能使用耐热性差的尼龙安全带。安全带的使用原则是高挂低用,不许低挂高用,并且要挂在结实牢靠的构件上,不能拴在有尖锐棱角的构件上。

(9)安全距离。焊、割作业地点有高压线时,应保持一定的安全距离。电压小于35 kV时,安全距离应大于3 m,电压在35 kV以上时,安全距离应大于5 m,否则需停电作业,并在电闸上挂有"正在作业,严禁合闸",由专人负责。

(10)电源看管。高空作业时必须设监护人,焊机电源开关应设在监护人近旁,以便在焊工触电或有触电危险时能迅速拉闸并采取急救措施。

(11)梯子安放。高空作业的梯子应符合安全要求,放置稳妥,防止滑动与倾倒,梯子与地面夹角以70°为宜,人字梯夹角以45°左右为宜,并用限跨钩挂牢。

第五节 劳动保护

金属材料在焊接过程中产生的有害因素可分为弧光辐射、有害气体、烟尘、高频电磁场、射线、噪声6类。

一、弧光辐射的来源、危害和防护

1. 弧光辐射的危害

弧光辐射主要包括可见光、红外线、紫外线3种辐射。

(1)紫外线对眼睛和皮肤有伤害,易造成电光性眼炎。

(2)红外线对眼睛有伤害。

(3)可见光晃眼。

2. 防止措施

(1)焊工应穿白色帆布制成的工作服,以防止灼伤皮肤和射线透入。

(2)焊工应使用镶有特制滤光镜片的面罩。焊工作业时必须戴好具有电焊防护玻璃的面罩,面罩必须轻便、成形合适、耐热、不导电、不漏光。

(3)焊接场所应设置防护屏。引弧时,为避免弧光伤害他人眼睛,应尽可能采用标准的防护屏,如图1-1所示。

(4)引弧时注意周围人员安全。重力焊或装配定位焊时焊工或装配工应佩戴防尘眼镜。

二、焊接烟尘与有毒气体

1. 烟尘与有毒气体的来源与危害

(1)烟尘的来源。焊接或切割中,焊条和母材金属熔融时所产生的金属蒸气(焊条中常包括的几种元素Fe、Mn、Si、Cr、Ni等沸点都低于弧柱温度),在空气中冷凝及氧化而形成的不同粒度的尘埃,飘浮于作业环境的空气中,形成烟尘。

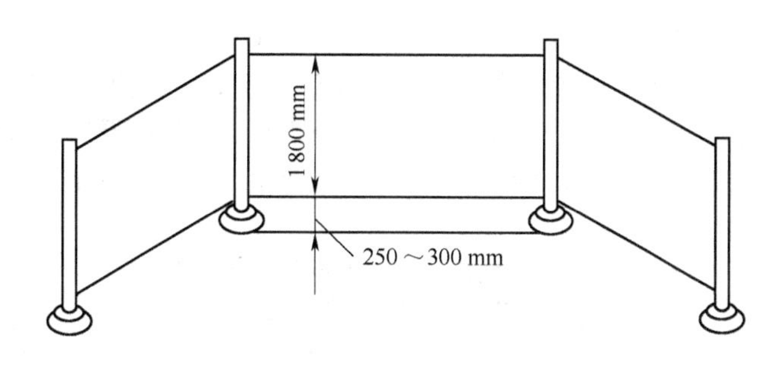

图 1-1　弧光防护屏

(2)烟尘的规格。空气中的烟:$D<0.1$ μm ,尘:$D=0.1\sim10$ μm 都被归类为有毒有害气体。常用的焊接方法产生的发尘量如表 1-1 所示,CO_2 焊接现场实测的有害气体和焊接烟尘浓度如表 1-2 所示。

(3)焊工护目遮光镜片的选用如表 1-3 所示。

表 1-1　常用焊接方法产生的发尘量

焊 接 方 法	焊接材料及直径/mm	每千克焊接材料的发尘量/g
焊条电弧焊	E5015 ϕ4	11~16
	E4303 ϕ4	6~8
CO_2 气体保护焊	H08Mn2Si ϕ1.6	5~8
氩弧焊	H1Cr18Ni9Ti ϕ1.6	2~5
埋弧焊	H08A ϕ5	0.1~0.3

表 1-2　CO_2 气体焊焊接现场实测的有害气体和焊接烟尘浓度　单位:mg/m^3

测 定 位 置	焊 接 烟 尘	CO	CO_2	NO_2	O_3
半封闭区	40.0~90.0	80.0~140.0	0.3~0.7	2.0~4.0	0.4~0.6
船舱	20.0~55.0	20.0~96.0	0.14~0.47	1.0~3.0	0.01~0.03

表 1-3　焊工护目遮光镜片选用表

种　　类	镜片遮光号			
	焊接电流/A			
	≤30	30~75	75~200	200~400
电弧焊	5~6	7~8	8~10	11~12
碳弧气刨			10~11	12~14
焊接辅助工	3~4			

2. 焊接烟尘的危害(见表 1-4)

(1)焊工尘肺。尘肺是指由于长期吸入超过一定浓度的能引起肺组织弥漫性纤维病变的粉尘所致的疾病。焊工尘肺在过去被称为“铁末沉着病”。有些粉尘如铁、铝、锡、钡等被人体吸入后可沉积于肺组织中,呈现一般的异物反应,可激发轻微的纤维病变,对人体健康危害较小或无明显影响。但是近一二十年来，由于焊接工艺的发展，经现场测定分析，证明在焊区周围空气中除存在有大量铁或铝粉尘外，尚有多种具有刺激性和促使肺组织产生纤维化的有毒物质，例如硅、硅酸盐、锰、铬、氟化物及其他金属的氧化物，还有臭氧、氮氧化合物等混合烟尘及其他有毒气体。焊工尘肺就是这些有害因素长期慢性综合作用所致的一种混合性疾病。它既不是铁末沉着症，同样也不同于矽肺。

表 1-4　焊接烟尘及有害物质的危害性

有毒气体名称	现场测量值	最高允许浓度	危　害
臭氧	0. 13~0. 26	0. 3	—
氧化氮	0. 11~1. 11	5	精神衰弱
一氧化碳	4. 2~15	30	CO 中毒
氟化氢	16. 7~51	1	支气管炎、肺炎

焊工尘肺的发病一般比较缓慢，多在接触焊接烟尘后 10 年发病，有的甚至长达 15~20 年以上（指通风不良条件下）才被发现，才有症状表现出来。主要表现为呼吸系统症状，有气短、咳嗽、咯痰、胸闷和胸痛等。

（2）锰中毒。锰蒸气在空气中能很快氧化成灰色的一氧化锰及棕色的四氧化三锰的烟。锰中毒主要由锰的化合物引起。它主要作用于中枢神经系统和神经末梢。能引起严重的器质性病变，锰的氧化物及锰粉主要通过呼吸道吸入。也能经胃肠道进入，锰进入人体后在血液循环中与蛋白质相结合，以难溶的磷酸盐形式积蓄在脑、肝、肾、骨骼、淋巴结和毛发等处。焊工的锰中毒一般是慢性过程，大都在接触 3~5 年以后，甚至可长达 20 年才发病。

目前使用的焊条含锰量，酸性为 10%~18%，碱性为 6%~8%。但经测定，空气中锰浓度仍达 0. 5~28. 7 mg/m^3，不至于影响健康，但如长期吸入，尤其是在容器、管道内施焊，若缺乏防护措施，仍有可能发生锰中毒。锰粉尘分散度大，烟尘的直径微小，能迅速扩散。因此，在露天或通风良好的场所不致形成高浓度。

（3）焊工金属热。主要由氧化铁、氧化锰微粒和氮化物等物质引起。其典型症状为工作后寒颤，继而发烧、倦怠、口内金属味、喉痒、呼吸困难、胸痛、食欲不振、恶心，翌晨发汗后症状减轻但仍觉疲乏无力等。大量的 0. 05~0. 5 μm 的氧化铁、氧化锰微粒和氮化物等物质均可引起焊工“金属热”反应。尤其是在钾和氟同时存在时可增强烟尘微粒深入组织和透过毛细血管的能力。因此，采用碱性焊条时一般比较容易产生“金属热”反应。国内调查“金属热”反应发病率为 4. 5%~60%，通常发生于在密闭罐及船舱等密闭空间内使用碱性焊条的焊工。

（4）防护措施如下：

①加强通风，合理组织劳动布局，焊接场地要有良好的通风设施，避免多名焊工挤在一起操作。

②目前多采用静电防尘口罩。加强个人防护，做好个人防护工作，减少烟尘等对人体的侵害。

③改进工艺和焊接材料，尽量扩大埋弧焊的使用范围，以代替焊条电弧焊。

④焊工定期体检，预防职业病。

三、噪声的危害

凡是干扰人们休息、学习和工作，可引起人的心理和生理变化，不同频率、不同强度无规则地组合在一起的声音都称为噪声。

噪声既影响听力,又对人的心血管系统、神经系统、内分泌系统产生不利影响。

国家规定,居民住宅区的噪声白天≤50 dB,夜间≤45 dB。

四、高频电磁场的危害

人体在高频电磁场作用下会产生生物学效应,焊工长期接触高频电磁场能引起植物神经功能紊乱和神经衰弱。表现为全身不适、头昏头痛、疲乏、食欲不振、失眠及血压偏低等症状。

如果是引弧时使用高频振荡器,虽然时间较短,影响较小,但长期接触也是有害的。所以,必须对高频电磁场采取有效的防护措施。

高频电会使焊工产生一定的麻电现象,这在高处作业时是很危险的。所以,高处作业禁止使用高频振荡器。

五、焊工防护用具

1. 防护服

焊接防护服是以织物、皮革或通过贴膜和喷涂铝等物质制成的织物面料,采用缝制工艺制作的服装,用以防止焊接时的熔融金属、火花和高温灼烧人体。

焊接防护服的质量技术要求,焊接防护服款式分为上、下身分离式。还可佩戴围裙、袖套、套袖、披肩和鞋盖等附件。其产品质量技术要求应符合 GB 8965.2—2009 的规定。

具体规定如下:

(1)断裂力方面。棉织布及其他织物经向断裂强力应不小于 91 N/mm^2,纬向断裂强力应不小于 411 N/mm^2;牛面革大于 16 N/mm^2,猪面革大于 16 N/mm^2。

(2)静电阻抗值方面。缝纫线单线强力不小于 800 N/50 cm,焊接防护服的静电阻抗值不小于 0.1 MΩ。

(3)阻燃方面性能。续燃时间不大于 4 s;阻燃时间不大于 4 s;损毁长度不大于 100 mm。

(4)检测上。经 15 滴金属熔滴冲击后,判断试验样品是否适合焊接操作时使用。

2. 防护手套

由隔热粗革牛皮缝合而成,手心和手背处用软质皮革加固,手腕处为帆布质地,厚度为 1.2 mm,长度为 35 cm,温升不超过 40 K。

3. 头盔式面罩及防尘面具

防尘面具的外形如图 1-2 所示。

4. 其他

(1)防护面罩及头盔:避免焊接中金属飞溅物对面部、颈部烫伤,面罩的作用是保护焊工的面部免受强烈的电弧光和金属飞溅物的灼伤,面罩有手持式和头戴式两种。面罩是由轻而坚韧的纤维纸板制成的。在面罩的正面有安置护目镜和玻璃片的铁框,内有弹簧钢片压住护目镜片,起固定作用,同时有保护眼睛的滤光镜片等。

(2)护目镜:在气焊或气割中佩戴。护目镜主要由焊接防护镜片起作用,表现为能适当地透过可见光,既能使焊工观察熔池,又能将紫外线和红外线减弱到允许值(透过率≤0.000 3%)以下,减弱电弧光的强度,并过滤红外线和紫外线。焊接时通过面罩上的护目镜可以清楚地观察焊接熔池的情况,掌握焊接过程而不会使眼睛受弧光灼伤。护目镜片的颜色是有深浅的,焊工可根据情况选用。玻璃色号越大颜色越深,镜片选用如表 1-3 所示。

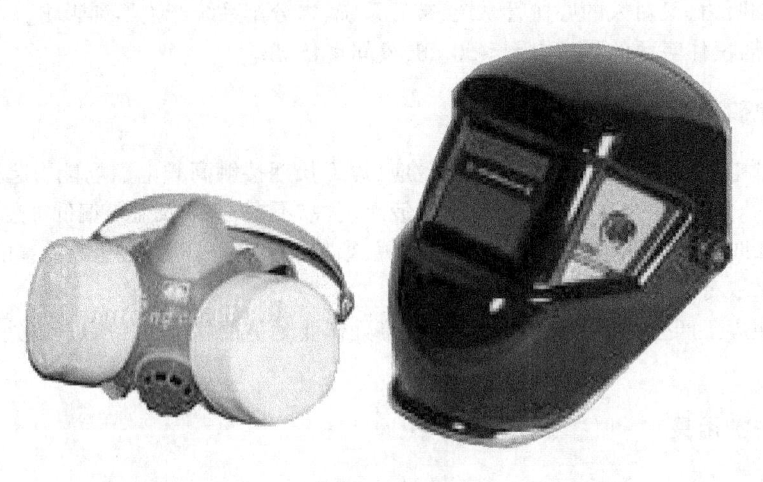

图 1-2　防尘面具

(3)防尘口罩及防毒面具:当采用通风等措施仍不能使烟尘浓度降低到卫生标准以下时,必须选用合适的防尘口罩或防毒面具。

(4)噪声防护用具:国家标准规定,超过 85 dB 的声响都称为噪声。当采取隔声、消声、减振和阻尼等控制技术仍不能把噪声降低到允许标准以下时,焊工应采用个人噪声防护用具,如耳塞、耳罩或防噪声头盔等。

(5)防护服装:包括焊接用防护工作服、电焊手套、工作鞋及鞋盖。焊接用防护工作服主要起隔热、反射和吸收等作用,屏蔽焊接热辐射或飞溅物危害。电焊手套、工作鞋及鞋盖主要是为了防止焊工四肢触电、灼伤和砸伤,避免不必要的伤亡事故发生,要求焊工在任何情况下操作时,都必须佩戴好规定的防护手套、胶鞋及鞋盖。在高层交叉作业现场,安全帽可预防高空和外界飞来物的危害。

(6)安全带:为了防止焊工在登高作业时发生坠落事故,必须采用安全措施,使用符合国家标准的安全带。

5. 劳动保护用品的正确使用

(1)正确穿戴工作服。穿工作服时要把衣领和袖口扣好,上衣不应扎在工作裤里边,工作服不应有破损、孔洞和缝隙,不允许穿粘有油脂或潮湿的工作服。

(2)在仰位焊接、切割时,为了防止火星、熔渣从高处溅落到头部和肩上,焊工应在颈部围毛巾,穿着用防燃材料制成的护肩、长套袖、围裙和鞋盖。

(3)电焊手套和焊工防护鞋不应潮湿和破损。

(4)正确选择电焊防护面罩上护目镜的遮光号及气焊、气割防护镜的眼镜片。

阅读材料

典型事故案例

本章的主要内容是安全。而记忆这些内容是枯燥和乏味的。因此,为了进一步达到安全教育的效果,现将事故实例提供给学员参考。在焊、割作业生产中所发生的触电、火灾、爆炸、高空坠落及其他事故等,其主要原因归纳为一句话——人的因素,即安全意识淡薄、工作责任心不强,如违章作业、无证操作、不穿戴防护用品等,在工作中学而非用,往往带有侥幸心理去对待安全工作。许多事故发生后经不起原因分析,只要操作者稍有安全意识,就能避免事故发生。今天,我们必须从沉痛的教训中醒悟过来。通过安全知识学习,不断提高焊割作业人员的安全素质,实现预防为主的安全生产目标,应该从我做起。

【实例】焊工擅自接通焊机电源,遭电击

1. 事故经过

某厂有位焊工到室外临时施工点焊接,焊机接线时因无电源闸盒,便自己将电缆每股导线头部的胶皮去掉,分别接在露天的电网线上,由于错接零线在火线上,当他调节焊接电流用手触及外壳时,即遭电击身亡。

2. 主要原因分析

(1)违规操作,安装及检修未找电工。由于焊工不熟悉有关电气安全知识,将零线和火线错接,导致焊机外壳带电,酿成触电死亡事故。

(2)缺乏安全意识和知识。

3. 主要预防措施

焊接设备接线必须由电工进行,焊工不得擅自进行。加强自身的安全意识。

实训　焊接劳动保护和安全检查

实训目标

①焊接劳动保护用品及其正确的使用方法。

②焊接设备、工具、夹具的使用及简单的维修技术。

实训分析

主要是为了防止焊工四肢触电、灼伤和砸伤,避免不必要的伤亡事故发生,要求焊工在任何情况下操作时,都必须佩戴好规定的劳动保护用品。为了保证焊工的安全,在焊接前应对所使用的工具、夹具进行检查和简单的维修。

相关知识

1. 劳动保护用品的种类及使用要求

(1)焊接工作服。工作服的种类很多,最常用的是棉质白帆布工作服。白色对弧光有反射作用,棉质帆布有隔热、耐磨、不易燃烧的特点,可防止烧伤等。因此,焊接与切割作业的工作服不能用一般合成纤维织物制作。

(2)焊工防护手套。焊工防护手套一般为牛(猪)革制手套,或由棉帆布和皮革合成材料制成,具有绝缘、耐辐射、抗热、耐磨、不易燃和防止高温金属飞溅物烫伤等作用。在可能导电的焊接场所工作时,所用手套应经耐压 3 000 V 试验,合格后方能使用。

(3)焊工防护鞋。焊工防护鞋应具有绝缘、抗热、不易燃、耐磨损和防滑的性能,焊工防护鞋的橡胶鞋底经5 000 V耐压试验合格(不击穿)后方能使用。如在易燃易爆场合焊接时,鞋底不应有鞋钉,以免产生摩擦火星。在有积水的地面焊接切割时,焊工应穿用经过6 000 V耐压试验合格的防水橡胶鞋。

(4)焊接防护面罩。电焊防护面罩上有合乎作业条件的滤光镜片,起防止焊接弧光伤害、保护眼睛的作用。镜片颜色以墨绿色和橙色为多。面罩壳体应选用阻燃或不燃且不刺激皮肤的绝缘材料制成,应遮住脸面和耳部,结构牢靠,无漏光,起防止弧光辐射和熔融金属飞溅物烫伤面部和颈部的作用。

(5)焊接护目镜。气焊、气割的防护眼镜片,主要起滤光、防止金属飞溅物烫伤眼睛的作用。护目镜应根据焊接、切割工件板的厚度选择。

(6)防尘口罩和防毒面具。防止吸入有害、有毒物质。

(7)耳塞、耳罩和防噪声盔。国家标准规定工业企业噪声一般不应超过85 dB,最高不能超过90 dB。

2. 劳动保护用品的正确使用

(1)正确穿戴工作服。穿工作服时要把衣领和袖口扣好,上衣不应扎在工作裤里边,工作服不应有破损、孔洞和缝隙,不允许穿粘有油脂或潮湿的工作服。

(2)在仰位焊接、切割时,为了防止火星、熔渣从高处溅落到头部和肩上,焊工应在颈部围毛巾,穿着用防燃材料制成的护肩、长套袖、围裙和鞋盖。

(3)电焊手套和焊工防护鞋不应潮湿和破损。

(4)正确选择电焊防护面罩上护目镜的遮光号及气焊、气割防护镜的眼镜片。

实训实施

1. 焊接场地、设备安全检查

(1)检查焊接与切割作业点的设备、工具、材料是否排列整齐,不得乱堆乱放。

(2)检查焊接场地是否保持必要的通道,且车辆通道宽度不小于3 m;人行通道不小于1.5 m。

(3)检查所有气焊胶管、焊接电缆线是否互相缠绕,如有缠绕,必须分开;气瓶用后是否已移出工作场地;在工作场地各种气瓶不得随便横躺竖放。

(4)检查焊工作业面积是否足够,焊工作业面积不应小于4 m^2;地面应干燥;工作场地要有良好的自然采光或局部照明。

(5)检查焊割场地周围10 m范围内,各类可燃易爆物品是否清除干净。如不能清除干净,应采取可靠的安全措施,如用水喷湿或用防火盖板、湿麻袋、石棉布等覆盖。

(6)室内作业应检查通风是否良好。多点焊接作业或与其他工种混合作业时,各工位间应设防护屏。

(7)室外作业现场的检查。对焊接切割场地检查时要做到:仔细观察环境,分析各类情况,认真加强防护。

2. 工夹具的安全检查

(1)电焊工焊接前应检查电焊钳与焊接电缆接头处是否牢固。此外,应检查钳口是否完好,以免影响焊条的夹持。

(2)面罩和护目镜片主要检查面罩和护目镜是否遮挡严密、有无漏光的现象。

(3)角向磨光机要检查砂轮转动是否正常,有没有漏电的现象;砂轮片是否已经紧固牢靠,是否有裂纹、破损现象,要杜绝在使用过程中砂轮碎片飞出伤人。

(4)锤子要检查锤头是否松动,避免在打击中锤头甩出伤人。

(5)扁铲、錾子应检查其边缘有无飞刺、裂痕,若有应及时清除,防止使用中碎块飞出伤人。

(6)各类夹具,特别是带有螺钉的夹具,要检查其上的螺钉是否转动灵活,若已锈蚀则应除锈,并加以润滑,否则使用中会失去作用。

实训指导教师在学生、组长、安全员检查之后必须亲自再查,确定无误才能操作。

(1)强调安全的重要意义。
(2)强调劳保用品的作用及正确穿戴的意义。
(3)强调工装卡具、工具的正确使用方法。
(4)养成安全检查的习惯。

课后练习

(1)简述焊工职业道德的定义。
(2)焊工设备应如何保养?
(3)电焊机使用时应注意哪些安全操作规程?
(4)气焊气割时应注意哪些安全操作规程?
(5)二氧化碳气体保护焊应注意哪些安全操作规程?
(6)手工电弧焊应注意哪些安全操作规程?
(7)电焊机的选用原则有哪些?
(8)橡皮胶管在使用时应注意哪些要求?
(9)气瓶在使用时应注意哪些要求?
(10)焊、割炬在使用时应注意哪些要求?
(11)电流对人体的影响因素有哪些?
(12)发生触电的因素有哪些?
(13)预防触电的因素有哪些?
(14)焊工在高空作业时有哪些注意事项?
(15)简述气焊、气割所用气体的性质。
(16)焊接烟尘引起的职业病有哪些?
(17)如何进行焊接烟尘的防护?
(18)焊接防护用具有哪些?

第二章

焊接基础知识

第一节　电弧焊基本历史

焊接是现代工业生产中不可缺少的先进制造技术,随着科学技术的发展,焊接技术越来越受到各行各业的密切关注,广泛应用于机构、冶金、电力、锅炉和压力容器、建筑、桥梁、船舶、汽车、电子、航空航天、军工和军事装备等生产部门。那么焊接这门技术是如何起源和发展的呢?请同学们参看以下时间及事件现象,如表 2-1 所示。

表 2-1　电弧焊历史事件

时间/年	国家或人物	事 件 现 象
1801	迪威	电弧放电现象
1855	俄罗斯人	碳弧焊
1891	俄罗斯人	金属极焊接法
1907	瑞典人	焊条电弧焊
1912	瑞典人	开发出保护良好的厚涂层焊条
1920	英国人	全焊接船下水(见图 2-1)

从 1920 年英国人的全焊接船只投入使用后(见图 2-1),各种焊接技术在各个领域展开了应用。

1930 年,埋弧焊得以全面应用。埋弧焊接钢板如图 2-2 所示。

1940 年,美国成功应用该方法于焊接镁及不锈钢薄板(见图 2-3)。

1945 年,出现交流钨极氩弧焊焊接方法(见图 2-4)。

1945 年,出现直流金属极钨极氩弧焊焊接方法 GMAW(见图 2-5)。

从此,揭开了焊接发展的新篇章,加快了人类历史发展的步伐,加快了人类迈向太空的脚步。

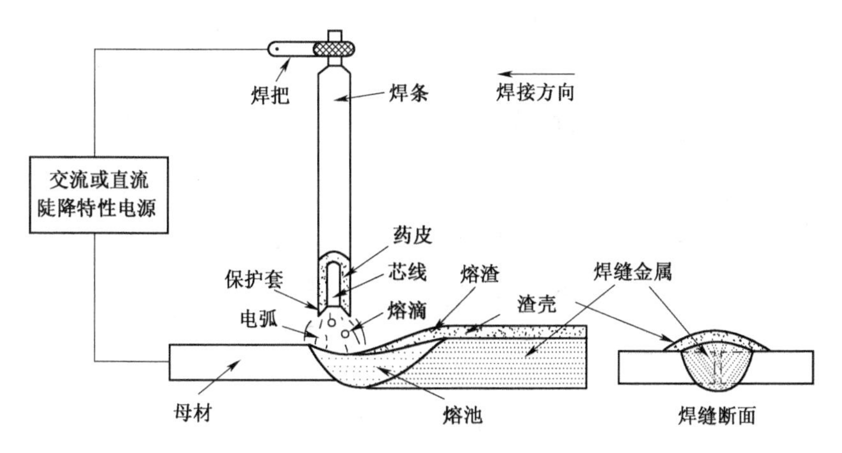

图 2-1　全焊接船所用焊法

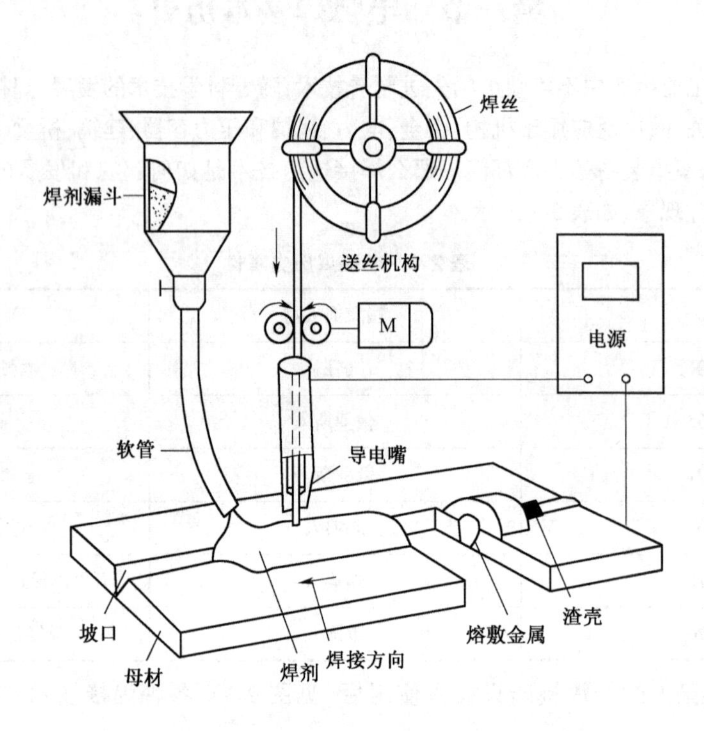

图 2-2　埋弧焊

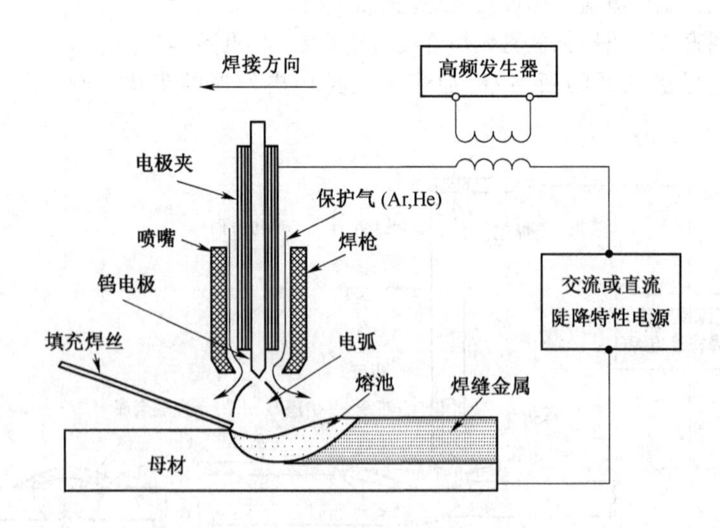

图 2-3　焊接镁及不锈钢薄板

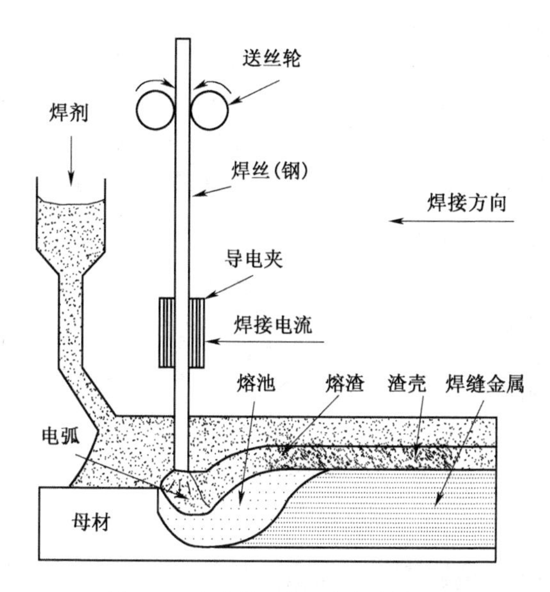

图 2-4　交流钨极氩弧焊焊接方法

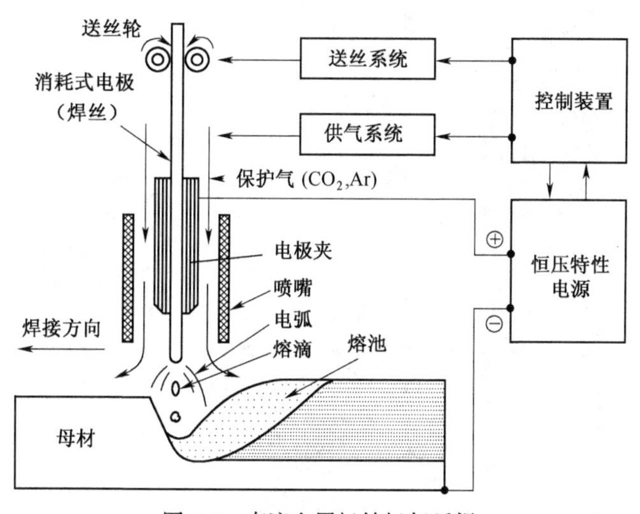

图 2-5　直流金属极钨极氩弧焊

第二节　焊接基本知识

一、焊接的定义与分类

1. 焊接的定义

在工业生产中,经常需要将两个或两个以上的零件按一定形式和位置连接起来。根据这些连接的特点,可以将其分为两大类:一类是可拆卸连接,即不必毁坏零件就可以拆卸(拆卸后各部分保持原性质不变),如螺栓连接等,如图 2-6(a)所示;另一类是永久性连接,其拆卸只有在毁坏零件后才能实现，且拆卸后无连接时的性质，如铆接、焊接等，如图 2-6(b)、(c)所示。

焊接技术的发展对经济的发展提出了更高的要求，主要表现在新方法的研制、应用与机械化、自动化程度的提高。经济的发展和科技的进步也为焊接方法与设备的发展提供了条件。

焊接：就是通过加热或加压，或两者并用，用或不用填充材料，使两种或两种以上材料达到原子间结合的一种不可拆卸的连接方法，如图 2-6(c)所示，焊接示意图如图 2-7 所示。

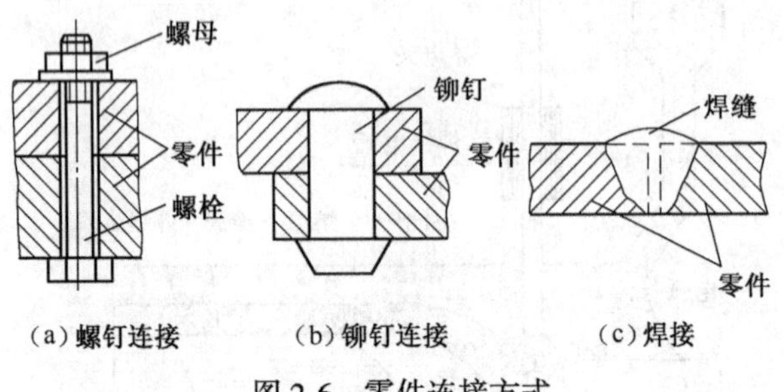

图 2-6　零件连接方式

图 2-7　焊接示意图

2. 焊接的分类(见图 2-8)

按照焊接过程中金属所处的状态不同，可以把焊接方法分为熔焊、压焊和钎焊 3 类。

(1)熔焊：熔焊是在焊接过程中，将焊件接头加热至熔化状态，不加压力从而完成焊接的方法(见图 2-9)。当被焊金属加热至熔化状态形成液态熔池时，原子之间可以充分扩散和紧密接触。因此，冷却凝固后，可形成牢固的焊接接头。常见的气焊、电弧焊、电渣焊、气体保护电弧焊等都属于熔焊。

(2)压焊：压焊是在焊接过程中，必须对焊件施加压力(加热或不加热)，以完成焊接的方法(见

图 2-10）。

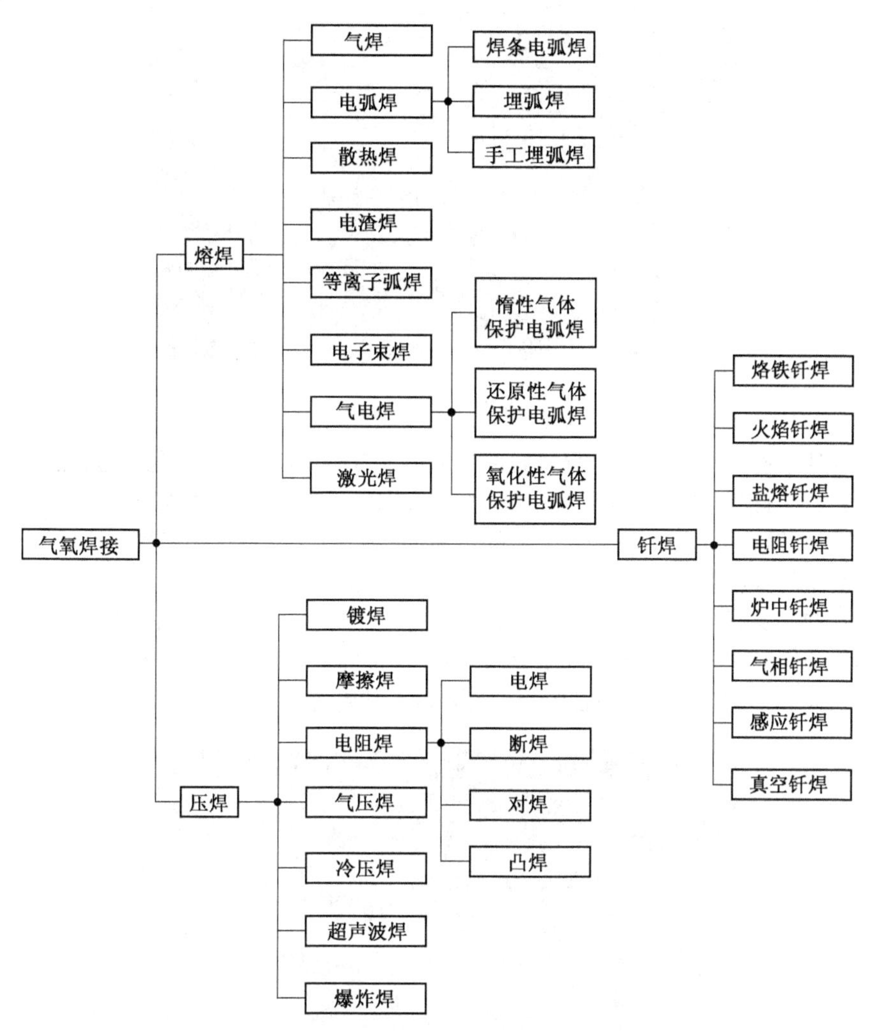

图 2-8　焊接方法分类

图 2-9　熔焊示意图

图 2-10　压焊示意图

压焊有两种形式:一是将被焊金属接触部分加热至塑性状态或局部熔化状态,然后施加一定的压力,使金属原子间相互结合而形成牢固的焊接接头,如锻焊、电阻焊、摩擦焊和气压焊等;二是不加热,仅在被焊金属的接触面上施加足够大的压力,借助于压力所引起的塑性变形使原子间相互接近直至获得牢固的压挤接头,如冷压焊、爆炸焊等均属此类。

(3)钎焊:钎焊是采用比母材熔点低的金属材料作钎料,将焊件和钎料加热到高于钎料熔点、低于母材熔点的温度,利用液态钎料润湿母材,填充接头间隙,并与母材相互扩散来实现连接焊件的方法(见图 2-11)。常见的钎焊方法有烙铁钎焊和火焰钎焊等。

图 2-11　钎焊示意图

二、焊接技术的特点

1. 焊接技术的优点

(1)节约金属材料,降低成本。焊接与铆接相比,可以节省大量的金属材料,减小结构的质量。例如,起重机采用焊接结构,其质量可以减小 15%~20%,建筑钢结构可以减小 10%~20%。其原因在于焊接结构不必钻铆钉孔,材料截面能得到充分利用,也不需要辅助材料。

(2)工艺简单、成本低。一般不需要大型、贵重设备,对产品的生产规模适应性强、转产容易。

(3)产品质量好、生产效率高。能实现机械自动化生产,焊接质量好、生产效率高。

(4)接头的致密性好、强度高。可以充分发挥材料和设备的潜力。

(5)劳动条件好,适用范围广。适用于金属材料和非金属材料的焊接,如玻璃焊接、陶瓷焊接、塑料焊接等。

2. 焊接技术的缺点

(1)高温使材质变脆,尤其是热影响区 HAZ(heat affected zone)。

(2)脆性破坏。焊接的残余应力与变形会影响结构的形状和尺寸精度,严重的可能发生断裂。

(3)焊接过程中会出现焊接缺陷并产生有害物质,焊接中产生的有毒有害物质会影响焊工的健康。

第三节 焊接技术的发展状况

一、近代的焊接技术

1885 年出现了碳弧焊,直到 20 世纪 40 年代才形成完整的焊接工业体系。特别是出现了优质焊条后,焊接技术得到了飞跃的发展。世界上已有 50 余种焊接工艺方法应用于生产中,我国焊接技术发展迅速,现已广泛应用于图 2-12 所示领域。

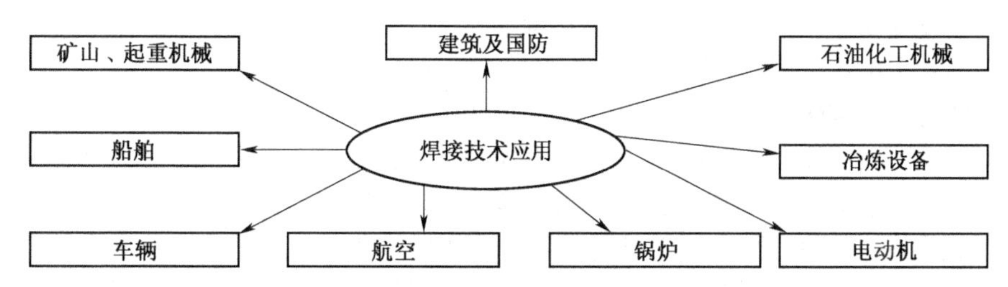

图 2-12 焊接应用示意图

二、应用实例

图 2-13~图 2-16 表明了我国焊接水平的发展现状。目前,在工业生产中应用的焊接方法已从早期的气焊、电弧焊发展到电阻焊、摩擦焊、超声波焊、扩散焊、电子束焊、激光焊等先进的焊接方法;操作方法也从手工焊发展到半自动焊、自动焊,直到焊接机械手、焊接机器人,大大减轻了焊工的劳动强度,提高了焊接技术的科技含量。

图 2-13 鸟巢

图 2-14 三峡大坝

图 2-15　三峡工程电站发电机转子吊装现场

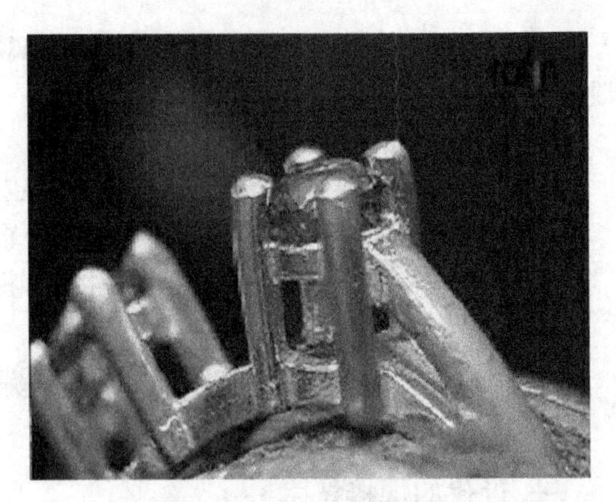
图 2-16　宝石激光焊

三、焊接劳动保护

1. 特种作业

特种作业是易发生人员伤亡事故，对操作者本人、他人及周围设施的安全有重大危害的作业。直接从事特种作业的人员属于特种作业人员，如焊工、电工、起重工等。

2. 焊接安全技术特点

因为焊工在焊接时要与电、可燃及易爆的气体、易燃液体、压力容器等接触，在焊接过程中还会产生一些有害气体、烟尘、电弧光的辐射、焊接热源（电弧、气体火焰）的高温、高频磁场、噪声和射线等。有时还要在高处、水下、容器设备内部等特殊环境作业。如果焊工不熟悉有关劳动保护知识，不遵守安全操作规程，就可能引起触电、灼伤、火灾、爆炸、中毒、窒息等事故，这不仅给国家财产造成经济损失，而且直接影响焊工及其他工作人员的人身安全。

国家对焊工的安全健康是非常重视的。为了保证焊工的安全生产，《特种作业人员安全技术培训考核管理办法》指出金属焊割作业是特种作业，从事特种作业者——焊工，是特种作业人员，必须进行专门的安全理论学习和实践操作训练，并经考试合格后方可独立作业。只有经常对焊工进行安全技术与劳动保护的教育和培训，从思想上重视安全生产，明确安全生产的重要性，增强责任感，了解安全生产的规章制度，熟悉并掌握安全生产的有关措施，才能有效避免和杜绝事故的发生。

阅读材料

各种焊接操作图例

一个国家的焊接技术发展水平的高低，是衡量一个国家工业和科学现代化发展的一个重要标志。需要说明的是，焊接时的高温加热，会引起某些金属材料性能变坏或承载能力下降。这些问题随着焊接技术的发展逐步得到改善，但仍使焊接的应用受到一定的局限。标示各焊种从低到高的发展水平及各种焊接操作如图 2-17 所示。

焊接技术的应用领域也越来越广泛。几乎所有的产品，从几十万吨巨轮到不足 1 克的微电子元件，在生产中都不同程度地依赖焊接技术。焊接已经渗透到制造业的各个领域（船舶、车辆、航空、锅炉、电机、冶炼设备、石油化工机械、矿山机械、起重机械、建筑及国防等），直接影响到产品的质量、可靠性和寿命，以及生产的成本、效率和市场反应速度。

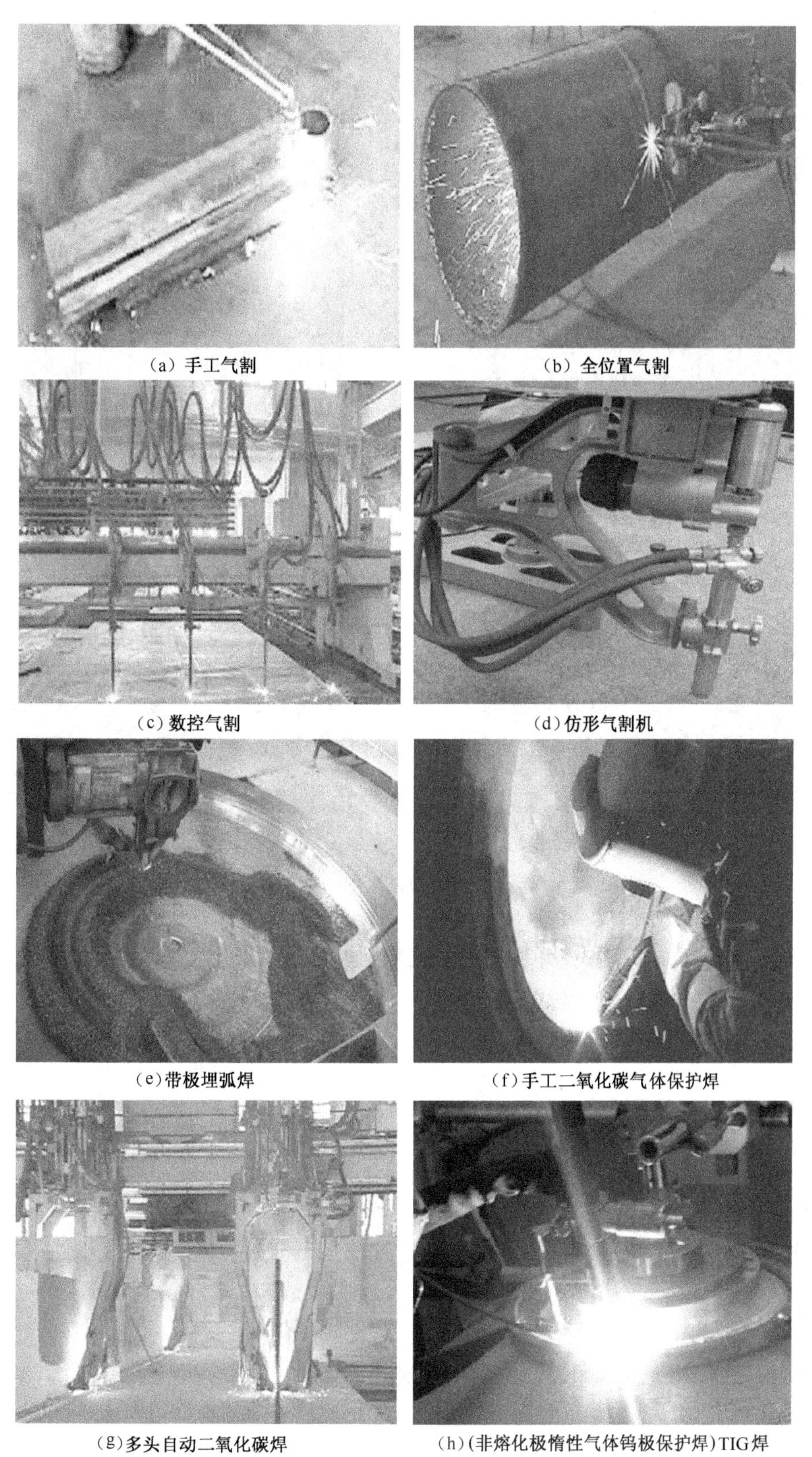

（a）手工气割　（b）全位置气割

（c）数控气割　（d）仿形气割机

（e）带极埋弧焊　（f）手工二氧化碳气体保护焊

（g）多头自动二氧化碳焊　（h）（非熔化极惰性气体钨极保护焊）TIG焊

图 2-17　各种焊接

(i) 全位置熔化极惰性气体保护焊(MIG焊)

(j) MIG自动堆焊

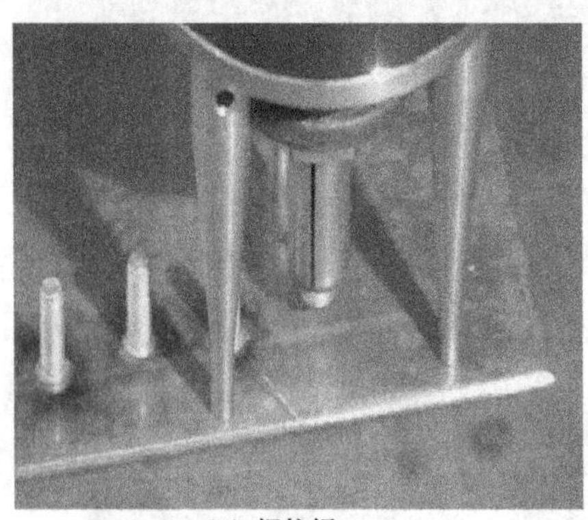

(k) 螺柱焊

(l) 激光焊

图2-17　各种焊接(续)

实训一　平敷焊基本功训练

实训目标

①能够正确调整、使用焊接设备。
②掌握焊接工艺参数的选用原则。
③掌握焊条电弧焊的引弧操作和运条的基本方法。
④能够进行焊缝的起头、收尾、接头。
⑤能够在钢板上平敷焊,焊缝的高度和宽度应符合要求,焊缝表面均匀、无缺陷。

实训分析

①初学者能够正确地引弧和进行基本运条操作。
②能够在钢板上平敷焊,焊缝的高度和宽度应符合要求,焊缝表面均匀无缺陷。

1. 焊接工艺参数的选择

1)焊条直径

焊条直径的选择与工件的厚度、焊缝的空间位置、焊接层次等因素有关。由于学员初学,练习平敷焊,并结合现场实际情况,应选用 $\phi3.2$ mm 焊条。

2)焊接电流

焊接电流的大小主要取决于焊条直径和焊缝空间位置,其次是工件厚度、接头形式、焊接层次等。平敷焊直径 $\phi3.2$ mm 的焊条选择焊接电流为 100~120 A。

2. 操作要点及注意事项

1)平焊操作姿势

平焊时,一般采用蹲式,持焊钳的胳膊半伸开,要悬空无依托地操作,如图 2-18(a)所示。蹲姿要自然,两脚夹角为70°~85°,两脚距离为240~260 mm,如图 2-18(b)所示。

2)引弧

引弧操作时首先用防护面罩挡住面部,将焊条末端对准引弧处。焊条电弧焊采用接触法引弧,引弧方法有划擦法和直击法两种,如图 2-19 所示。

(1)划擦引弧法[见图 2-19(a)]先将焊条末端对准引弧处,然后像划火柴似的使焊条在焊件表面利用腕力轻轻划擦一下,划擦距离为 10~20 mm,并将焊条提起 2~3 mm,电弧即可引燃。引燃电弧后,应保持电弧长度不超过所用焊条直径。

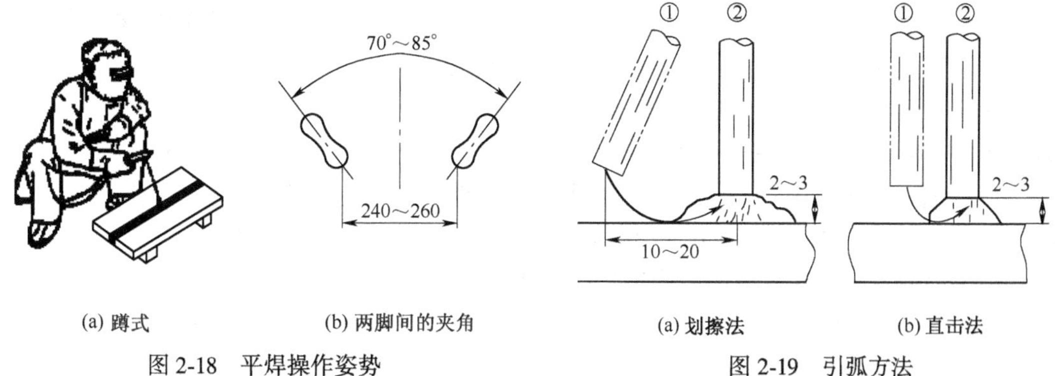

(a) 蹲式　(b) 两脚间的夹角

图 2-18　平焊操作姿势

(a) 划擦法　(b) 直击法

图 2-19　引弧方法

(2)直击引弧法[见图 2-19(b)]先将焊条垂直对准焊件待焊部位轻轻触击,并将焊条适时提起 2~3 mm,即引燃电弧。直击法引弧不能用力过大,否则容易将焊条引弧端药皮碰裂,甚至脱落,影响引弧和焊接。引弧时,不得随意在焊件(母材)表面上“打火”,尤其是高强度钢、低温钢、不锈钢。这是因为电弧擦伤部位容易引起淬硬或微裂,不锈钢则会降低耐蚀性。所以,引弧应在待焊部位或坡口内。

3)运条

运条一般分 3 个基本运动(见图 2-20):沿焊条中心线向熔池送进;沿焊接方向均匀移动;横

向摆动。上述 3 个动作不能机械地分开,而应相互协调,才能焊出满意的焊缝。

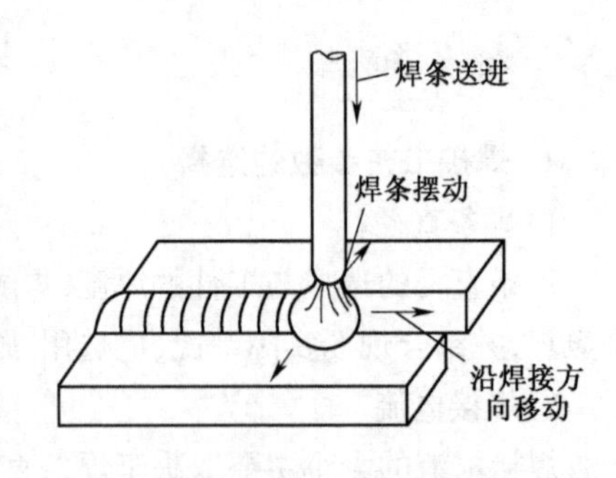

图 2-20 焊条的基本运动

4)焊缝的起头、收尾和接头

(1)焊缝的起头是焊缝的开始部分,由于焊件的温度很低,引弧后又不能迅速地使焊件温度升高,一般情况下这部分焊缝余高略高,熔深较浅,甚至会出现熔合不良和夹渣。因此,引弧后应稍拉长电弧对工件预热,然后压低电弧正常焊接。同时焊条做微微摆动,从而达到所需要的焊道宽度,然后正常焊接。

(2)焊缝结束时不能立即拉断电弧,否则会形成弧坑。弧坑不仅因减少焊缝局部截面积而削弱强度,还会引起应力集中,而且弧坑处含氢量较高,易产生延迟裂纹,有些材料焊后在弧坑处还容易产生弧坑裂纹。所以,焊缝应进行收尾处理,以保证连续的焊缝外形,维持正常的熔池温度,逐渐填满弧坑后熄弧。

收尾方法有反复断弧收尾法、划圈收尾法、回焊收尾法 3 种,如图 2-21 所示。

①反复断弧收尾法[见图 2-21(a)]是焊到焊缝终端,在熄弧处反复进行点弧动作填满弧坑为止,该法不适用于碱性焊条。

②划圈收尾法[见图 2-21(b)]是焊到焊缝终端时,焊条做圆圈形摆动,直到填满弧坑再拉断电弧,此法适用于厚板。

③回焊收尾法[见图 2-21(c)]是焊到焊缝终端时在收弧处稍作停顿,然后改变焊条角度向后回焊 20~30 mm,再将焊条拉向一侧熄弧,此法适用于碱性焊条。

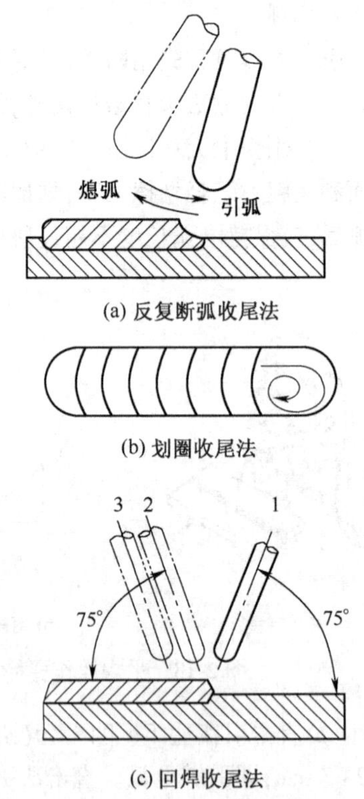

(a) 反复断弧收尾法

(b) 划圈收尾法

(c) 回焊收尾法

图 2-21 焊道收尾法

(3)由于焊条长度有限,不可能一次连续焊完长焊缝。因此,出现接头问题。这不仅是外观成形问题,还涉及焊缝的内部质量。所以,要重视焊缝的接头问题。焊缝的接头形式分为以下 4 种(见图 2-22)。

①图 2-22(a)所示为中间接头。这是用得最多的一种,接头是在前焊缝弧坑前约 10 mm 处引弧。电弧长度可稍大于正常焊接,然后将电弧拉到原弧坑 2/3 处,待填满弧坑后再向前转入正常焊接。此法适用于单层焊及多层多道焊的盖面层接头。

②图 2-22(b)所示为相背接头,即两焊缝的起头相接。接头时要求前焊缝起头处略低些,在前焊缝起头前方引弧,并稍微拉长电弧运弧至起头处覆盖住前焊缝的起头,待焊平后再沿焊接方向移动。

③图 2-22(c)所示为相向接头。接头时两焊缝的收尾相接,即后焊缝焊到前焊缝的收尾处,焊接速度略减慢些,填满前焊缝的弧坑后,再向前运弧,然后熄弧。

④图 2-22(d)所示为分段退焊接头。接头时前焊缝起头和后焊缝收尾相接。接头形式与相向接头情况基本相同,只是前焊缝起头处应略低些。

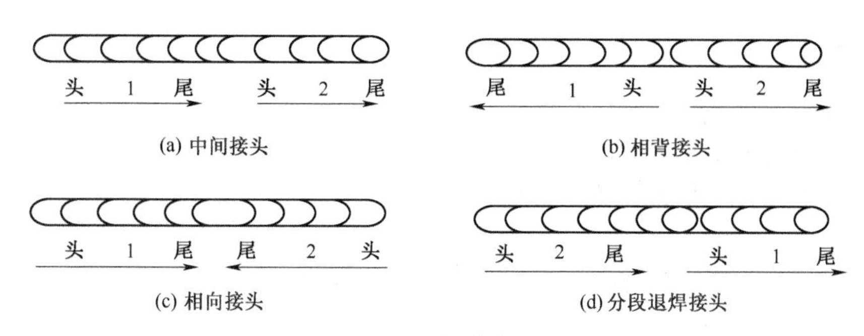

(a) 中间接头　(b) 相背接头

(c) 相向接头　(d) 分段退焊接头

图 2-22　焊道接头

实训实施

1. 焊前准备

(1)确定焊机。选用 ZX5-400 型弧焊整流器。

(2)选择焊条。用 E4303 焊条,ϕ3.2 mm。焊条焊前经 450 ℃烘干,保温 1~2 h 后放在焊条保温筒内。

2. 确定焊接工艺参数

用直径 3.2 mm 的焊条按焊接工艺参数,以焊缝位置线为运条轨迹,采用直线形运条法、月牙形运条法、正圆圈形运条法和 8 字形运条法练习,焊条角度按要求进行平敷焊缝焊接技能操作练习。

3. 焊接操作要点

(1)清除试件表面上的油污、锈蚀、水分及其他污物,直至露出金属光泽。

(2)在试件上以 20 mm 间距用石笔(或粉笔)画出焊缝位置线。

(3)引弧训练。

①引弧堆焊。首先在焊件的引弧位置用粉笔画直径为 13 mm 的一个圆,然后用直击引弧法在圆圈内直击引弧。引弧后,保持适当电弧长度,在圆圈内作画圈动作两三次后灭弧。待熔化的金属凝固冷却后,再在其上面引弧堆焊,这样反复操作直到堆起高度为 50 mm 为止。

②定点引弧。先在焊件上用粉笔画线,然后在直线的交点处用划擦引弧法引弧。引弧后,焊成直径 13 mm 的焊点后灭弧。这样不断重复操作完成若干个焊点的引弧训练。

(4)进行焊缝的起头、接头、收尾的操作练习。

(5)每条焊缝焊完后,清理熔渣。

实训评价

(1)焊缝的起头和连接处平滑过渡,无局部过高现象,收尾处弧坑填满。

(2)焊缝表面焊波均匀、无明显未熔合和咬边,其咬边深度≤0.5 mm 为合格。

(3)焊缝边缘直线度在任意 300 mm 连续焊缝长度内≤3 mm。

(4)试件表面非焊道上不应有引弧痕迹。

分析焊接产生的各种现象和问题并总结经验,开始时一定要养成焊完即分析,下课之前总结的习惯,直至完全掌握为止,以利于初学者的成长。然后再焊接另一道焊缝。

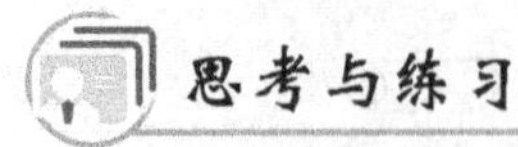

思考与练习

(1)了解两种引弧方法的异同点。

(2)了解 3 种收尾法的使用范围。

(3)了解 4 种接头形式使用时的注意事项。

实训二　I 形坡口对接平焊

实训目标

①掌握定位焊的要求,合理选择焊接工艺参数。

②掌握 I 形坡口双面焊的操作方法。

③焊缝表面与母材圆滑过渡,焊缝宽为 8~12 mm,焊缝余高为 0~3 mm,不得低于母材。

实训分析

当板厚小于 6 mm 时不开坡口,当厚度大于或等于 6 mm 时应开坡口。不开坡口对接平焊,焊接正面焊缝时宜选用直径为 3~4 mm 的焊条短弧焊接,使熔深达到焊条直径的 2/3 左右,焊缝宽度为 8~10 mm,焊缝高度小于 1.5 mm;反面焊缝用直径 3 mm 的焊条,可用稍大的焊接电流,对于重要的焊缝,在焊反面时必须铲除焊根。

相关知识

由于一般中职院校的特点,焊接选用材料多为价格较为便宜的低碳钢。低碳钢含碳量低,锰、硅含量也少,具有良好的焊接性。

1. 低碳钢的焊接性

(1)采用旧冶炼方法生产的转炉钢含氮量高,杂质含量多,从而导致焊接接头质量降低,焊接性变差。

(2)沸腾钢脱氧不完全,含氧量较高,P 元素等杂质分布不均,局部地区含量会超标,时效敏感性及冷脆敏感性大。因此,热裂纹倾向也增大。

(3)采用质量不符合要求的焊条,使焊缝金属中的碳、硫含量过高,会导致产生裂纹。如某厂采用酸性焊条焊接 Q235-A 钢时,因焊条药皮中锰铁的含碳量过高,引起焊缝产生了严重的热裂纹。

2. 低碳钢的焊接工艺

(1)焊接方法的选择。低碳钢焊接性较好,最常用的焊接方法是焊条电弧焊。

(2)焊机的选用。我国焊机型号是按统一规定编制的,焊机型号采用汉语拼音字母及阿拉伯数字组成,其编排次序如下。

如:BX1—500,B 表示弧焊变压器,X 表示下降外特性,1 表示动铁芯式,500 表示额定焊接电流为 500 A。

大类名称:A 表示弧焊发电机;B 表示弧焊变压器;Z 表示弧焊整流器。

小类名称:X 表示下降外特性;P 表示平特性;D 表示多特性。

附注特征:G 表示硅整流器。

系列序号:1 表示动铁芯式系列;3 表示动圈式系列;5 表示晶闸管系列;7 表示逆变式系列。

基本规格: 额定最大焊接电流。

焊机的选用参看第一章第三节有关内容。

(3)焊接材料的选用。

①应尽量采用低氢型焊接材料,焊接低碳钢时常采用酸性焊条。当不要求焊缝金属与焊件等强度时,可选用强度低的碱性焊条,如 E4316、E4315 等。当对焊缝金属强度要求较高时,可采用 E5015、E6015-Dl、E7015-D2 等碱性焊条。

②应注意焊缝金属与母材强度的匹配。当要求焊缝金属与母材等强度时,应选用强度级别相当的低氢碱性焊条;在不要求等强度时,可选用强度级别低于母材的低氢碱性焊条,例如,焊接母材抗拉强度为 490 MPa 的钢,可选用 E4316、E4315 焊条。

③特殊情况下焊接材料的选择。应考虑焊前状态,若是在热处理前焊接,选用的焊条应保证焊缝金属成分与母材相近,以使焊后经热处理的焊缝金属达到与母材相同的性能;如在热处理后(一般为调质处理)的部件上焊接,则必须选用低氢碱性焊条,并采取相应工艺措施,以防止裂纹和减少热影响区的软化。

3. 低碳钢焊接的工艺措施

(1)焊前应清除焊件及其周围的油污、氧化物等杂质。需要定位焊时,焊缝不宜过小。

(2)焊接第一层焊缝时,应尽量采用小电流、慢焊速,以减小焊件熔入焊缝金属中的比例(即减小熔合比),防止热裂纹。但应注意将母材熔透,避免产生夹渣及未熔合等缺陷。

(3)采用碱性焊条施焊时,焊前应烘干焊条。烘干温度为 350 ~450 ℃,保温时间为 2 h。

(4)采用锤击焊缝的方法,减小焊接残余应力。

(5)焊后尽可能缓冷,如将焊件放在石棉灰中,或在炉中缓冷。

实训实施

1. 焊前准备

(1)确定焊机。选用 ZX5-400 型弧焊整流器。

(2)选择焊条。用 E4303 焊条,ϕ3. 2 mm。焊条焊前经 450 ℃烘干,保温 1~2 h 后放在焊条保温筒内。

(3)试件清理。焊前用角磨机将管、板正面坡口面及坡口边缘 20 ~30 mm 范围内的油污、铁锈等污物清理干净,直至露出金属光泽。

2. 确定焊接工艺参数

焊条直径 :ϕ3. 2 mm J422 焊条。焊接电流选择为 120 A 左右。

3. 焊接操作要点

(1)打底焊。用断弧焊法焊接,焊接时,将焊缝沿周长分成 4~6 段,采用分段对称跳焊法。采用小电流、慢焊速，同时注意对母材的熔透深度，以避免产生夹渣及未熔合等缺陷。焊至封闭焊缝接头时，需连续焊接，不可断弧，将焊条伸向弧坑内向内压一下，稍做停顿，然后焊过缓坡，填满弧坑后熄弧。

(2)填充焊。填充焊前要认真清理打底层焊道的熔渣和飞溅金属，适当调大焊接电流。运条角度要正确，并注意焊道两侧的熔化状态，适当调节电弧不同的停顿时间，使管子与板受热均衡，并保持熔渣对熔池的覆盖保护，不超前也不拖后，才能获得良好成形。填充焊选择直线运条方法焊接，层间温度为100 ℃左右。

(3)盖面焊。盖面焊前要认真清理填充层焊道的熔渣和飞溅金属，焊接过程中要注意层间温度，要等层间温度达到规定的温度再继续焊接。焊接盖面层采用两道焊，第一条焊道紧靠板面与填充层焊道的夹角处，运条时焊条角度要正确，焊接速度要适宜，控制焊道边缘在所要求焊脚尺寸线上，并保证焊道边缘整齐、焊道平整。第二条焊道应与第一条焊道重叠1/2~2/3。运条速度要均匀，操纵焊条做小幅度的前后摆动使焊道细些，避免焊道间凸起或凹槽，并防止管壁咬边。

(4)焊后采用绝缘材料保温缓冷，立即进行600~650 ℃的消除应力回火处理。

(5)关闭电源，清理焊件熔渣及飞溅物，检查焊缝质量。

实训评价

焊接实训项目评分表如表2-2所示。

表2-2 焊接实训项目评分表

班级			学生姓名				
实训项目		平板对接					
序号	考核内容	考核要点	评分标准	配分	学生自测20%	教师检测80%	得分
1	焊前准备	劳保着装及工具准备齐全，并符合要求，参数设置、设备调试正确	工具及劳保着装不符合要求，参数设置、设备调试不正确一项扣1分	5			
2	焊接操作	定位及操作方法正确	定位不对或操作不准确，有任何一项不得分	10			
3	焊缝外观	两面焊缝表面不允许有焊瘤、气孔、烧穿等缺陷	出现任何一种缺陷不得分	20			
		焊缝咬边深度≤0.5 mm，两侧咬边总长度不超过焊缝有效长度的15%	(1)咬边深度≤0.5 mm ①累计长度每5 mm扣1分 ②累计长度超过焊缝有效长度的15%不得分 (2)咬边深度>0.5 mm不得分	10			
		未焊透深度≤0.15δ，且≤1.5 mm，总长度不超过焊缝有效长度的10%（氩弧焊打底的试件不允许未焊透）	(1)未焊透深度≤0.15δ，且≤1.5 mm，累计长度超过焊缝有效长度的10%不得分 (2)未焊透深度超标不得分	10			

续表

序号	考核内容	考核要点	评分标准	配分	学生自测20%	教师检测80%	得分
3	焊缝外观	背面凹坑深度≤0.25δ，且≤1 mm；除仰焊位置的板状试件不作规定外，总长度不超过有效长度的10%	（1）背面凹坑深度≤0.25δ，且≤1 mm；背面凹坑长度每5 mm扣1分 （2）背面凹坑深度>1 mm时不得分	10			
		双面焊缝余高0~3 mm，焊缝宽度比坡口每侧增宽0.5~2.5 mm，宽度误差≤3 mm	每种尺寸超差一处扣2分，扣满10分为止	15			
		错边≤0.10δ	超差不得分	5			
		焊后角变形误差≤3	超差不得分	5			
4	其他	安全文明生产	设备、工具复位，试件、场地清理干净，有一处不符合要求扣1分	10			
合计				100			

（1）焊缝的起头和连接处平滑过渡，无局部过高现象，收尾处弧坑填满。

（2）焊缝表面焊波均匀、无明显未熔合和咬边，其咬边深度≤0.5 mm为合格。

（3）焊缝边缘直线度在任意300 mm连续焊缝长度内≤3 mm。

（4）试件表面非焊道上不应有引弧痕迹。

思考与练习

（1）低碳钢的焊接性如何？焊接时应采取哪些工艺措施？

（2）低碳钢焊接时，选择焊接材料的原则有哪些？焊接工艺要点是什么？

（3）如何选用焊机？

实训三　V形坡口对接平焊

实训目标

①掌握V形坡口单面焊双面成形的操作方法。

②掌握焊接工艺参数的选用原则。

③能够进行焊缝的起头、收尾、接头。

④焊缝的高度和宽度应符合要求，焊缝表面均匀、无缺陷。

实训分析

单面焊双面成形指在焊件坡口一侧焊接而在焊缝正反面都能得到均匀整齐而无缺陷的焊道。

开坡口的厚板上焊接经常采用单面焊双面成形技术焊接。

相关知识

单面焊双面成形指在焊件坡口一侧焊接而在焊缝正反面都能得到均匀整齐而无缺陷的焊道。其关键在于打底层焊接，主要包括3个主要环节：引弧、收弧、接头。

1. 单面焊双面成形

1）打底焊

打底焊的方法有灭弧法和连弧法两种。初学者建议用灭弧法比较容易掌握。

灭弧法又可分为两点击穿法和一点击穿法。主要依靠电弧时燃时灭的时间长短来控制熔池的温度、形状及填充金属的薄厚，以获得良好的背面成形和内部质量。

（1）引弧。在始端的定位焊处引弧，并略抬高电弧稍作预热，焊至定位焊缝尾部时，将焊条向下压一下，听到“噗噗”的一声后，立即灭弧。此时熔池前端应有熔孔，深入两侧母材0.5~1 mm，当熔池边缘变成暗红，熔池中间仍处于熔融状态时，立即在熔池中间引燃电弧，焊条略向下轻微的压一下，形成熔池，打开熔孔后立即灭弧，这样反复击穿直到焊完。运条间距要均匀准确，是电弧的2/3压住熔池，1/3作用在熔池的前方，用来熔化和击穿坡口根部形成熔池。

（2）收弧。采用反复息弧法。

（3）接头处采用热接法。要求：每个熔滴都要准确送到欲焊位置，燃、灭弧节奏控制在45~55次/分钟。

2）填充层焊

填充层焊前应对前一层焊缝仔细清渣，特别是死角处更要清理干净。填充的运条手法为月牙形或锯齿形，焊条与焊接前进方向的角度为40°~50°。

3）盖面层焊

采用直径4.0 mm焊条时，焊接电流应稍小一些；要使熔池形状和大小保持均匀一致，焊条与焊接方向夹角应保持75°左右；采用月牙形运条法和8字形运条法；焊条摆动到坡口边缘时应稍作停顿，以免产生咬边。

2. 工艺措施

（1）焊前应彻底清除焊缝处的缺陷、裂纹、夹渣等，并清除油污、氧化物等杂质。需要定位焊时，焊缝不宜过小。

（2）焊接坡口尽量开成V形，以减少焊件熔入量。

（3）焊接第一层焊缝时，应尽量采用小电流、慢焊速，以减小焊件熔入焊缝金属中的比例（即减小熔合比），防止热裂纹。但应注意将母材熔透，避免产生夹渣及未熔合等缺陷。

（4）采用碱性焊条施焊时，焊前应烘干焊条，烘干温度为350 ~450 ℃，保温时间为2 h。

（5）采用锤击焊缝的方法，减小焊接残余应力，同时细化晶粒。

（6）焊后尽可能缓冷，如将焊件放在石棉灰中，或在炉中缓冷。

实训实施

1. 焊前准备

（1）确定焊机。选用ZX5-400型弧焊整流器。

（2）选择焊条。用 E5015 焊条，ϕ3.2 mm 和 ϕ4.0 mm。焊条焊前经 450 ℃烘干，保温 1~2 h 后放在焊条保温筒内。

（3）制备坡口。

（4）清理试件。焊前用角磨机将管板正面坡口面及坡口边缘 20~30 mm 范围内的油污、铁锈等污物清理干净，至露出金属光泽。

（5）焊件的装配及定位焊。将板对齐，定位焊 3 点，根部间隙为 3.2 mm。

2. 确定焊接工艺参数

打底层：焊条直径 ϕ3.2 mm，焊接电流为 75~110 A 或根据实际情况而定。

填充层：焊条直径 ϕ3.2 mm，焊接电流为 120 A 左右。

盖面层：焊条直径 ϕ3.2 mm，焊接电流为 120 A 左右。

3. 焊接操作要点

（1）将焊件置于水平位置。焊前预热温度为 150~250 ℃，预热后焊接，焊接操作可将焊缝分为 3 层，即打底层、填充层和盖面层，每焊完一道焊道，待其缓冷后清除熔渣。

（2）打底焊。用断弧焊法焊接，焊接时，将焊缝沿周长分成 4~6 段，采用分段对称跳焊法。采用小电流、慢焊速，同时注意对母材的熔透深度，以避免产生夹渣及未熔合等缺陷。焊至封闭焊缝要接头时，需连续焊接，不可断弧，将焊条伸向弧坑内向内压一下，稍做停顿，然后焊过缓坡，填满弧坑后熄弧。

（3）填充焊。填充焊前要认真清理打底层焊道的熔渣和飞溅金属，适当调大焊接电流。运条角度要正确，并注意焊道两侧的熔化状态，适当调节电弧不同的停顿时间，并保持熔渣对熔池的覆盖保护，不超前也不拖后，才能获得良好成形。填充焊选择直线运条方法焊接，层间温度为 100 ℃左右。

（4）盖面焊。盖面焊前要认真清理填充层焊道的熔渣和飞溅金属，焊接过程中要注意层间温度，要等层间温度达到规定的温度再继续焊接。焊接盖面层采用两道焊，第一条焊道紧靠板面与填充层焊道的夹角处，运条时焊条角度要正确，焊接速度要适宜，控制焊道边缘在所要求焊脚尺寸线上，并保证焊道边缘整齐、焊道平整。第二条焊道应与第一条焊道重叠 1/2~2/3。运条速度要均匀，操纵焊条做小幅度的前后摆动使焊道细些，避免焊道间凸起或凹槽，并防止管壁咬边。

（5）焊后采用绝缘材料保温缓冷，立即进行 600~ 650 ℃的消除应力回火处理。

（6）关闭电源，清理焊件熔渣及飞溅物，检查焊缝质量。

实训评价

实训焊接评分标准如表 2-3 所示。

表 2-3　焊接的评分标准

序　号	考核内容	评分标准	分　值	得分
1	焊前的准备工作	坡口制备 5 分，坡口清理 5 分，定位焊 5 分	15	
2	焊接材料的选择	正确选择焊条	5	
3	焊接参数选择	打底焊 5 分，填充焊 5 分，盖面焊 5 分	15	

续表

序　号	考核内容	评分标准	分　值	得分
4	焊接缺陷	焊缝若有不合格之处(气孔、裂纹、夹渣、咬边、焊瘤、未焊透、未熔合等),酌情扣分	30	
5	焊前预热及焊后处理	焊前预热温度为 150 ~250 ℃,焊后热处理温度为 600~650 ℃,各 10 分	20	
6	金相宏观 3 个面无缺陷	每处 5 分	15	
		总分合计	100	

思考与练习

(1)了解劳动保护的要求。
(2)简述焊机的分类及表示方法。
(3)简述焊条的分类及表示方法。
(4)掌握手工电弧焊单面焊双面成形的基本操作技术。
(5)钢板对接平焊的基本操作要求是什么?

实训四　平　角　焊

实训目标

严格按照焊件焊接图焊接,T 形接头平角焊焊件如图 2-23 所示。

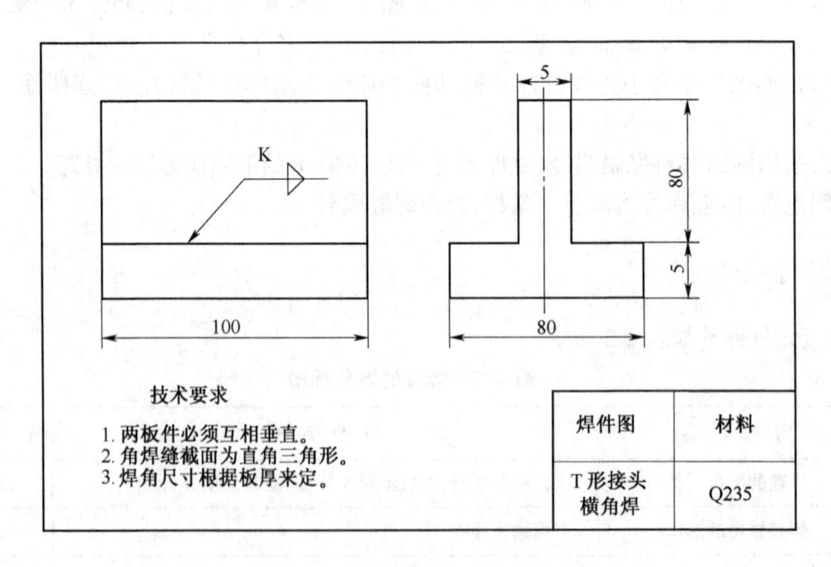

图 2-23　焊件图

①焊接结构中,广泛使用的T形接头、搭接接头和角接接头等接头形式,如图2-24所示。

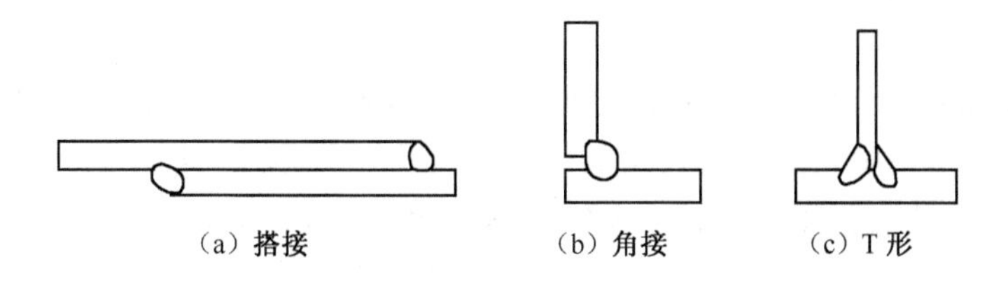

图2-24 常见焊接接头

这些接头形式的焊缝称为角焊缝。角焊缝的焊脚尺寸应符合技术要求,以保证焊缝的强度。一般焊脚尺寸随焊件厚度增大而增加,如表2-4所示。

表2-4 焊脚尺寸与钢板厚度的关系 单位:mm

钢板厚度	≤2~3	>3~6	>6~9	>9~12	>12~16	>16~23
最小焊脚尺寸	2	3	4	5	6	8

②焊脚尺寸决定焊接层数和焊道数量。一般当焊脚尺寸在5 mm以下时多采用单层焊,6~8 mm时采用多层焊,焊脚尺寸大于10 mm时,采用多层多道焊。

③焊接由不等厚度钢板组装的角焊缝时,要相应地调节焊条角度,电弧要偏向于厚板一侧,使厚板所受的热量增加。通过调节焊条的角度,使厚、薄两板受热趋于均匀,以保证接头良好熔合。

1. 接头、坡口

用焊接方法连接的接头称为焊接接头(简称接头),如图2-25所示。可分为熔焊接头、点焊接头、对焊接头3类。焊接接头是由焊缝、熔合区和热影响区所组成,如图2-25所示。

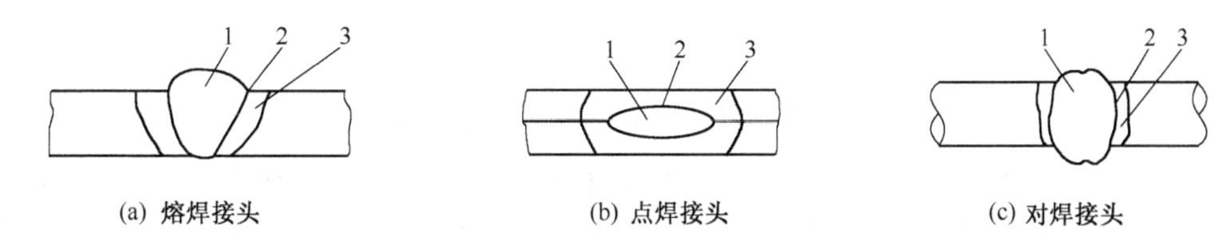

图2-25 焊接接头示意图

1—焊缝;2—熔合区;3—热影响区

熔焊焊接接头可有多种形式,最常见的典型接头有对接接头、角接接头、T形接头、搭接接头等。为使待焊部位满足焊接施工工艺要求(如熔透、成形及焊接电弧可达性等),以形成优质焊接接头,常需要将待焊部位预加工成一定形状,即坡口加工。常见坡口形式有I形坡口、V形坡口、U形坡口、X形坡口。

2. 焊缝

焊缝是指焊件经焊接后形成的结合部分。熔焊时，焊缝金属是由熔化的母材和熔化的填充金属（焊条或焊丝）按比例（决定于焊接工艺参数）混合而成，有时全部由熔化的母材构成（自熔焊接或不加填充金属的焊接方法）。其常见工艺参数如下。

1）熔合比

熔焊时，被熔化的母材金属在焊缝金属中所占的比例常用“熔合比”表示。

熔合比与焊接方法、焊接工艺参数、接头尺寸形状、坡口形状、焊道数目及母材热物理性质有关。由于熔合比不同，即使采用同一焊接材料，焊缝的化学组成也不会相同，因此，性能也不同。通常，填充金属的成分与母材成分是不相同的，特别是异种金属焊接或合金堆焊时。当堆焊金属的合金成分主要来自填充金属时，局部熔化了的母材对堆焊金属的影响可以认为是稀释了堆焊金属。因此，熔合比又常称为稀释率。

当熔合时，焊缝金属完全由填充金属熔敷而成，这种焊缝金属称为熔敷金属。

2）焊缝形状尺寸及焊缝成形系数

（1）焊缝宽度：焊缝表面两焊趾之间的距离（焊缝表面与母材的交界处称为焊趾）。

（2）余高：超出母材表面连线上面的那部分焊缝金属的最大高度。

（3）焊缝厚度：在焊缝横截面中，从焊缝正面到焊缝背面的距离。

（4）焊缝计算厚度：设计焊缝时使用的焊缝厚度。对接焊缝焊透时，它等于焊件的厚度；角焊缝时，它等于在角焊缝横截面内划出的最大直角三角形中从直角的顶点到斜边的垂直长度，习惯上也称喉厚，如图 2-26 所示。

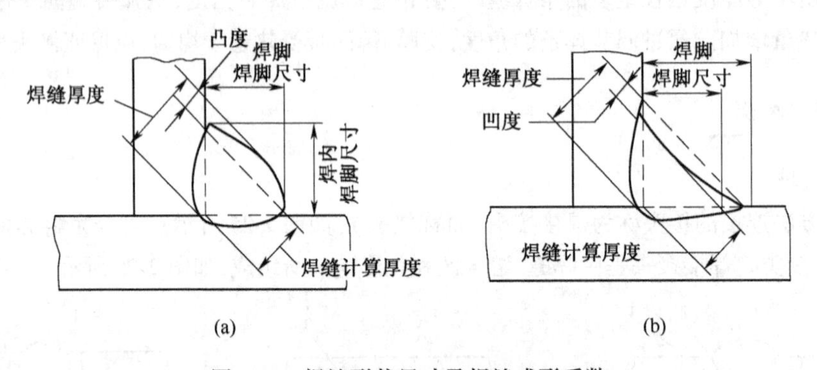

图 2-26　焊缝形状尺寸及焊缝成形系数

（5）焊缝成形系数：熔焊时，在单道焊缝横截面上焊缝宽度（B）与焊缝计算厚度（H）的比值，即 $\varepsilon=B/H$，如图 2-27 所示，称为焊缝的形状系数。焊缝成形系数 ε 的大小直接影响熔池中气体逸出的难易、熔池的结晶方向、焊缝中心偏析严重程度及裂纹的产生等。一般熔焊希望 $\varepsilon\leqslant1$，为了控制焊缝成形系数，必须合理调整焊接参数。成形系数随电流的增大而减小，随电压增大而增大，焊接速度增大时减小。图 2-27 所示为不同接头形式焊缝成形系数中的 B 和 H。

3. 焊接顺序

1）打底焊接

要点：直线运条，焊条角度如图 2-28 所示。焊接时采用短弧，速度要均匀，焊条中心与焊缝夹角中心重合，注意排渣和铁水的熔敷效果。

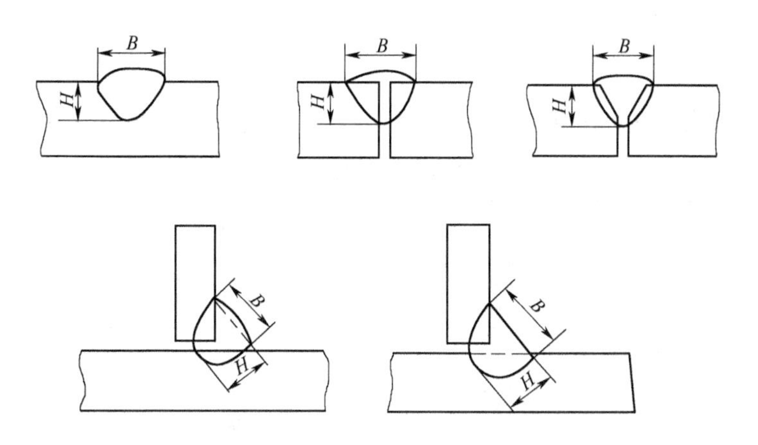

图 2-27　焊缝成形系数

2)盖面焊接

(1)第二道焊缝:直线运条,运条平稳,第二道焊缝要覆盖第一层焊缝的 1/2~2/3,焊缝与底板之间熔合良好,边缘整齐。

(2)第三道焊缝:操作同第二道焊缝,要覆盖第二道焊缝的 1/3~1/2,焊接速度均匀,不能太慢,否则易产生咬边或焊瘤,使焊缝成形不美观。焊接层数及焊条角度如图 2-28 所示。

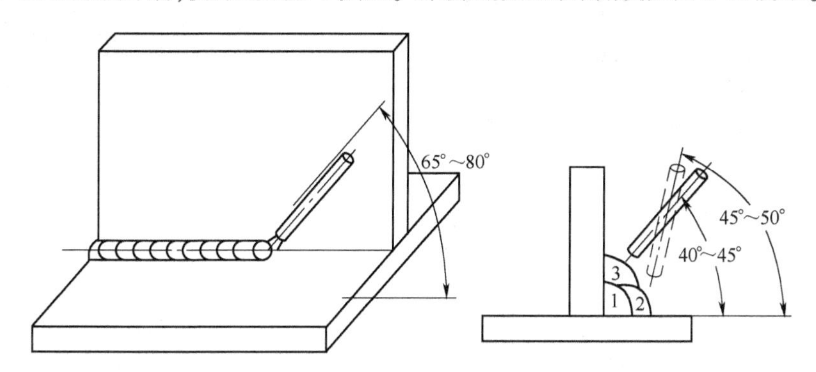

图 2-28　打底焊焊条角度

(3)一般采用斜圆圈形运条方法:由 *a* 到 *b* 要慢,焊条微微向前移动,以防熔渣超前;由 *b* 到 *c* 稍快,以防熔化金属下淌;在 *c* 处稍作停顿,以添加合适的熔滴,避免咬边;由 *c* 到 *d* 稍慢,保持各熔池之间形成 1/2~2/3 的重叠;由 *d* 到 *e* 稍快,在 *e* 处稍作停顿如图 2-29 所示。

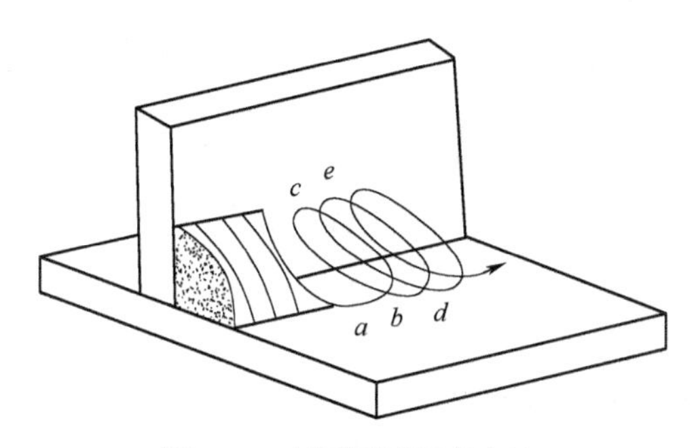

图 2-29　斜圆圈形运条方法

实训实施

1. 电流选择与操作过程(见表 2-5)

表 2-5 参 数 选 择

板厚/mm	焊条型号	焊条直径/mm	焊接电流/A	焊缝层次
8~10	E4303	3.2	110~130	1
		4	160~200	2
		4	160~180	3

2. 操作过程

(1)将焊件装配成 T 形接头,定位焊引弧操作如图 2-30 所示。

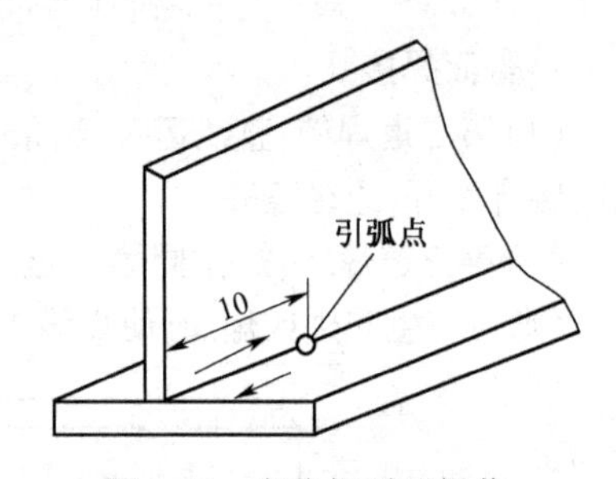

图 2-30 定位焊引弧操作

(2)采用直线运条,短弧焊,焊接过程中稍做摆动。

3. 注意事项

(1)装配定位焊时,考虑到焊接变形,应采用反变形。

(2)运条时速度要均匀,不能过快。

(3)定位焊后要将熔渣清理干净。

(4)焊脚在平板和立板间的分别应对称且过渡圆滑。

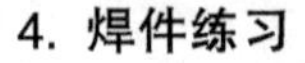

4. 焊件练习

焊件练习如图 2-31 所示,必要时加角尺固定。

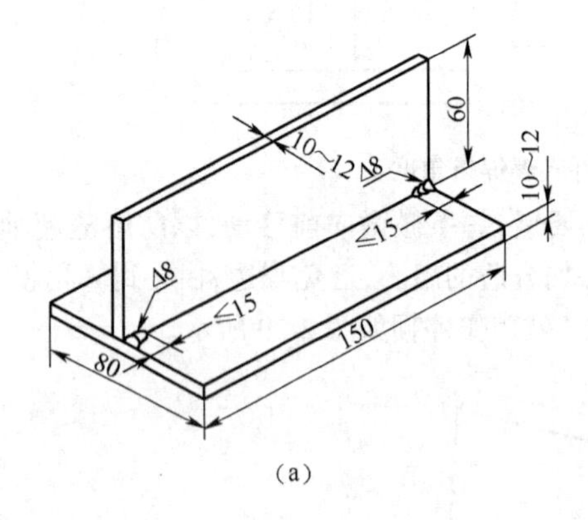

(a)

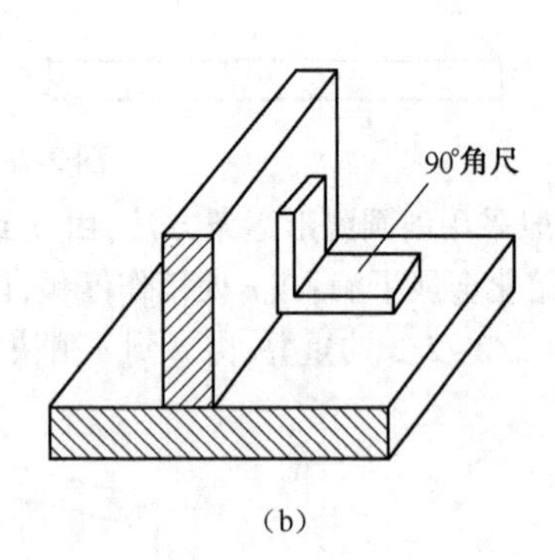

(b)

图 2-31 焊件练习

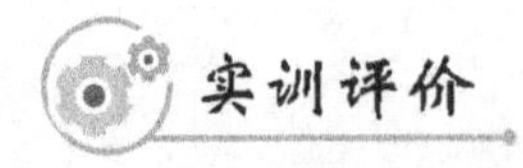

实训评价

实训焊接考核技术要求如表 2-6 所示。

表 2-6 焊接考核技术要求

序 号	项 目	考核技术要求	配 分
1	焊缝外观质量	焊缝的外形尺寸:焊缝的焊脚为(6±1)mm	10
		凸度或凹度≤1.5 mm	8
		焊缝咬边深度≤0.5 mm,按长度计算,每5 mm扣3分	15
		未焊透深度≤0.9 mm,总长度≤15 mm	15
2	焊缝内部质量	没有裂纹和未熔合	15
		未焊透深度≤0.9 mm	12
		气孔或夹渣最大尺寸≤0.5 mm,每个扣1分;最大尺寸≤1.5 mm,每个扣2分;最大尺寸≥1.5 mm,每个扣5分,扣完为止	15
3	焊缝的外表状态	焊缝表面应该是原始状态,不允许有加工或补焊、返修焊等	5
		焊缝表面不允许有裂纹、未熔合、焊瘤等缺陷,否则均以不及格处理	5
4	安全文明生产	按违反规定的严重程度,扣1~10分	

注:必须在规定的时间内完成。超出时限≤5 min,扣2分;超出时限≤10 min,扣5分;超出时限>10 min,以不及格处理。

思考与练习

(1)了解焊接接头的定义和类型。
(2)了解焊缝的定义及成形系数。
(3)了解平角焊的基本操作技术。

课 后 练 习

(1)什么是焊接?焊接方法分为哪三类?各有哪些特点?
(2)焊接与铆接、铸造相比有哪些优缺点?
(3)焊接弧光辐射主要包括哪些?对人体有何危害?
(4)焊接时,如何防止火灾和爆炸事故的发生?
(5)参观工厂,充分认识各种焊法,为以后焊接学习奠定良好的基础。

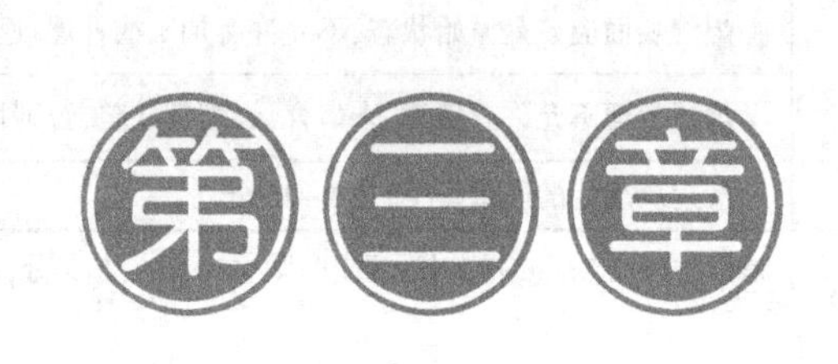

第三章

焊条电弧焊

在各种电弧焊方法中应用最广泛的是焊条电弧焊。焊条电弧焊是指操作者手工操作焊条进行焊接的电弧焊方法。焊条电弧焊时焊接电源的输出端的两根电缆分别与焊条、工件连接,然后组成了包括电源、焊接电缆、焊钳、地线夹头、工件和焊条在内的闭合回路,此闭合回路即为我们常说的焊接回路,如图 3-1 所示。

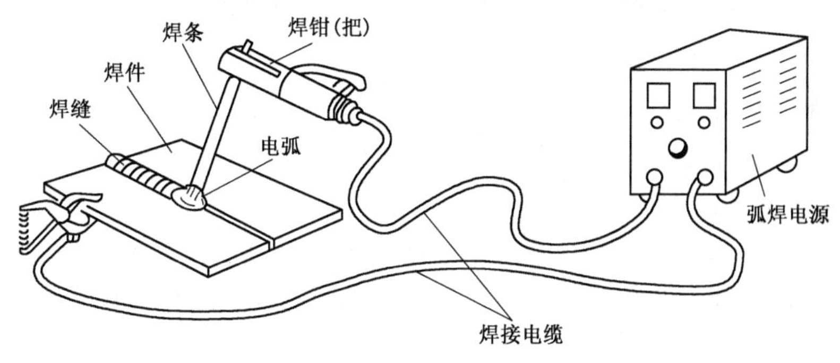

图 3-1 焊接回路

第一节 焊条电弧焊特点

一、焊条电弧焊的焊接过程(见图 3-2)

焊条电弧焊的焊接过程是从电弧引燃时开始的。炽热的电弧将焊条端部和电弧下面的工件表面熔化,在焊件上形成的具有一定几何形状的液态金属部分称为熔池。熔化的焊条芯以滴状通过电弧过渡到熔池中,与熔化的工件互相熔合,冷却凝固后即形成焊缝。显然,熔池金属是由熔化了的焊件与焊芯共同组成,焊接时,焊条药皮分解,熔化后形成气体与溶渣,对焊接区起到保护作用,并使熔池金属脱氧、净化。随着电弧沿焊接方向前移,工件和焊芯不断熔化,形成新的熔池,原有熔池则因电弧远离而冷却,凝固后形成焊缝,从而将两个分开的焊件连接成一体。

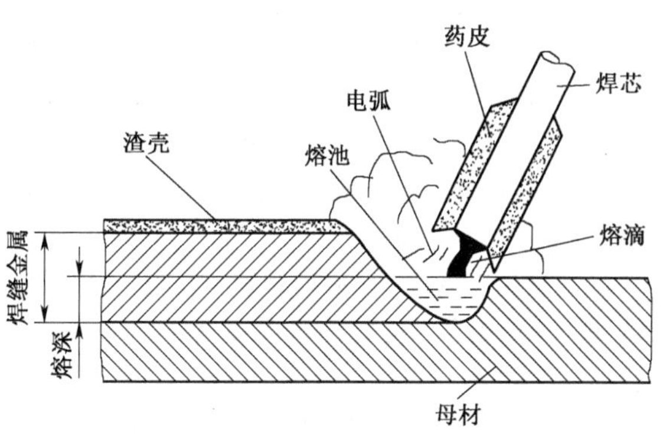

图 3-2 焊接示意图

利用电弧作为热源的熔焊方法称为电弧焊,这是目前应用最广的一类焊接方法。在电弧焊中,电弧与一般的电阻负载不同,它在焊接过程中是时刻变化的,是一个动态的负载。因此,弧焊电源除了具有一般电力电源的特点,还必须具有适应电弧负载的特性,如引弧容易、保证电弧稳定、保证焊接规范、稳定可调等。弧焊电源性能的好坏,不仅影响电弧燃烧过程的稳定性,而且还通过影响焊接过程的稳定性,来影响焊接质量。

二、焊条电弧焊的原理

电弧引燃:开始焊接时,将焊条与焊件接触短路,然后立即提起焊条即可引燃电弧。电弧的高温将焊条与焊件局部熔化，以熔滴的形式过渡到局部熔化的焊件表面，融合一起形成熔池。焊条药皮因成分的原因在熔化过程中会产生一定量的气体和液态熔渣，产生的气体充满在电弧和熔池周围，起到隔绝大气、保护液体金属的作用。液态熔渣因为密度小，在熔池中不断上浮，覆盖在液体金属上面，保护液体金属免受其他因素影响的作用。同时，药皮熔化产生的气体、熔渣与熔化了的焊芯、焊件发生一系列冶金反应，保证所形成的焊缝的性能。随着电弧沿焊接方向不断移动，熔池液态金属逐步冷却结晶，形成焊缝。

三、焊条电弧焊的特点

与其他电弧焊方法相比，焊条电弧焊具有如下的特点：

1. 焊条电弧焊的优点

(1)工艺灵活、适应性强。对于不同的焊接位置、接头形式、焊件厚度的焊缝，只要焊条所能达到的任何位置，均能方便地焊接。对一些单件、小件、短的、不规则的空间任意位置的焊缝，以及不易实现机械化焊接的焊缝，更显得机动灵活，操作方便。

(2)应用范围广。焊条电弧焊的焊条成分能够与大多数的被焊母材金属性能相匹配，因而，接头的性能可以达到被焊金属的性能。焊条电弧焊不但能焊接碳钢、低合金钢、不锈钢及耐热钢，对于铸铁、高合金钢及有色金属等也可以焊接。此外，还可以进行异种钢焊接和各种金属材料的堆焊等，所以，得以广泛应用。

(3)分散焊接应力和控制焊接变形能力强。由于焊接是局部的不均匀加热，所以，焊件在焊接过程中都普遍存在焊接应力和变形。对结构复杂而焊缝又比较集中的焊件、长焊缝和大厚度焊件，其应力和变形问题则更为突出。采用焊条电弧焊，可以通过改变焊接工艺手段，如采用跳焊、分段退焊、对称焊等方法，减少变形和改善焊接应力的分布。

(4)设备简单、成本较低，易于掌握。焊条电弧焊使用的交流焊机和直流焊机，其结构都比较简单，维护保养也较方便；设备轻便，易于移动，且焊接中不需要辅助气体保护，并具有较强的抗风能力；学习者易学易懂，设备便宜，所以投资少，成本相对较低。

2. 焊条电弧焊的缺点

(1)焊接生产效率低、劳动强度大。由于焊条的长度是一定的。因此，焊接过程不能连续进行，每焊完一根焊条后必须停止焊接，更换新的焊条，而且每焊完一焊道后要求清渣，所以生产效率低，劳动强度大。

(2)焊缝质量依赖性强。由于手工操作，所以焊缝质量要靠焊工的操作技术和经验来保证，使焊缝质量在很大程度上依赖于焊工的操作技术及现场发挥，甚至焊工的精神状态也会影响到焊缝质量的好坏。

第二节 焊接电弧

由焊接电源供给的，具有一定电压的两电极间或电极与母材间，在气体介质中产生的强烈而持久的放电现象，称为焊接电弧。图 3-3 所示为焊条电弧焊电弧构造示意图。焊接电弧与气体放电现象(如拉合电源刀开关时产生的火花)的区别在于：焊接电弧能连续而持久地产生强烈的光和大量的热量。电弧焊就是依靠焊接电弧这种把电能转化为焊接过程所需的热能来熔化金属和其他焊接材料，从而连接被焊金属，改善被焊金属性能，达到焊接的最终目的。

一、焊接电弧产生的条件

一般情况下,气体的分子和原子是呈电中性的,气体中没有带电粒子(电子、正离子)的存在。因此,气体没有导电的性质,所以电弧也不能自发地产生。因此要使电弧产生和维持稳定燃烧,两电极(或电极与母材)之间的气体中就必须要有导电的带电粒子移动。而获得带电粒子的方法就是气体电离(中性气体分子或原子分离成带电粒子)和阴极电子发射(阴极金属表面的原子或分子,接受外界的能量而连续地向外发射电子)。所以,气体电离和阴极电子发射是焊接电弧产生和维持的两个必要条件。

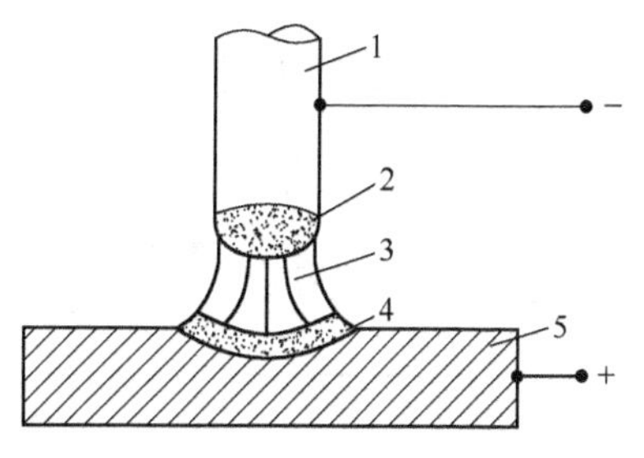

图 3-3　焊条电弧焊电弧构造示意图

1—焊条;2—阴极区;3—弧柱;4—阳极区;5—母材

二、焊接电弧的引燃

通过电弧放电,可以将电能转换成焊接所必需的而又集中的热能,并伴有强烈的弧光。焊条电弧焊就是利用此热能熔化焊条与焊件来完成的。

要使电极间产生电弧并稳定燃烧,就必须给阴极与气体加以一定的能量,使阴极产生强烈的电子发射,气体介质发生剧烈的电离,从而使两极间充满带电粒子。在两极间的电压所形成的电场力作用下,带电粒子向两极做定向运动,这样气体介质中就有带电粒子的移动从而形成很大的电流,也就是发生了强烈的电弧放电,形成连续的、稳定燃烧的电弧。

焊接电弧引弧时,首先将焊条与工件接触,使焊接回路短路,接着迅速将焊条提起 2~4 mm,在焊条提起的瞬间电弧即被引燃。

把造成两电极间气体发生电离和阴极发射电子而引起电弧燃烧的过程称为焊接电弧的引弧(引燃)。焊接电弧的引燃一般有两种方式:接触引弧和非接触引弧。

1. 接触引弧

接触引弧指弧焊电源接通后,将电极(焊条或焊丝)与工件直接短路接触,并随后拉开焊条或焊丝而引燃电弧。接触引弧是一种最常用的引弧方式,引弧方式如图 3-4 所示。接触引弧的原理:当电极与工件发生短路接触时,由于电极和工件表面都不是绝对平整的,所以只是在少数突出点上接触到。通过这些点的短路电流比正常的焊接电流要大得多,这就因此而产生了大量的电阻热,产生的大量的电阻热使接触部分的金属温度剧烈地升高而熔化,甚至达到气化的程度,引起强烈的气体电离和电子发射。在拉开电极的瞬间,由于电弧间隙极小,使其电场强度达到很大数值,使气体强烈电离及阴极发射电子,从而引燃电弧,如图 3-5 所示。

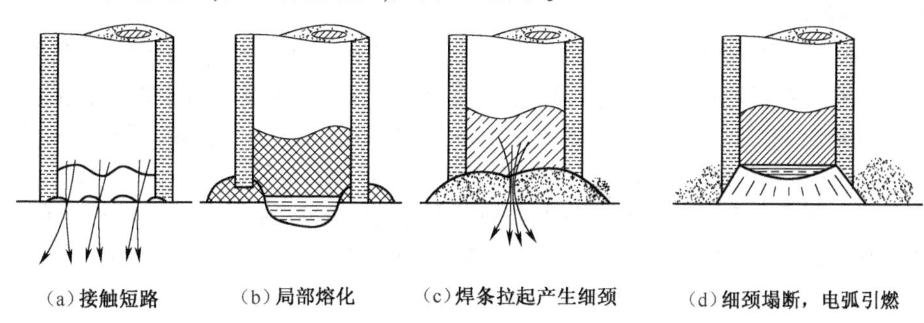

图 3-4　接触引弧过程

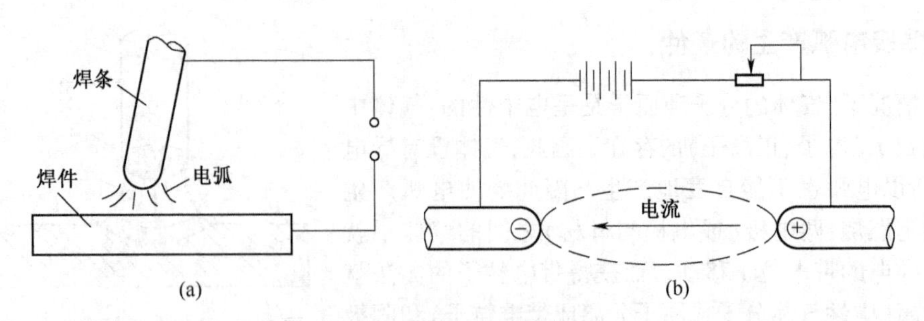

图 3-5　接触引弧的原理

在拉开电极的瞬间，弧焊电源电压由短路时的零值增高到引弧电压值所需要的时间称为电压恢复时间。电压恢复时间对于焊接电弧的引燃及焊接过程中电弧的稳定性具有重要的意义。这个时间的长短，是由弧焊电源的特性决定的。在电弧焊时，对电压恢复时间要求越短越好，一般不超过 0. 05 s。如果电压恢复时间太长，则电弧就不容易引燃且易造成焊接电弧不稳定。

对于焊条电弧焊，接触引弧又可分为划擦法引弧和直击法引弧两种，接触引弧方法主要应用于焊条电弧焊、埋弧焊、熔化极气体焊等。

2. 非接触引弧

引弧时电极与工件间保持一定间隙，然后在电极和工件之间以高电压来击穿间隙从而使电弧引燃，这种引弧方式称为非接触引弧。一般非接触引弧需利用引弧器才能实现。

根据工作原理不同非接触引弧可分为高压脉冲引弧和高频高压引弧。高压脉冲引弧需高压脉冲发生器，频率一般为 50~100 Hz，电压峰值为 3~10 kV。高频高压引弧需用高频振荡器，频率为 150~260 kHz，电压峰值为 2~3 kV。这种引弧方式主要应用于钨极氩弧焊、等离子弧焊。由于引弧时电极不需和工件接触，这样不仅不会污染工件上的引弧点，使焊件外形美观，且也不会损坏电极端部的几何形状，有利于电弧燃烧的稳定性。

三、焊接电弧的构造及静特性

1. 焊接电弧的构造

可分为阴极区、阳极区和弧柱 3 部分，如图 3-6 所示。焊接电弧的热量是由焊接电源提供的电能转变而来的。由于电弧各区域导电性能不同，它们所产生的热量和温度分布也是不同的。

(1)阴极区。电弧紧靠负电极的区域称为阴极区，阴极区很窄。在阴极区的阴极表面有一个明亮的斑点，称为阴极斑点。它是阴极表面上电子发射的发源地，也是阴极区温度最高的地方。阴极区的温度一般为 2 130~3 230 ℃ ，放出的热量占焊接电弧总热量的 36%左右。阴极温度的高低主要取决于阴极的电极材料。

(2)阳极区。电弧紧靠正电极的区域称为阳极区，阳极区较阴极区宽，在阳极区的阳极表面也有光亮的斑点，称为阳极斑点。它是电弧放电时，正电极表面上集中接收电子的微小区域。阳极不发射电子，消耗能量少。因此，当阳极与阴极材料相同时，阳极区的温度要高于阴极区。阳极区的温度一般达 2 330~3 930 ℃，放出热量占焊接电弧总热量的 43%左右。

(3)弧柱(也称弧柱区)。电弧阴极区和阳极区之间的部分称为弧柱。由于阴极区和阳极区都很窄。因此，弧柱的长度基本上等于电弧长度。弧柱中心温度可达 5 370~7 730 ℃，放出的热量占焊接电弧总热量的 21%左右。弧柱的温度与弧柱气体介质和焊接电流大小等因素有关；焊接电流越大，弧柱中电离程度也越大，弧柱温度也越高。

(4)电弧电压。电弧两端(两电极)之间的电压称为电弧电压。当弧长一定时，电弧电压分布如图 3-6 所示。电弧电压 (U_h)由阴极压降(U_i)阳极压降(U_y)和弧柱压降(U_x)组成。以上所述的是直流电弧的热量和温度分布情况。至于交流电弧，由于电流方向每秒钟变换 100 次，所以两极的温度趋于一致，近似于直流时两极温度的平均值。

上述可知，电弧作为热源，其特点是温度高，热量集中。因此，用于焊接时金属熔化得非常快。但是使金属熔化的热量主要集中产生于两极；弧柱温度虽高，由于大部分热量被散失于周围气体中，所以对金属熔化并不起重要作用。

2. 电弧的静特性

在电极材料、气体介质和弧长一定的情况下，电弧稳定燃烧时，焊接电流与电弧电压变化的关系称为电弧静特性，一般也称伏-安特性。表示它们关系的曲线称为电弧的静特性曲线，如图 3-7中曲线 2 所示。

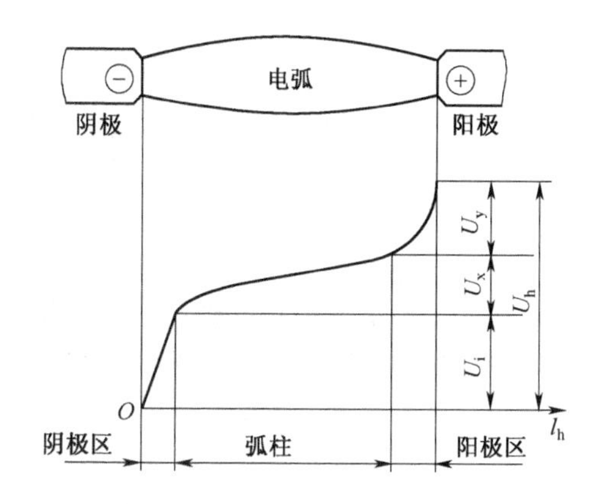

图 3-6　电弧结构与电压分布示意图

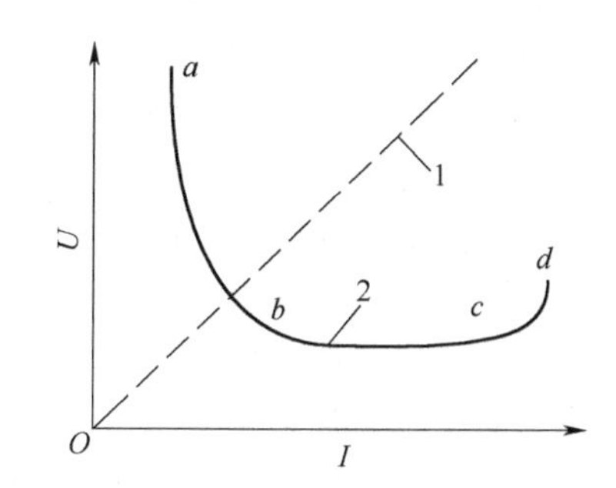

图 3-7　普通电阻静特性与电弧的静特性

1—普通电阻静特性；2—电弧的静特性

(1)电弧静特性曲线。焊接电弧虽是焊接回路中的负载，但它与普通电路中的普通电阻不同，普通电阻的电阻值是常数，电阻两端的电压与通过的电流遵循欧姆定律，这种特性称为电阻静特性，表现为一条直线，如图 3-7 中的虚线 1。焊接电弧也相当于一个电阻性负载，但其电阻值不是常数，电弧两端的电压与通过的焊接电流也不成正比关系，而呈 U 形曲线关系，如图 3-7 中的曲线 2。从电弧的静特性曲线还可看出，当弧长变化时，静特性曲线平行移动，即当电弧长度增加时，电弧电压也增加。在焊条电弧焊应用的电流范围内，可以近似认为电弧电压仅与电弧长度成正比的变化，而与电流大小无关，其值一般为 16~25 V。

电弧静特性曲线分为 3 个不同的区域，当电流较小时(见图 3-7 中的 *ab* 区)，电弧静特性属下降特性区，即随着电流增加电压减小；当电流稍大时(见图 3-7 中的 *bc* 区)，电弧静特性属平特性区，即电流变化时，电压几乎不变；当电流较大时(见图 3-7 中 *cd* 区)，电弧静特性属上升特性区，电压随电流的增加而升高。

电弧静特性曲线与电弧长度密切相关，当电弧长度增加时，电弧电压升高，其静特性曲线的位置也随之上升，如图 3-8 所示。

(2)电弧静特性曲线的应用。不同的电弧焊方法，在一定的条件下，其静特性只是曲线的某一区域。

焊条电弧焊、埋弧焊一般工作在平特性区，即电弧电压只随弧长而变化，与焊接电流关系很小。

钨极氩弧焊、等离子弧焊一般也工作在平特性区，当焊接电流较大时才工作在上升特性区。

熔化极氩弧焊、CO_2 气体保护焊和熔化极活性气体保护焊(MAG焊)基本上工作在上升特性区。

从讨论的电弧静特性可知，不同电流时电弧的电阻(即电弧电压与电流的比值)不是常数，所以它不符合欧姆定律，故对电源而言，电弧是一个比较特殊的非线性电阻负载。为了能使电弧稳定燃烧，就需要一个满足焊接电弧要求的、特殊的焊接电源供电(静特性的下降特性区由于电弧燃烧不稳定而很少采用)。

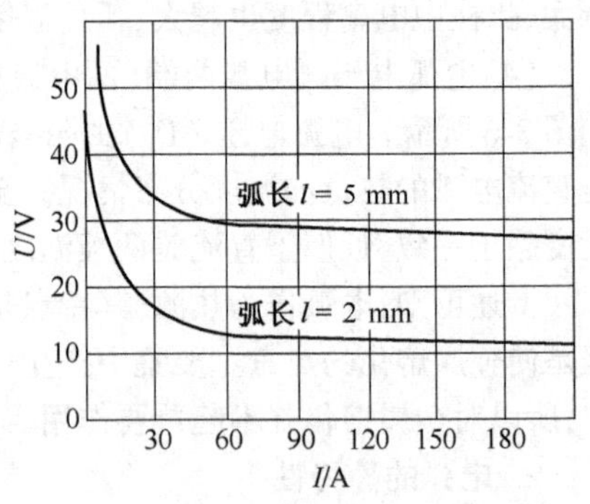

图 3-8 不同电弧长度的电弧静特性曲线

四、焊接电弧的稳定性

电弧的稳定燃烧是保证焊接质量的一个重要因素，因此，维持电弧稳定性是非常重要的。焊接电弧的稳定性是指电弧保持稳定燃烧(不产生断弧、飘移和偏吹等)的程度[见图 3-9(a)]。电弧不稳定的原因除焊工操作技术不熟练外，还可能与下列因素有关：

1. 弧焊电源的影响

采用直流电源焊接时，电弧燃烧比采用交流电源更稳定。此外，具有较高空载电压的焊接电源不仅引弧容易，而且电弧燃烧也稳定。这是因为焊接电源的空载电压较高，电场作用强，电离及电子发射强烈，所以电弧燃烧稳定。

2. 焊接电流的影响

焊接选用的电流越大，产生的电弧的温度就越高，所以电弧气氛中的电离程度和热发射作用就越强，电弧燃烧也就越稳定。通过实验测定电弧稳定性的结果表明：随着焊接电流的增大，电弧的引燃电压就降低；同时随着焊接电流的增大，自然断弧的最大弧长也相应增大。所以焊接电流越大，电弧燃烧越稳定。

3. 焊条药皮或焊剂的影响

如果焊条药皮或焊剂中加入 K、Na、Ca 等元素的氧化物，就能增加电弧气氛中的带电粒子，这样就可以通过提高气体的导电性从而提高电弧燃烧的稳定性。

4. 焊接电弧偏吹的影响

在正常情况下焊接时，电弧的中心轴线总是保持沿焊条(丝)电极的轴线方向。即使当焊条(丝)与焊件有一定倾角时，电弧也跟着电极轴线的方向而改变，如图 3-9(b)所示。但在实际焊接中，由于气流的干扰、磁场的作用或焊条偏心的影响，会使电弧中心偏离电极轴线的方向，这种现象称为电弧偏吹。图 3-10 所示为磁场作用引起的电弧偏吹。一旦发生电弧偏吹，电弧轴线就难以对准焊缝中心，从而影响焊缝成形和焊接质量。

1)引起焊接电弧发生偏吹的原因

(1)由焊条偏心产生的偏吹。焊条的偏心度是指焊条药皮沿焊芯直径方向偏心的程度。

焊条偏心度过大，使焊条药皮厚薄不均匀，药皮较厚的一边比药皮较薄的一边熔化时需吸收更多的热，因此，药皮较薄的一边很快熔化而使电弧外露，迫使电弧往外偏吹，如图 3-11 所示。因此，为了保证焊接质量,在焊条生产中对焊条的偏心度有一定的限制。

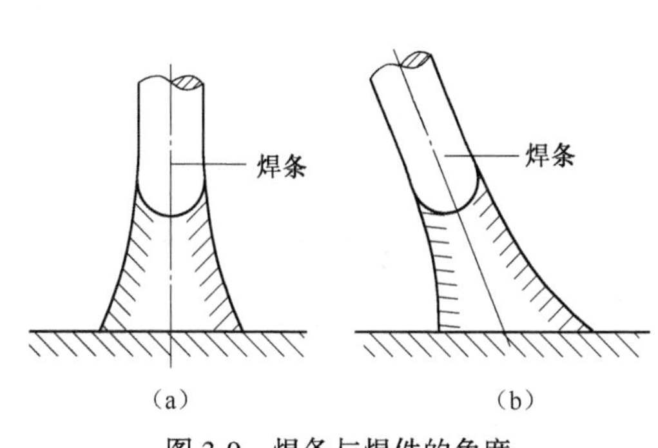

图 3-9 焊条与焊件的角度

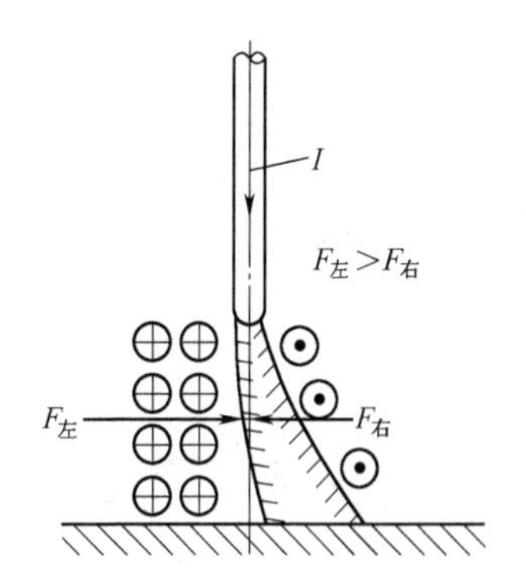

图 3-10 磁场作用引起的电弧偏吹

(2)电弧周围气流产生的偏吹。电弧周围气体的流动会把电弧吹向一侧而造成偏吹。

主要是大气中的气流和热对流的影响才造成电弧周围气体剧烈流动的。例如在露天大风中操作时,电弧偏吹状况很严重;或在进行管子焊接时,由于空气在管子中流动速度较大,形成所谓的“穿堂风”,使电弧发生偏吹;或在开坡口的对接接头第一层焊缝焊接时,如果接头间隙较大,在热对流的影响下也会使电弧发生偏吹等。

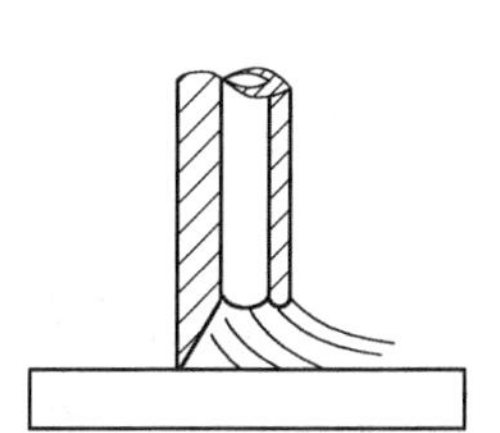

图 3-11 焊条药皮偏心引起的偏吹

(3)焊接电弧的磁偏吹。直流电弧焊时,因受到焊接回路所产生的电磁力的作用而产生的电弧偏吹称为磁偏吹。它是由于直流电所产生的磁场在电弧周围分布不均匀而引起的。

造成电弧产生磁偏吹的因素主要有下列几种:

①导线接线位置引起的磁偏吹。如图 3-12 所示,导线接在焊件一侧(接“+”),焊接时电弧左侧的磁力线由两部分组成,一部分是电流通过电弧产生的磁力线,另一部分是电流流经焊件产生的磁力线。而电弧右侧仅有电流通过电弧产生的磁力线,从而造成电弧两侧的磁力线分布极不均匀,因电弧左侧的磁力线较右侧的磁力线密集,电弧左侧的电磁力大于右侧的电磁力,从而使电弧向右侧偏吹。

②铁磁物质引起的磁偏吹。由于铁磁物质(如钢板、铁块等)的导磁能力远远大于空气,因此,当焊接电弧周围有铁磁性物质存在时,在靠近铁磁性物质一侧的磁力线大部分都通过铁磁物质形成封闭曲线,使电弧同铁磁物质之间的磁力线变得稀疏,而电弧另一侧磁力线就显得密集,因而造成电弧两侧的磁力线分布极不均匀,引发电弧向铁磁物质一侧偏吹,如图 3-13 所示。

③电弧运动至焊件的端部时引起的磁偏吹。当开始施焊或焊接至焊件端部时,经常会发生电弧偏吹,而逐渐靠近焊件的中心时,则电弧的偏吹现象就逐渐减小或没有。这是由于电弧运动至焊件的端部时,导磁面积发生变化,引起空间磁力线在靠近焊件边缘的地方密度增加,产生了指向焊件内部的磁偏吹,如图 3-14 所示。

2)防止或减少焊接电弧偏吹的措施

(1)交流替直流。焊接时,在条件许可情况下尽量使用交流电源焊接。

(2)随时调整焊条角度。使焊条偏吹的方向转向熔池,即将焊条向电弧偏吹方向倾斜一定角度,这种方法在实际工作中应用得较广泛。

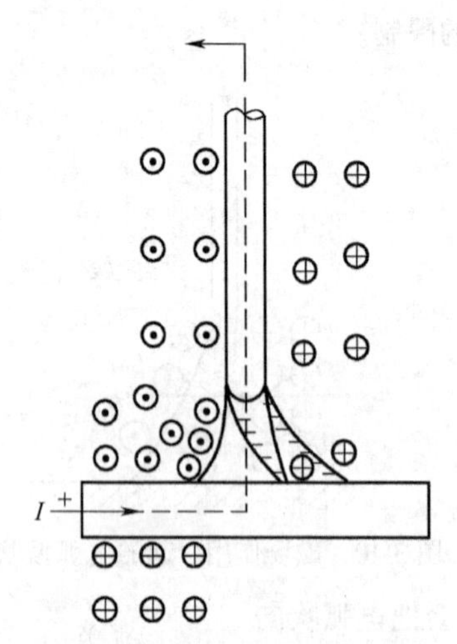

图 3-12 导线接线位置引起的磁偏吹

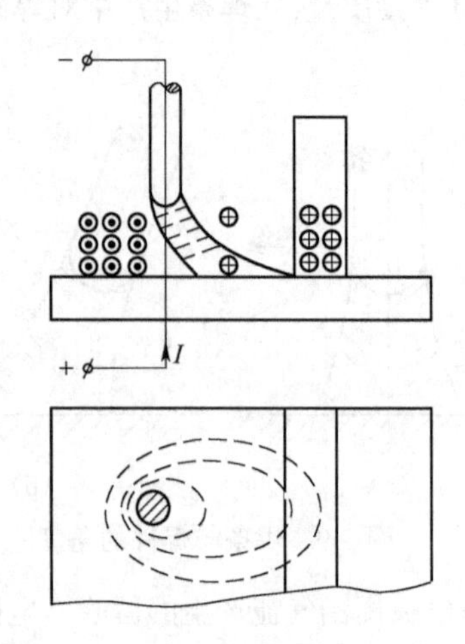

图 3-13 铁磁物质引起的磁偏吹

(3)短弧取代长弧。如果电弧太长,电弧就会发生剧烈摆动,从而破坏了焊接电弧的稳定性,而且飞溅也增大,所以应尽量短弧焊接。采用短弧焊接,因为短弧时受气流的影响较小,而且在产生磁偏吹时,如果采用短弧焊接,也能减小磁偏吹程度。所以,采用短弧焊接是减少电弧偏吹的较好方法。

(4)改线。改变焊件上导线接线位置,如图 3-15 所示。

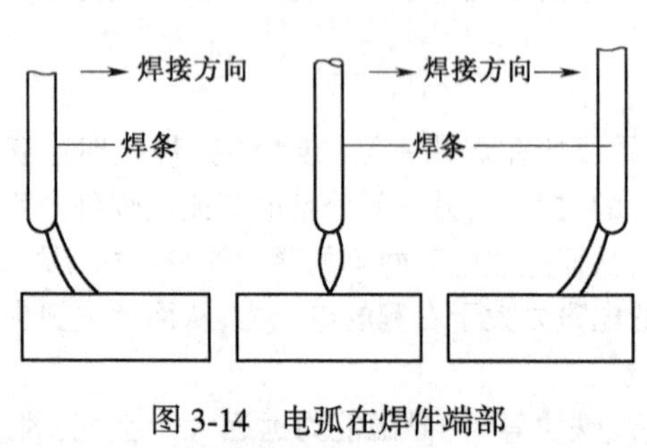

图 3-14 电弧在焊件端部焊接时引起的磁偏吹

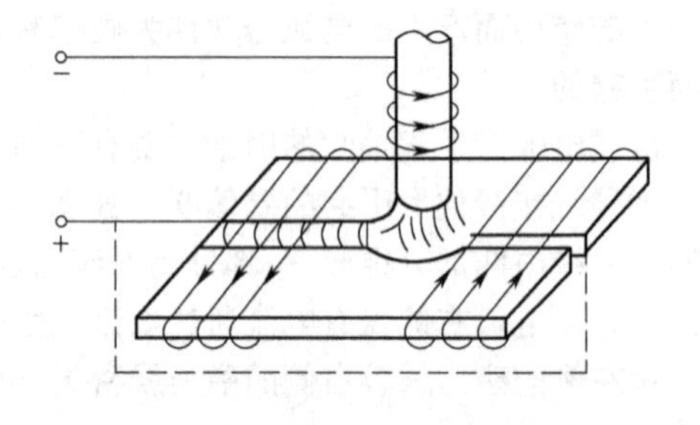

图 3-15 改变焊件导线接线位置以克服磁偏吹的方法

(5)附板。在焊缝两端各加一块附加钢板。

(6)采用挡板等。在露天操作时,如果有大风则必须用挡板遮挡,以保护电弧。在进行管子焊接时必须将管口堵住,以防止气流影响电弧。在焊接间隙较大的对接焊缝时,可在接缝下面加垫板,以防止热对流引起电弧偏吹。

(7)采用小电流焊接。这是因为磁偏吹的大小与焊接电流有直接关系,焊接电流越大,磁偏吹越严重。

5. 其他影响因素

焊接处如有油漆、油脂、水分和锈层等存在时,也会影响电弧燃烧的稳定性。因此,焊前做好焊件表面的清理工作十分重要。此外,焊条受潮或焊条药皮脱落也会造成电弧燃烧不稳定。

第三节　弧 焊 电 源

保证获得优质焊接接头的主要因素之一是电弧能否稳定燃烧,而决定电弧稳定燃烧的首要因素是弧焊电源(见图 3-16)。

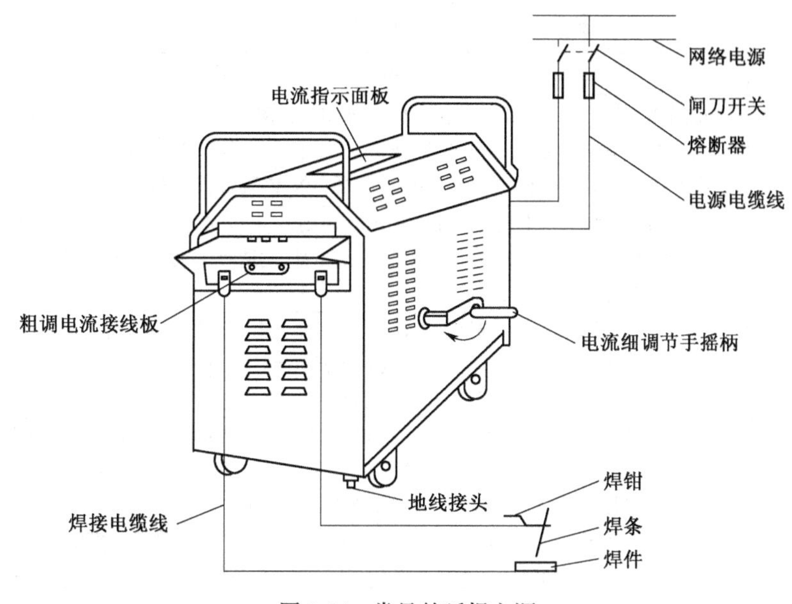

图 3-16　常见的弧焊电源

一、对弧焊电源的基本要求

(1)空载电压 U_0 必须合适。空载电压就是在焊机启动后,引燃电弧前,其输出端的端电压。

一般要求直流焊机的空载电压不应低于 40 V,交流焊机不应低于 55 V。从安全角度考虑,要求电源的空载电压一般不超过 80 V。

(2)必须具有下降的外特性。外特性是指弧焊电源向电弧供电时,其输出电压与输出电流之间的关系。描述这一关系的曲线称为外特性曲线。具体要求见第二部分。

(3)应能方便地调节焊接电流。一般规定,焊条电弧焊电源的焊接电流调节范围在焊机额定电流的(0.2~1.2)倍范围内。如额定电流为 300 A,则调节范围为 60~360 A。

(4)负载持续率要求。负载持续率(F_S)是表示焊机工作状态的参数,为焊机负载工作时间占规定工作时间周期的百分率,用下式表示:

$$F_S = t/T \times 100\%$$

国家标准规定额定电流在 500 A 以下的焊条电弧焊电源的工作时间周期 T 为 5 min。如在 5 min内连续焊接时间为 3 min,则 $F_S = 60\%$。标准中还规定了焊条电弧焊电源的额定负载持续率 F_{Se} 为 60%。

(5)额定电流要求。铭牌上标注的额定电流就是指在额定负载持续率状态下允许使用的最大电流。按额定值使用电源,既充分利用了电源的能力,又能保证设备正常运行,是最经济、最可靠的。

二、弧焊电源的分类、特点及应用

弧焊电源按结构原理可以分为4大类型：交流弧焊电源、直流弧焊电源、脉冲弧焊电源和弧焊逆变器，如表3-1所示。

按电流性质可以分为交流弧焊电源、直流弧焊电源和脉冲弧焊电源。

表3-1　各种弧焊电源的特点及应用

名　称	特 点 及 应 用
交流弧焊电源	交流弧焊电源一般指的是弧焊变压器，其作用是把网络电压的交流电变成适宜于电弧焊的低压交流电。它具有结构简单、易造易修、成本低、磁偏吹小、噪声小、效率高等优点，但电弧稳定性较差，功率因数较低。一般应用于焊条电弧焊、埋弧焊和钨极氩弧焊等方法
直流弧焊电源	直流弧焊发电机是由直流发电机和原动机（电动机、柴油机、汽油机）组成。其特点是坚固耐用，电弧燃烧稳定，但损耗较大、效率低、噪声大、成本高、质量大、维修难。电动机驱动的直流弧焊发电机，属于国家规定的淘汰产品
	弧焊整流器是把交流电经降压整流后获得直流电的电气设备。它具有制造方便、价格较低、空载损耗小和噪声小等优点，且大多数可以远距离调节焊接参数，能自动补偿电网电压波动对输出电压、电流的影响。可用作各种弧焊方法的电源
弧焊逆变器	弧焊逆变器是把单相或三相交流电经整流后，由逆变器转变为几千至几万赫兹的中频交流电，经降压后输出交流或直流电。它具有高效、节能、质量轻、体积小、功率因数高和焊接性能好等优点。可用于各种弧焊方法，是一种最有发展前途的新型弧焊电源
脉冲弧焊电源	脉冲弧焊电源提供的电流是周期性脉冲式的。它具有效率高，热输入①较小，可在较大范围内调节热输入等优点。它特别适合于对热输入较敏感的高合金材料、薄板和全位置焊接

注①：热输入是指熔焊时，由焊接热源输入给单位长度焊缝上的热量。

三、弧焊电源表示法

弧焊电源表示法如图3-17所示。

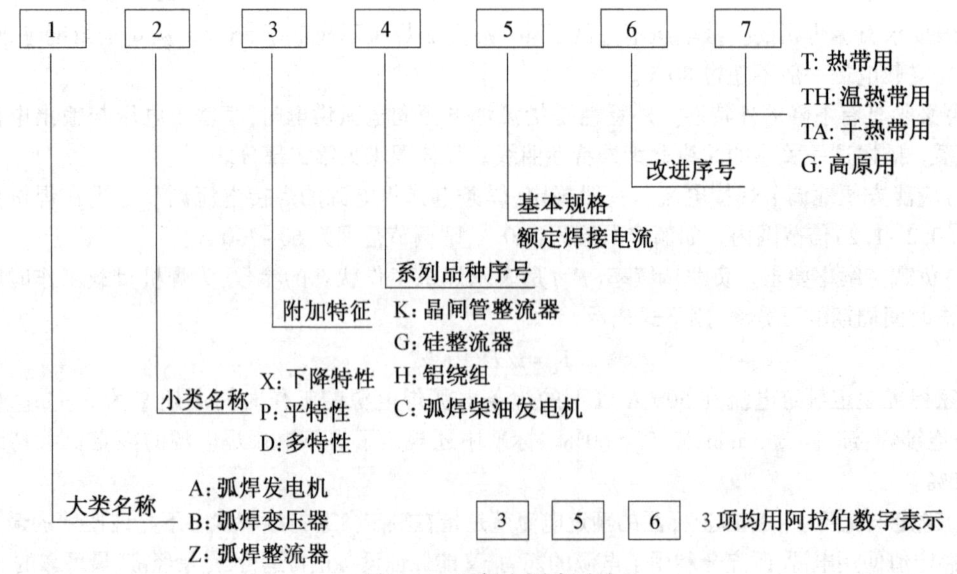

图3-17　弧焊电源表示法

四、举例

ZX7—400 II 电弧焊机表示弧焊机，外特性是下降特性无附加特性 7 系列，额定焊接电流400 A 的第二次改进各地均适合的弧焊电焊机。ZX7 系列电弧焊用于电力建设、石化建设、压力容器、造船及汽车制造等行业。

主要特点：氩弧焊、手工电弧焊均可使用；引弧容易，电弧稳定，熔池易控制；氩弧焊具有自锁/非自锁功能；数字显示，可对焊接电流精确预置；负载持续率高；软开关变换技术，整机效率高；电源功率因数校正技术；电弧推力可随焊接电缆长度来调节，实现远距离焊接，可选择有线遥控方式；TIG 焊收弧时间可调节；开关频率高，体积小，质量小；适用板材、碳钢、不锈钢，500A 以上焊机兼具碳弧气刨功能。

第四节　焊条电弧焊工具

为了保证焊接过程顺利进行，保障焊工安全。焊条电弧焊时，焊工必须备下列工具和辅具。

一、焊钳

1. 定义

焊钳的作用是夹持焊条和传导电流，也被称为焊把。其构造如图 3-18 所示，由钳口、直柄、弯柄、弹簧、手柄等组成。钳口开有纵、横、斜 3 个方向的凹槽，从几个方向都可夹紧焊条，有利于多种方位的焊接。

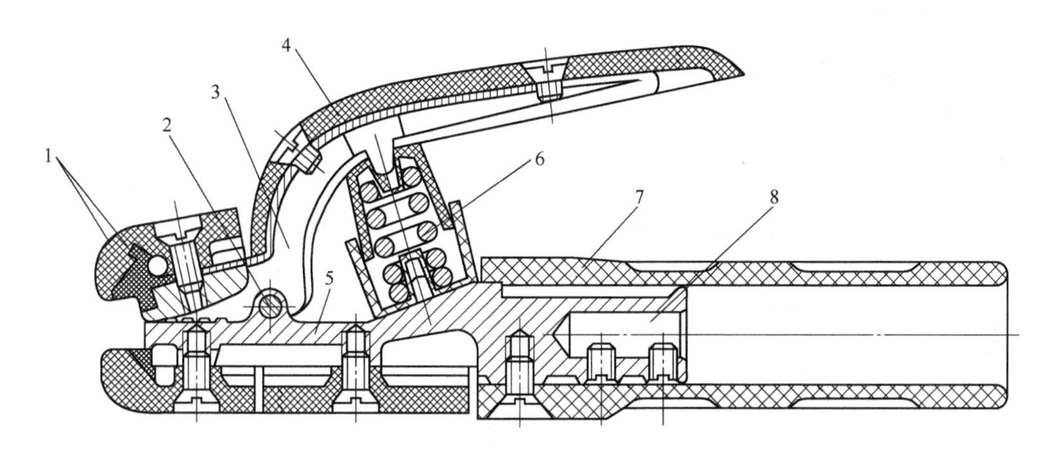

图 3-18　焊把结构图

1—钳口；2—固定销；3—弯臂；4—弯臂罩壳；5—直柄；6—弹簧；7—手柄；8—电缆固定处

2. 规格

目前生产中常用的焊钳有 300 A 和 500 A 两种规格，选用时根据具体情况而定。

3. 使用要求

质量优良的焊钳需要满足如下要求：

(1) 在夹持面中，能夹紧和便于更换几种所需角度的各种直径的焊条。

(2)电缆与夹头连接导电良好、发热小、手柄绝缘好、隔热好。

(3)质量小,具有一定的强度。

二、面罩和护目镜

面罩的作用是保护焊工的面部免受强烈的电弧光和金属飞溅的灼伤。面罩有手持式和头戴式两种形式。面罩是由轻而坚韧的纤维纸板制成的。在面罩的正面有安置护目镜和玻璃片的铁框,内有弹簧钢片压住护目镜片,起固定作用,如图 3-19 所示。

图 3-19　带护目镜的面罩

护目镜的作用是减弱电弧光的强度,并过滤红外线和紫外线。焊接时通过面罩上的护目镜可以清楚地观察焊接熔池的情况,掌握焊接过程而不会使眼睛受弧光灼伤。护目镜片的颜色是有深浅的,焊工可根据具体情况选用。电弧焊时选用护目玻璃可参照表 3-2。玻璃色号越大颜色越深。

表 3-2　护目玻璃号选择

遮　光　号	颜　色　深　浅	适用焊接电流范围
8	较浅	<100
10	中等	100~350
12	较深	>350

三、焊接电缆

焊接电缆是连接焊机与焊件,以及焊机与焊钳的导线。

焊接用的电缆的基本要求:

(1)柔软、轻便、使用时不发热和绝缘好。

(2)一般采用多股细铜丝组成。

(3)外表包裹着的橡胶绝缘层应完整。

(4)使用长度最好不要超 20~30 m。过长的电缆线会增大电压降,影响焊接的稳定性,过大的电压降,甚至会使焊接时不能引弧。通常要求在额定电流下电缆线上的电压降不大于 4 V。使用要求见第一章,选用参考表 3-3。

表 3-3　焊接电缆的导线截面选用表

导线截面/mm^2	16	25	35	59	70	95	120	160
最大额定电流/A	106	140	175	225	280	335	400	460

四、电焊条保温筒

保温筒可以起到密封焊条、隔离外界潮湿空气的作用。经过烘干的电焊条取出使用时很容易再次受潮,若把烘干的焊条置于保温筒内可保持电焊条的干燥。当筒内温度降低而需要再加热时,可利用焊机的输出电压对保温筒通电升温。保温筒有立式和卧式两种,分别可装 2 kg 和3 kg的电焊条。

焊条电弧焊常用的辅助用具还有钢丝刷、清渣锤及夹具、变位器等。这些工具也是保证焊接质量不可缺少的。同时，为了防止焊工的手被弧光和飞溅金属损伤及防止触电，在焊接时，必须戴用皮革制成的手套，穿帆布工作服，戴工作帽，以及穿好绝缘胶鞋等。

关于焊条的有关知识，将在后面做专门的介绍。

实训一　I 形坡口对接立焊

实训目标

①掌握对接立焊的灭弧焊法。

②掌握起头和接头的操作方法。

③掌握熔池的形状与温度的控制技能。

④焊缝的高度和宽度能符合要求，焊缝表面均匀、无缺陷。

实训分析

立焊是指沿接头由上而下或由下而上焊接。焊缝倾角为 90°（立向上）或 270°（立向下）的焊接位置，称为立焊位置。在立焊位置焊接，称为立焊。要求能够进行低碳钢平板对接的立焊，并且掌握立焊的操作要领。

相关知识

1. 立焊焊接电流

立焊时电流是平焊时的 80%~90%，立焊时液态金属在重力作用下易下坠而产生焊瘤，并且熔池金属和熔渣易分离造成熔池部分脱离熔渣的保护。操作或运条角度不当容易产生气孔。因此，立焊时要注意控制焊条角度和短弧焊接。

2. 立焊焊接操作

（1）操作姿势：蹲式、站式、坐式，身体略偏向左侧，便于握焊钳的右手操作，焊条角度如图 3-20 所示。

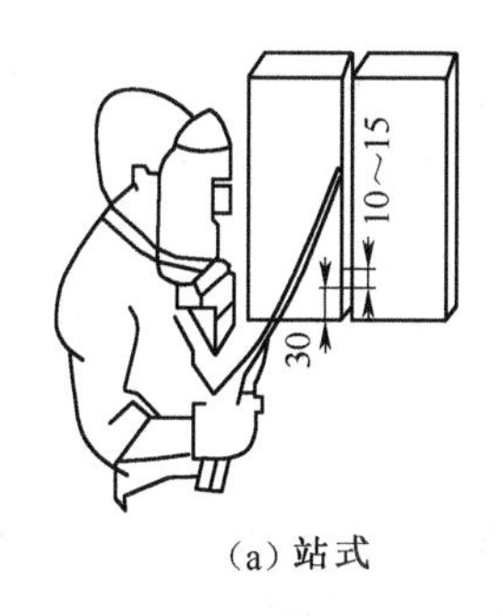

（a）站式

（b）坐式

（c）蹲式

图 3-20　操作姿势与焊条角度

（2）立焊操作手法如图 3-21 所示。为控制熔池的温度，避免熔池金属下淌常采用灭弧法。熔滴从焊条末端过渡到熔池后,在熔池金属有下淌趋势时立即将电弧熄灭,使熔化金属有瞬间凝固的机会,随后重新在灭弧处引弧,当形成新的熔池且良好熔合后,再立即灭弧,使燃弧-灭弧交替进行,灭弧的长短根据熔池温度的高低做相应的调节,燃弧时间根据熔池的熔合情况灵活掌握。

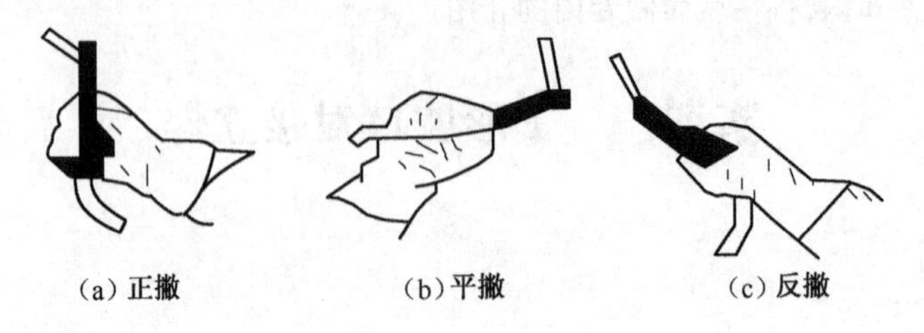

图 3-21 立焊操作手法

(3)立焊操作的一般要求:

①保证正确的焊条角度(见图 3-22),一般情况下焊条角度向下倾斜 60°~80°,电弧指向熔池中心。

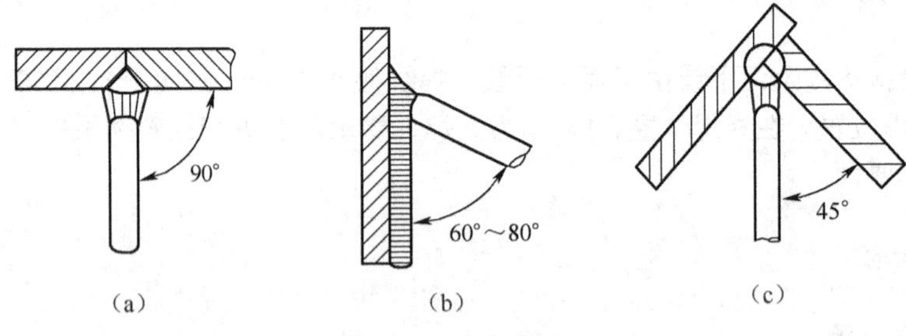

图 3-22 焊条角度

②选用正确合适的工艺参数,选用较小的焊接电流(比平焊小 0.2),焊条直径(小于 4.0 mm),采用短弧焊。焊接时特别注意对熔池温度的控制,不要过高,可选用灭弧焊法来控制温度。

③板的对接立焊的起头和接头处,由于起焊时焊件温度偏低,容易产生焊道凸起和夹渣、熔合不好等缺陷,因此在焊件的起头、焊缝的接头应采用预热法焊接,从而提高焊接部位的温度。其方法是在起焊处引燃电弧,并拉长电弧至 3~6 mm。适当延长预热和烘烤时间,当焊接部位有熔化迹象时,把电弧逐渐推向待焊处,保证熔池与焊件良好的熔合。

(4)运条方法。盖面层焊缝一般采用锯齿形运条法或月牙形运条法。焊接时要合理地运用焊条的摆动幅度、摆动频率,以控制焊条上移的速度,掌握熔池的温度和形状的变化。

3. 焊接工艺

(1)焊前应将焊缝处的缺陷、裂纹、夹渣等彻底清除掉,并清除油污、氧化物等杂质。需要定位焊时,焊缝不宜过小。

(2)焊接坡口尽量开成 U 形,以减少焊件熔入量。

(3)焊接第一层焊缝时,应尽量采用小电流、慢焊速,以减小焊件熔入焊缝金属中的比例(即减小熔合比),防止热裂纹。但应注意将母材熔透,避免产生夹渣及未熔合等缺陷。

(4)采用碱性焊条施焊时,焊前应对焊条烘干。烘干温度为 350 ~450 ℃,保温时间为 2 h。

(5)采用锤击焊缝的方法,减小焊接残余应力,同时细化晶粒。

(6)焊后尽可能缓冷,如将焊件放在石棉灰中,或在炉中缓冷。

(7)对含碳量超高、厚度大和刚度高的焊件,焊后应做600~650 ℃的消除应力回火处理。

实训实施

1. 焊前准备

(1)确定焊机。选用ZX5-400型弧焊整流器。

(2)选择焊条。用E5015焊条,ϕ3.2 mm和ϕ4.0 mm。焊条焊前经450 ℃烘干,保温1~2 h后放在焊条保温筒内。

(3)试件清理。焊前用角磨机将管板正面坡口面及坡口边缘20 ~30 mm范围内的油污、铁锈等污物清理干净,直至露出金属光泽。

(4)焊件的装配及定位焊。定位焊3点,根部间隙为2.5 mm。

2. 确定焊接工艺参数(见表3-4)

表3-4　工 艺 参 数

焊 接 层 次	焊条直径/mm	焊接电流/A
打底焊	3.2	90~100
填充焊	3.2	110~120
盖面焊	4.0	110~120

3. 焊接操作要点

打底焊:可采用连弧焊也可采用断弧焊。

(1)引弧:在定位焊缝上端部,引弧焊条与焊件的下倾角为75°~80°,与焊缝左右两边夹角为90°,当焊至定位焊缝尾部时应稍微停顿预热,将焊条向坡口根部压一下,此时听见电弧穿过间隙发出清脆的哔哔声表示根部已焊透,并在熔池上方开了一个小孔(称熔孔)应立即灭弧,在灭弧后稍等一会儿,此时熔池温度迅速下降,通过护目玻璃可看原有白亮的金属熔池迅速凝固,液体金属越来越小直到消失。这个过程中可明显地看液体的金属与固体的金属之间有一道细白、发亮的交接线,这道交接线迅速变小,直到消失,重新引弧的时间应选择在交接线上,长度大约缩小到焊条直径的1~1.5倍时,引弧的位置应为交接线前部边缘的下方1~2 mm处。这时电弧的一半将上方坡口完全熔化,而另一半将已凝固的熔池一部分也重新熔化,形成新的熔池,并打开熔孔。如此反复焊接直到整条焊缝完全焊完,打底焊缝的厚度:焊件背面为1~1.5 mm,正面均为2 mm。

(2)填充焊:在距焊缝始焊端上方约10 mm处引弧后迅速将电弧移至始焊端,采用锯齿形或月牙形运条方法,焊条与焊件的下倾角为70°~80°,焊条摆动到坡口两边要稍作停顿,以利于熔合和排渣,防止焊缝两边未熔合或夹渣。最后一层填充焊的高度应低于钢材表面1~1.5 mm,并呈凹形不得熔化坡口棱线,以利于盖面层的焊接。

(3)盖面焊:引弧操作方法填充焊相同焊条与焊件下倾角为70°~80°,采用锯齿形和月牙形运条方法运条,焊条摆动的速度较平焊稍快一点,运条速度均匀,每个新熔池覆盖前一个熔池2/3~3/4为最佳,更换焊条后再行焊接时,引弧的位置在弧坑上方约15 mm处填充焊层引弧,然后迅速将电弧拉回至熔池正常焊。

4. 注意事项

(1)清理焊件,按装配要求进行焊件的装配、定位焊。

(2)采用直径3.2 mm焊条,第一层用灭弧法施焊,焊后清理熔渣。第二层采用锯齿形或月牙形运条法施焊。

(3)焊后清理熔渣及飞溅物,检查焊接质量,并总结经验。

5. 焊接质量要求

(1)表面焊缝与母材圆滑过渡,咬边深度小于0.5 mm。

(2)焊缝宽度8~10 mm,宽度差≤3 mm;焊缝余高为0~4 mm,余高差≤3 mm。角变形<3°,错边量<1.2 mm。

(3)焊缝边缘直线度≤2 mm。

(4)焊件施非焊道处不应有引弧痕迹。

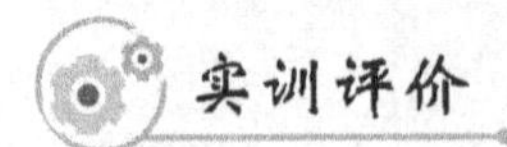

实训评价

实训项目评分表如表3-5所示。

表3-5 项目评分表

班级			学生姓名				
实训项目		立焊对接					
序号	考核内容	考核要点	评分标准	配分	学生自测20%	教师检测80%	得分
1	焊前准备	劳保着装及工具准备齐全,并符合要求,参数设置、设备调试正确	工具及劳保着装不符合要求,参数设置、设备调试不正确有一项扣1分	5			
2	焊接操作	定位及操作方法正确	定位不对及操作不准确,有任何一项不得分	10			
3	焊缝外观	两面焊缝表面不允许有焊瘤、气孔、烧穿等缺陷	出现任何一种缺陷不得分	20			
		焊缝咬边深度≤0.5 mm,两侧咬边总长度不超过焊缝有效长度的15%	(1)咬边深度≤0.5 mm ①累计长度每5 mm扣1分 ②累计长度超过焊缝有效长度的15%不得分 (2)咬边深度>0.5 mm不得分	10			
		未焊透深度≤0.15δ,且≤1.5 mm,总长度不超过焊缝有效长度的10%(氩弧焊打底的试件不允许未焊透)	(1)未焊透深度≤0.15δ,且≤1.5 mm,累计长度超过焊缝有效长度的10%不得分 (2)未焊透深度超标不得分	10			
		背面凹坑深度≤0.25δ,且≤1 mm;除仰焊位置的板状试件不作规定外,总长度不超过有效长度的10%	(1)背面凹坑深度≤0.25δ,且≤1 mm;背面凹坑长度每5 mm扣1分 (2)背面凹坑深度>1 mm时不得分	10			

续表

序号	考核内容	考核要点	评分标准	配分	学生自测20%	教师检测80%	得分
3	焊缝外观	双面焊缝余高0~3 mm,焊缝宽度比坡口每侧增宽0.5~2.5 mm,宽度误差≤3 mm	每种尺寸超差一处扣2分,扣满10分为止	15			
		错边≤0.10δ	超差不得分	5			
		焊后角变形误差≤3	超差不得分	5			
4	其他	安全文明生产	设备、工具复位,试件、场地清理干净,有一处不符合要求扣1分	10			
合计				100			

思考与练习

(1)钢板对接立焊的要领。

(2)焊接时的焊条角度、焊接手法。

实训二　V形坡口对接立焊

实训目标

①掌握V形坡口对接立焊单面焊双面成形的操作方法。

②掌握起头和接头的操作方法。

③掌握熔池的形状与温度的控制技能。

④焊缝的高度和宽度应符合要求,焊缝表面均匀、无缺陷。

实训分析

要点:焊接时要时刻观察熔池的变化,一定要采用短弧焊接,正确掌握焊条角度和运条手法。

相关知识

1. 焊件装配

(1)修磨钝边0.5~1 mm,无毛刺。

(2)清理焊件。

(3)装配始端间隙为3.2 mm,终端为4.0 mm,错边量≤1.2 mm。

(4)定位焊采用与焊接工件相同的焊条,在焊件反面距两端20 mm之内进行,焊缝长度为10~15 mm,并将焊件固定在焊接支架上。

2. 焊接操作

(1)操作手法(演示说明):一般分为挑弧法和灭弧法。

①立焊挑弧法要领:当熔滴过渡到熔池后,立即将电弧向焊接方向(向上)挑起,弧长不超过6 mm,但电弧不熄灭。使熔池金属凝固,等熔池颜色由亮变暗时,将电弧立刻拉回熔池,当熔滴过渡到熔池后,再向上挑起电弧,如此反复。

②立焊灭弧法要领(多用于I形坡口):当熔滴过渡到熔池后,因熔池温度较高,熔池金属有下淌趋向,这时立即将电弧熄灭,使熔池金属有瞬时凝固的机会,随后重新在灭弧处引弧,当形成的新熔池良好熔合后,再立即灭弧,如此反复。

(2)工艺参数制订如表3-6所示。

表3-6 工艺参数

焊接层次	焊条直径/mm	焊接电流/A	电弧电压/V
打底层	3.2	90~110	22~24
填充层	4.0	100~120	22~26
盖面层	4.0	100~110	22~24

实训实施

单面焊双面成形采用立(向上)焊,始端在下方。

1. 打底焊

打底层焊接采用灭弧法。选用ϕ3.2 mm焊条,115~120 A电流,采用灭弧法焊接焊条角度一般是焊条与焊件之间的角度为90°,焊条与焊缝之间的角度为60°~70°。

(1)引弧。在始端的定位焊处引弧,并略抬高电弧稍作预热,焊至定位焊缝尾部时,将焊条向下压一下,听到"噗噗"的一声后,立即灭弧。此时熔池前端应有熔孔,深入两侧母材0.5~1 mm,当熔池边缘变成暗红,熔池中间仍处于熔融状态时,立即在熔池中间引燃电弧,焊条略向下轻微的压一下,形成熔池,打开熔孔后立即灭弧,这样反复击穿直到焊完。运条间距要均匀准确,使电弧的2/3压住熔池,1/3作用在熔池的前方,用来熔化和击穿坡口根部形成熔池。

(2)收弧。

(3)接头采用热接法。

要求:每个熔滴都要准确送到欲焊位置,燃、灭弧节奏控制在45~55次/min。

2. 填充层焊接

填充层选用ϕ3.2 mm焊条100~110 A电流,填充层施焊前,应将打底层的熔渣和飞溅清理干净,打底层的接头处应修复平整。填充层的焊条角度为60°~70°。不同的接头形式采用不同的运条方式,具体如图3-23和图3-24所示。

(1)对打底焊缝仔细清渣,应特别注意死角处的焊渣清理。

(2)在距离焊缝始端10 mm左右处引弧后,将电弧拉回到始端施焊。

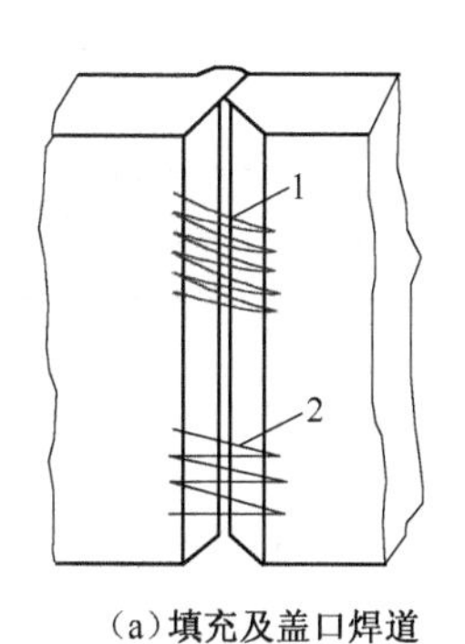

(a)填充及盖口焊道

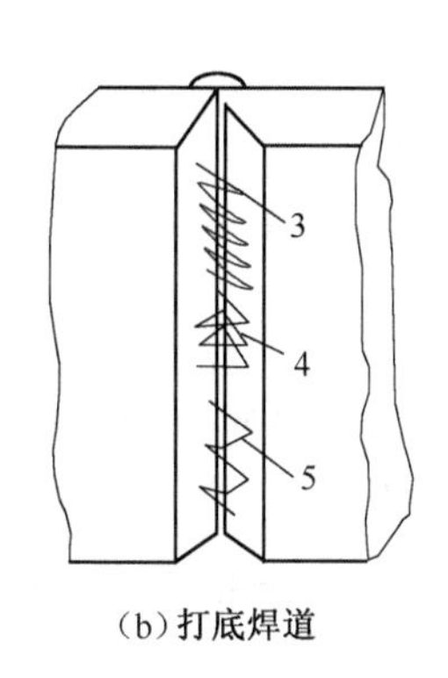

(b)打底焊道

图 3-23　V 形坡口对接立焊常用的各种运条方法
1—月牙形运条;2—锯齿形运条;3—小月牙形运条
4—三角形运条;5—引弧运条

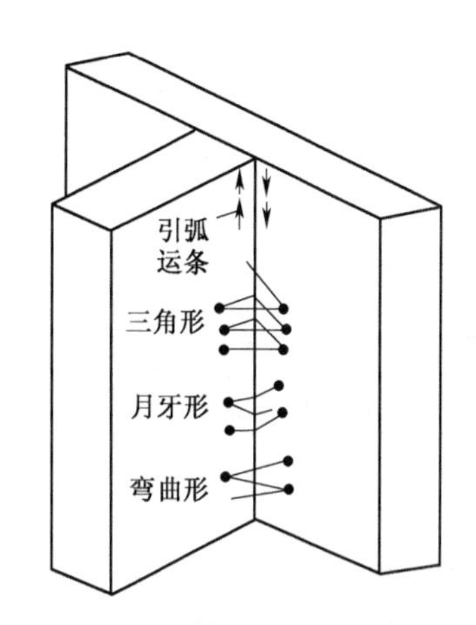

图 3-24　T 形接头立焊的运条方法

(3)采用横向锯齿形或月牙形运条法摆动。焊条摆动到两侧坡口处要稍作停顿,以利于熔合及排渣,并防止焊缝两边产生死角。

(4)焊条与焊件的下倾角为 70°~80°。

(5)最后一层填充层的厚度,应使其比母材表面低 1~1.5 mm,且应呈凹形,不得熔化坡口棱边,以利于盖面层保持平直。

3. 盖面层焊接

盖面层选用 ϕ3.2 mm 焊条 95~105 A 电流,应将前一层的熔渣和飞溅清理干净,施焊时的焊条角度、运条方法、接头方法与填充层相同,只是焊条水平摆动的幅度比填充层更宽。

(1)引弧同填充焊。采用月牙形或锯齿形运条,焊条与焊件的下倾角为 70°~75°。

(2)焊条摆动到坡口边缘,要压低电弧并稍作停留,这样有利于熔滴过渡和防止咬边,摆动到中间的过程要快一些,防止熔池外形凸起产生焊瘤。

(3)焊条摆动频率应比平焊稍快一些,前进速度要均匀一致,使每个新熔池覆盖前一个熔池的 2/3~3/4,以获得薄而细腻的焊缝波纹。

(4)更换焊条前收弧时,应对熔池填一些熔滴,迅速更换焊条后,再在弧坑上方 10 mm 左右的填充层焊缝金属上引弧,并拉至原弧坑后继续施焊。

4. 具体操作过程

(1)清理焊件,修磨钝边,按要求间隙进行定位焊,预置反变形量。

(2)用直径 3.2 mm 的焊条打底,保证背面成形。

(3)层间清理干净,用直径 4.0 mm 焊条进行填充焊。

(4)用直径 4.0 mm 焊条进行盖面层的焊接。

(5)焊后清理熔渣及飞溅物,检查焊接质量,总结经验,分析问题。

实训评价

实训项目评分表如表 3-7 所示。

表 3-7 项目评分表

班级			学生姓名				
实训项目		立焊对接					
序号	考核内容	考核要点	评分标准	配分	学生自测 20%	教师检测 80%	得分
1	焊前准备	劳保着装及工具准备齐全,并符合要求,参数设置、设备调试正确	工具及劳保着装不符合要求,参数设置、设备调试不正确有一项扣 1 分	5			
2	焊接操作	定位及操作方法正确	定位不对及操作不准确,有任何一项不得分	10			
3	焊缝外观	两面焊缝表面不允许有焊瘤、气孔、烧穿等缺陷	出现任何一种缺陷不得分	20			
		焊缝咬边深度≤0.5 mm,两侧咬边总长度不超过焊缝有效长度的 15%	(1)咬边深度≤0.5 mm ①累计长度每 5 mm 扣 1 分 ②累计长度超过焊缝有效长度的 15%不得分 (2)咬边深度>0.5 mm 不得分	10			
		未焊透深度≤0.15δ,且≤1.5 mm,总长度不超过焊缝有效长度的 10%(氩弧焊打底的试件不允许未焊透)	(1)未焊透深度≤0.15δ,且≤1.5 mm,累计长度超过焊缝有效长度的 10%不得分 (2)未焊透深度超标不得分	10			
		背面凹坑深度≤0.25δ,且≤1 mm;除仰焊位置的板状试件不作规定外,总长度不超过有效长度的 10%	(1)背面凹坑深度≤0.25δ,且≤1 mm;背面凹坑长度每 5 mm 扣 1 分 (2)背面凹坑深度>1 mm 时不得分	10			
		双面焊缝余高 0~3 mm,焊缝宽度比坡口每侧增宽 0.5~2.5 mm,宽度误差≤3 mm	每种尺寸超差一处扣 2 分,扣满 10 分为止	15			
		错边≤0.10δ	超差不得分	5			
		焊后角变形误差≤3	超差不得分	5			
4	其他	安全文明生产	设备、工具复位,试件、场地清理干净,有一处不符合要求扣 1 分	10			
合计				100			

思考与练习

(1)立焊与平焊中单面焊双面成形技术的异同。

(2)挑弧法和灭弧法的基本要领。

(3)立焊中单面焊双面成形技术的操作注意事项。

实训三　立　角　焊

实训目标

能够独立进行立角焊操作。

实训分析

大型结构中T字形焊缝无法转动情况下,焊缝位置处在立位时所必须进行的一种焊接方法,应用广泛。

相关知识

立焊时熔化的液态金属由于重力作用,总有一种向下坠落的倾向,因此,在焊接操作中比平焊难度大,为了减小熔化金属向下坠落,就要选用小的焊接电流和小直径焊条,即采用短弧焊接。

1. 焊条角度

立角焊焊条角度如图3-25所示。

(1)横向各为45°[见图3-25(a)]。

(2)焊条与焊缝中心的夹角为75°~90°纵向[见图3-25(b)]。

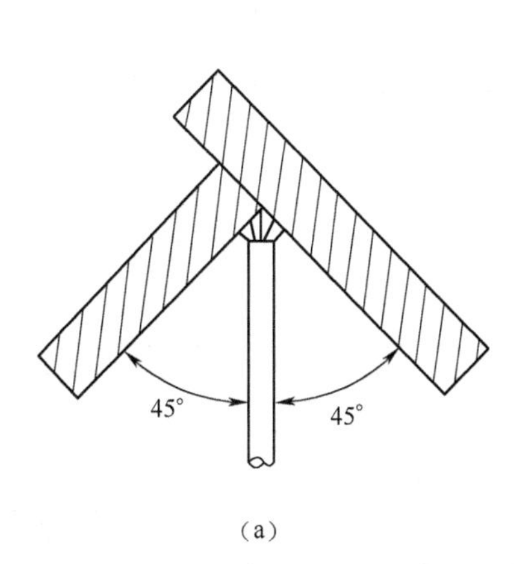

(a)

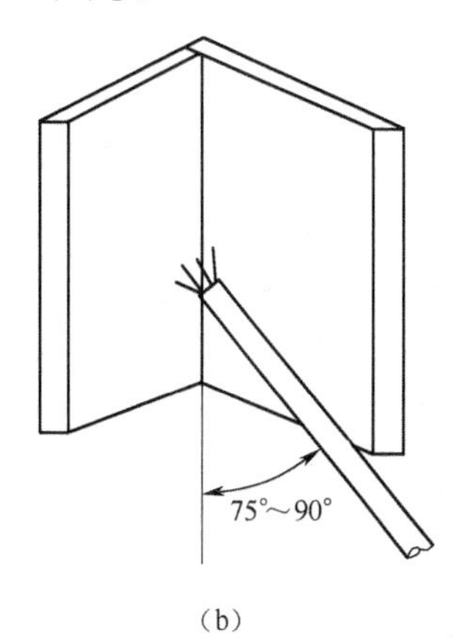

(b)

图3-25　立角焊焊条角度

2. 电流的选择

(1)比平焊时要小10%~15%,小直径焊条焊接。

(2)选电流的原则:成形好、不咬边、不夹渣。

(3)运条方法(见图3-26):

①打底焊(灭弧法)。当熔滴从焊条末端过渡到熔池后,立即将电弧熄灭,使熔化金属有瞬间凝固的机会,随后重新在弧坑处引燃电弧。

②也可采用挑弧进行。

③盖面焊(连弧法)。根据焊缝尺寸要求可采用多层焊接,一般采用取锯齿形和月牙形运条方法。

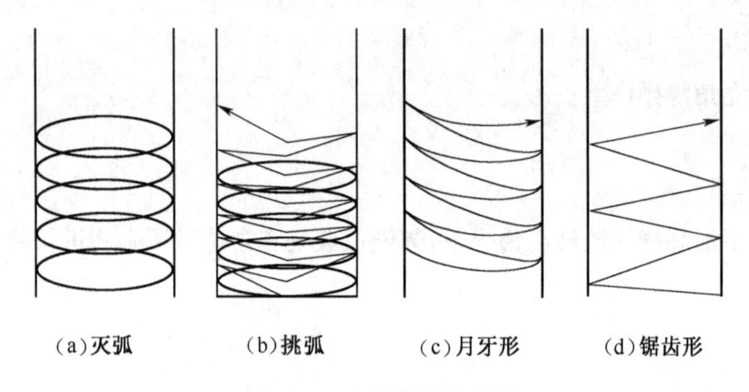

(a)灭弧　(b)挑弧　(c)月牙形　(d)锯齿形

图3-26　立角焊运条方法

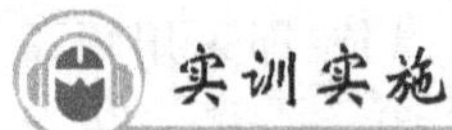

实训实施

1. 焊前准备

(1)确定焊机。选用ZX5-400型弧焊整流器。

(2)选择焊条。用E5015焊条,ϕ3.2 mm和ϕ4.0 mm。焊条焊前经450 ℃烘干,保温1~2 h后放在焊条保温筒内。

(3)制备坡口。

(4)清理试件。焊前用角磨机将正面坡口面及坡口边缘20 ~30 mm范围内的油污、铁锈等污物清理干净,直至露出金属光泽。

(5)焊件的装配及定位焊。根部间隙为2.5 mm。

2. 确定焊接工艺参数(见表3-8)

表3-8　焊接工艺参数

焊接层次	焊条直径/mm	焊接电流/A	焊接速度/(cm·min^{-1})
打底层	3.2	110 ~120	6~7
填充层	4.0	140 ~160	10 ~12
盖面层	4.0	140 ~160	10 ~15

3. 焊接操作要点

(1)操作姿势要正确,运条手把要稳,做到有规律地摆动。

(2)横向摆动时,焊缝宽度、高度要均匀一致,而且要做到中间稍快,两端稍慢。

(3)采用短弧焊接,控制熔滴顺利过渡母材,防止坠落。

(4)接头方法。

①打底:从上而下,直接对准熔池接头。

②填充及盖面:从上而下,根据熔池宽度和高度圆弧连接。

(5)关闭电源,清理焊件熔渣及飞溅物,检查焊缝质量。

实训评价

(1)尺寸要求必须符合:第一层 6~8 mm,第二层 10~12 mm。

(2)焊缝要求没有咬边、气孔、焊瘤现象。

(3)缺陷的产生及防止方法如表 3-9 所示。

表 3-9　缺陷的产生及防止方法

缺　陷	产 生 原 因	防 止 方 法
焊瘤	电流大、弧长	电流要小、短弧焊接
咬边	运条不当	改进运条方法
夹渣	电流小	电流稍大,注意接头
气孔	焊条潮、焊缝脏	干燥焊条,清洁焊道

思考与练习

(1)立角焊选用小电流、小直径焊条的原因是什么?

(2)立角焊的电流如何选择?

(3)立角焊是如何运条的?

(4)立角焊的操作要点是什么?

课 后 练 习

(1)焊条电弧焊的定义是什么?

(2)焊接回路包括哪些内容?

(3)焊条电弧焊的基本原理是什么?

(4)焊条电弧焊的特点是什么?

(5)焊接电弧的定义是什么?

(6)简述焊接电弧的构造及各区的特点。

(7)简述焊接电弧产生的条件。

(8)简述焊接电弧的引燃过程及类型特点。

(9)接触引弧的原理是什么?

(10)简述静特性曲线及其应用。

(11)焊接电弧的稳定性与哪些因素有关?

(12)发生电弧磁偏吹的原因有哪些?

(13)简述防止和减少焊接电弧产生磁偏吹的措施。

(14)简述弧焊电源的基本使用要求。

(15)弧焊电源的分类、特点都包括哪些内容?

(16)简述常用的焊条电弧焊的工具及选用要求。

第四章

焊　条

第一节　焊条的组成及分类

一、组成

焊条是涂有药皮的供焊条电弧焊用的金属材料。焊条由焊芯和药皮组成。焊条前端药皮有45°左右的倒角，便于引弧，在尾部有段裸焊芯，长10~35 mm便于焊钳夹持和导电。焊条长度一般为250~450 mm。焊条直径是以焊芯直径来表示的(见图4-1)。而通常所说的焊条规格，实际上是指焊芯直径，如：ϕ2、ϕ3.2、ϕ4、ϕ5等，单位是mm。

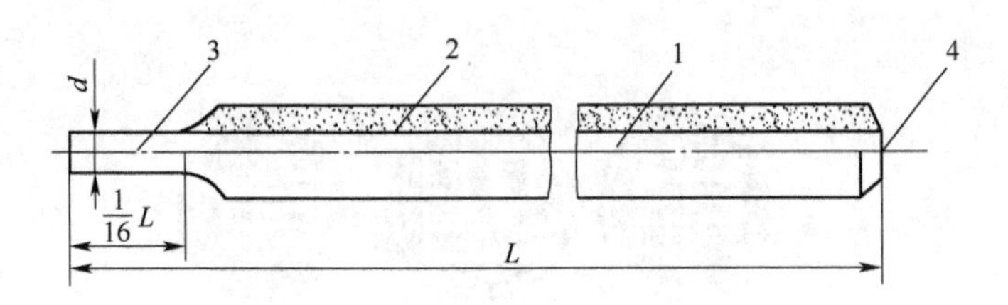

图4-1　焊条组成示意图

1—焊芯；2—药皮；3—夹持端；4—引弧端

1. 焊条的功能

焊条电弧焊时，焊条既做电极，又是焊接材料，作填充金属熔化后与母材熔合形成焊缝，直接参与焊接全过程。因此，焊条的性能将直接影响到电弧的稳定性高低、焊缝金属的化学成分优劣、力学性能优劣和焊接生产效率的高低等。

2. 焊芯

(1)焊芯：指电焊条用的被药皮包覆的金属芯。焊芯一般是一根具有一定长度及直径的钢丝。焊芯的作用如下：

①电流传导，产生焊接电弧。

②填充金属，焊芯本身熔化形成焊缝中的填充材料。

目前在焊接生产中广泛使用的基本上都是厚药皮焊条。

焊条电弧焊时，焊芯金属占整个焊缝中熔化金属的50%~70%。所以，焊芯的化学成分直接影响焊缝的质量。作焊芯用的钢丝都是经特殊冶炼的，而且这种焊接专用钢丝用作制造焊条，就是焊芯。如果用于埋弧焊、气体保护电弧焊、电渣焊、气焊作填充金属时，则称为焊丝。

(2)焊芯的分类及牌号。焊芯应符合国家标准，用于焊芯的专用钢丝可分为碳素结构钢、合金结构钢、不锈钢等3类。

焊芯的牌号编制方法：字母H表示焊丝；H后的一位或两位数字表示含碳量；化学元素符号及其后的数字表示该元素的近似含量，当某合金元素的含量低于1%时，可省略数字，只记元素符号；尾部标有A或E时，分别表示为“优质品”或“高级优质品”，表明硫、磷等杂质含量更低。图4-2所示为焊芯的牌号编制示例。

3. 药皮

焊条药皮是由不同物理和化学性质经黏结而均匀包覆在焊芯表面的涂料层。

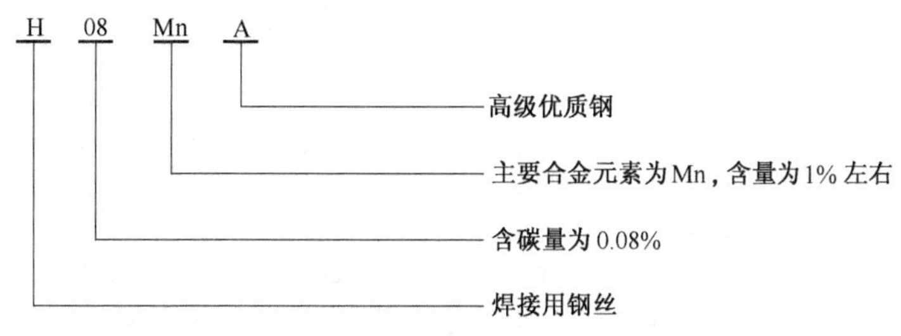

图 4-2 焊芯牌号示例

(1)焊条药皮的作用：

①机械保护作用。在焊接过程中形成具有合适的熔点、黏度、密度、碱度等物理化学性能的熔渣，起隔离空气作用，防止空气中的氧、氮侵入，保护熔滴和熔池金属。

②冶金处理渗合金作用。通过熔渣与熔化金属冶金反应，还可向药皮中加入脱氧剂、渗合金元素或一定含量的铁粉，除去有害杂质(如氧、氢、硫、磷等)和添加有益元素，满足焊缝金属使用性能或提高熔敷效率的要求，使焊缝获得符合要求的力学性能。

③改善焊接工艺性能。焊接工艺性能是指焊条使用和操作时的性能，它包括稳弧性、脱渣性、全位置焊接性、焊缝成形、飞溅大小等。保证电弧稳定燃烧、使熔滴金属容易过渡、在电弧区和熔池周围造成一种气氛保护焊接区域，获得良好的焊缝成形与性能等。

(2)根据各种原材料在焊条药皮中的作用可分为：

①稳弧剂。其主要作用是容易引弧及保持电弧稳定燃烧。作为稳弧剂的原材料主要是一些含有一定数量的低电离电位的易电离的元素物质，如水玻璃、钛铁矿、还原钛铁矿等。

②造渣剂。焊接时能形成具有改善焊缝成形的一定物理化学性能的熔渣，保护焊接熔滴和熔池金属。作为造渣剂的原材料有大理石、萤石、白云石、菱苦土、长石、白泥、云母、石英、金红石、钛白粉、钛铁矿等。

③脱氧剂(又称还原剂)。通过焊接过程中的化学冶金反应，降低焊缝金属中的氧含量，提高焊缝金属的性能。脱氧剂主要是含有对氧亲和力大的元素铁合金及其金属粉，常用脱氧剂有锰铁、硅铁、钛铁、铝铁、硅钙合金等。

④造气剂。在电弧高温作用下分解出的气体，会形成保护气氛，保护电弧及熔池金属，防止周围空气中氧和氮的侵入。常用的造气剂有碳酸盐(如大理石、白云石、菱苦土、碳酸钡等)及有机物(如木粉、淀粉、纤维素、树脂等)。

⑤合金剂。用以保证焊缝金属的化学成分及性能，补偿焊接过程中合金元素的烧损及向焊缝中过渡合金元素而添加的合金元素。根据需要可选用各种铁合金(如锰铁、硅铁、铬铁、钢铁、钒铁、铌铁、硼铁、稀土硅铁等)或纯金属(如金属锰、金属铬、镍粉、钨粉等)。

⑥增塑剂。主要作用是提高焊条的压涂质量，改善药皮涂料在焊条压涂过程中的塑性、弹性及流动性。通常选用有一定弹性、滑性或吸水后有一定膨胀特性的物料，如云母、白泥、钛白粉、滑石粉、固体水玻璃、纤维素等。

⑦黏结剂。主要作用使药皮物料牢固地黏结在焊芯上，并使焊条药皮烘干后具有一定的强度。在焊接冶金过程中不对熔池和焊缝金属产生有害作用。常用黏结剂是水玻璃(钾、钠及其混合水玻璃)及酚醛树脂、树胶等。

药皮的类型与其功能是相关的，药皮的类型与主要特点如表 4-1 所示。

表 4-1　焊条药皮类型及主要特点

序　号	药 皮 类 型	电 源 种 类	主　要　特　点
0	不属已规定的类型	不规定	在某些焊条中采用氧化铅、金丝石碱性型等，这些新渣系目前尚未形成系列
1	氧化钛型	DC(直流) AC(交流)	含多量氧化钛、焊条工艺性能良好，电弧稳定，再引弧方便，飞溅很小，熔深较浅、熔渣覆盖性良好，脱渣容易，焊缝波纹特别美观，可全位置焊接，尤宜于薄板焊接。但焊缝塑性和抗裂性稍差。随药皮中钾、钠及铁粉等用量的变化，分为高钛钾型、高钛钠型及铁粉钛型等
2	钛钙型	DC、AC	药皮中含氧化钛30%以上，钙、镁的碳酸盐20%以下，焊条工艺性能良好。熔渣流动性好，熔深一般，电弧稳定，焊缝美观，脱渣方便，适用于全位置焊接，如J422即属此类型，是目前碳钢焊条中使用最广泛的一种焊条
3	钛铁矿型	DC、AC	药皮中含钛铁矿不小于30%，焊条熔化速度快，熔渣流动性好。熔深较深，脱渣容易，焊波整齐、电弧稳定、平滑、平角焊工艺性能较好，立焊稍次，焊缝有较好的抗裂性
4	氧化钛型	DC、AC	药皮中含多量氧化铁和较多的锰铁脱氧剂，熔深大，熔化速度快，焊接生产效率较高，电弧稳定，再引弧方便。立焊、仰焊较困难，飞溅稍大、焊缝抗热裂性能较好，适用于中厚板焊接。由于电弧吹力大、适于野外操作，若药皮中加入一定量的铁粉，则为钛粉氧化铁型
5	纤维类型	DC、AC	药皮中含15%以上的有机物，30%左右的氧化钛，焊接工艺性能良好，电弧稳定，电弧吹力大，熔深大，熔渣少，脱渣容易，可作立向下焊、深炮焊或单面焊双面成形焊接。立、仰焊工艺性好，适用于薄板结构、油箱管道、车辆壳体等焊接。随药皮稳弧剂，黏结剂含量变化，分为高纤维素钠型(采用直流反接)、高纤维素钾型两类
6	低氢钾型	DC、AC	药皮组分以碳酸盐和萤石为主、焊条使用前须经300~400℃烘焙、短弧操作，焊接工艺性一般，可全位置焊接，焊缝有良好的抗裂性和综合力学性能。适用于焊接重要的焊接结构。按照药皮中稳弧剂量、铁粉量和黏结剂不同，分为低氢钠型、低氢钾型和铁粉低氢型等
7	低氧钠型	DC	
8	石墨型	DC、AC	药皮中含有多量石墨，通常用于铸铁或堆焊焊条。采用低碳钢焊芯时，能改善其工艺性能，但电流不宜过大
9	盐基型	DC	药皮中含多量氯化物和氯化物，主要用于铝及铝合金焊条、吸潮性强，焊前要烘干。药皮熔点低，熔化速度快。采用直流电源，焊接工艺性较差，短弧操作，熔渣有腐蚀性，焊后需用热水清洗

二、焊条分类

1. 按焊条用途分类

按用途将焊条分类：①结构钢焊条；②铜和铬钼耐热钢焊条；③不锈钢焊条；④堆焊焊条；⑤低温钢焊条块分割；⑥铸铁焊条；⑦镍及镍合金焊条；⑧铜及铜合金焊条；⑨铝及铝合多焊条；⑩特殊用途焊条。

2. 按焊接熔渣的碱度分类

(1)酸性焊条：酸性焊条其熔渣的成分主要是酸性氧化物，如药皮类型为钛铁矿型、钛钙型、高纤维素钠型、高钛钠型、氧化铁型的焊条。酸性焊条可采用交、直流两用焊接电源，适用于各种位置，并且焊前焊条的烘干温度较低。

这类焊条的优点是工艺性好,容易引弧,并且电弧稳定,飞溅小,脱渣性好,焊缝成形美观,容易掌握施焊技术。原因是由于熔渣含有大量酸性氧化物,焊接时易放出氧,因而对工件的铁锈、油污等污物不敏感,而且焊接时产生的有害气体少。

缺点是焊缝金属的力学性能差,尤其是焊缝的塑性和韧性均低于碱性焊条形成的焊缝。酸性焊条的另一主要缺点是抗裂性能差,这主要是由于酸性焊条药皮氧化性强,使合金元素烧损较多,以及焊缝金属含硫量和扩散氢含量较高造成的。

由于上述缺点,酸性焊条仅适用于一般低碳钢和强度等级较低的普通低合金钢结构的焊接。

(2)碱性焊条:碱性焊条其熔渣的成分主要是碱性氧化物和氟化钙,如药皮类型为低氢钠型、低氢钾型的焊条。

这类焊条的优点是焊缝中含氧量较少,合金元素很少氧化,焊缝金属合金化效果好。碱性焊条药皮中碱性氧化物较多,故脱氧、脱硫、脱磷的能力比酸性焊条强。此外,药皮中的萤石有较好的去氢能力,故焊缝中含氢量低,所以也称低氢型焊条。使用碱性焊条,焊缝金属的力学性能,尤其是塑性、韧性和抗裂性能都比酸性焊条好。所以这类焊条适用于合金钢和重要碳钢结构焊接。

碱性焊条的主要缺点是工艺性差,对油污、铁锈及水分等较敏感。一旦焊接时工艺选用不当,容易产生气孔。因此,除了焊前要严格烘干焊条并且仔细清理焊件坡口外,在施焊时应始终保持短弧操作。碱性焊条电弧稳定性差,不加稳弧剂时只能采用直流电源焊接。在深坡口焊接中,脱渣性不好。另外,焊接时产生的烟尘量较多。使用时应注意保持焊接场所通风和防尘保护,以免影响人体健康。

3. 按药皮类型分类

按药皮类型分类:钛铁矿型、钛钙型、高纤维钠型、高纤维素钾型、高钛钠型、高钛钾型、铁粉钛型、氧化铁型、铁粉氧化型、低氢型、低氢钾型、铁粉低氢型等。

第二节 焊条的型号与牌号

一、焊条的牌号

以结构钢为例:牌号编制为 JXXX,J 表示结构钢焊条,X 表示数字,其中第 3 个数字,代表药皮类型,焊接电流要求,第 1、2 个数字代表焊缝金属抗拉强度,如图 4-3 所示。

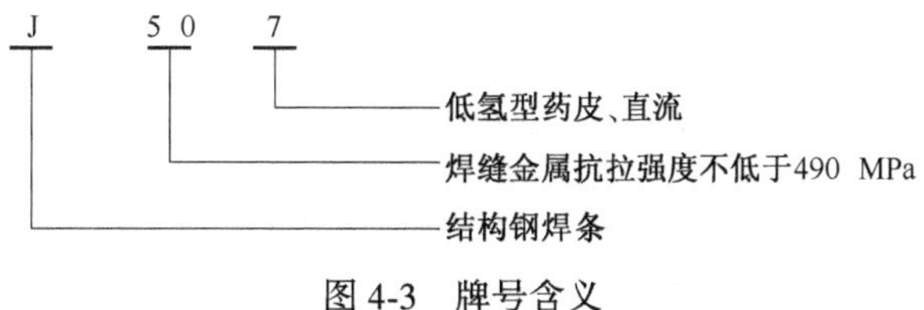

图 4-3 牌号含义

二、焊条的型号

焊条的型号是按国家标准与国际标准确定的。

以结构钢为例,字母 E 表示焊条;前两位数字表示熔敷金属抗拉强度的最小值,单位为 ×10 MPa;第三位数字表示焊条的焊接位置,“0”及“1”表示焊条适用于全位置焊接,“2”表示焊条只适用于平焊及平角焊,“4”表示焊条适用于向下立焊;第三位数字和第四位数字组合时,表示焊接电流种类及药皮类型如图 4-4 和表 4-2 所示。

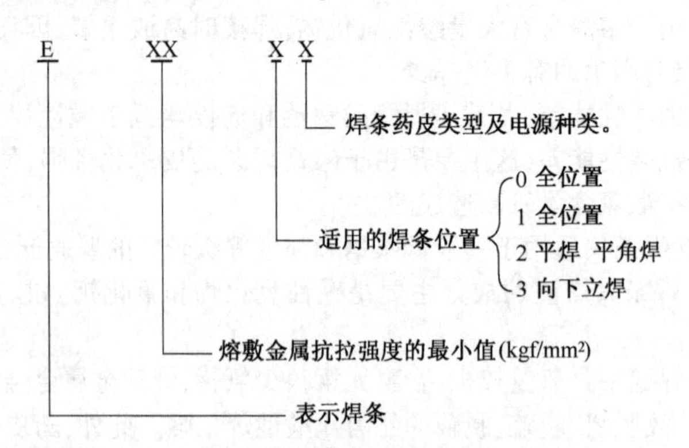

图 4-4 焊条型号编制

表 4-2 碳钢和低合金钢焊条型号的第三、四位数字组合的含义

焊条型号	药皮类型	焊接位置	电流种类
E××00	特殊型	平、立、横、仰	交流或直流正、反接
E××01	钛铁矿型		
E××03	钛钙型		
E××10	高纤维素钠型		直流反接
E××11	高纤维素钾型		交流或直流反接
E××12	高钛钾型		交流或直流正接
E××13	高钛钾型		交流或直流正、反接
E××14	铁粉钛型		
E××15	低氢钠型		直流反接
E××16	低氢钾型		交流或直流反接
E××18	铁粉低氢型		

完整的焊条型号举例如图 4-5 中的 E4303 和 E5018—A1 所示。

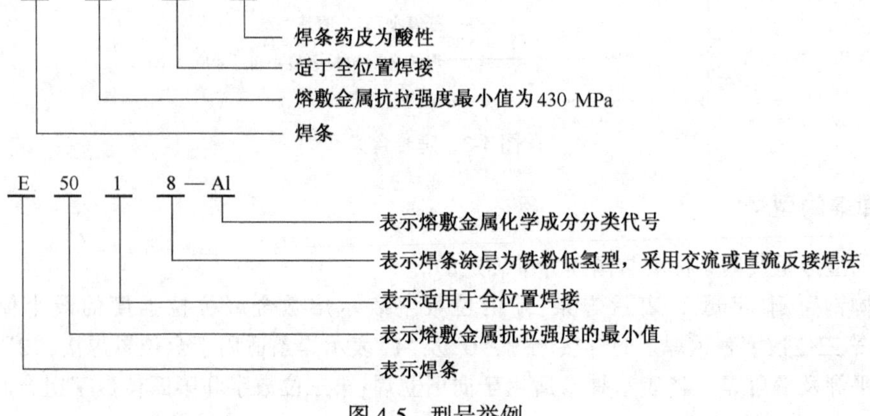

图 4-5 型号举例

三、焊条型号与牌号的对应关系(见表 4-3)

焊条型号和牌号都是焊条的代号,焊条型号是指国家标准规定的各类焊条的代号。牌号则是焊条制造厂对作为产品出厂的焊条规定的代号,虽然焊条牌号不是国家标准,但考虑到多年使用已成习惯,因此,为避免混淆常将常用焊条的型号与牌号加以对照,以便正确使用。

表 4-3　焊条型号与牌号的对应关系

牌　号	型　号	牌　号	型　号
J422	E4303	J507	E5015
J426	E4316	J557	E5515-G
J427	E4315	J507RH	E5015-G
J502	E5003	J607RH	E6015-G
J506	E5016		

四、焊条的选用

焊条选用是否恰当将直接影响到焊接质量、劳动生产效率和产品成本。生产实际中选用焊条时,要做到合理地选用焊条。焊条的种类很多,各有其应用范围。除了根据钢材的化学成分、力学性能、工作环境(有无腐蚀介质,高温或是低温)等要求外,还应综合考虑焊接结构的状况(刚度大小)、受力情况和设备条件(是否有直流电焊机)等因素。

在选用焊条时应遵循下列原则。

1. 按焊件的力学性能、化学成分选用

(1)低碳钢、中碳钢和低合金钢。可按焊件的抗拉强度来选用具有相应强度的焊条,只有在焊接结构刚度大、受力情况复杂的情况下,才选用比钢材强度低一级的焊条。这样焊接后既可保证焊缝具有一定的强度,又能得到满意的塑性,而且可以避免因结构刚度过大而使焊缝撕裂。但遇到焊后要回火处理的焊件,则应防止焊缝强度过低和焊缝中应有的合金元素达不到要求。

(2)对于不锈钢、耐热钢焊接或堆焊时选用的焊条,要求焊缝金属化学成分与母材相同或相近,从保证焊接接头的特殊性能出发。

(3)对于低碳钢之间、中碳钢之间、低合金钢之间及它们相互之间的异种钢焊接,一般根据强度等级较低的钢材按焊缝与母材抗拉强度相等或相近的原则选用相应的焊条。

2. 酸性焊条和碱性焊条的选用

在焊条的抗拉强度等级确定后,再决定选用酸性焊条或碱性焊条时,一般要考虑以下几方面的因素:

(1)当接头的坡口表面难以清理干净时,应采用氧化性强,对铁锈、油污等不敏感的酸性焊条。

(2)在容器内部或通风条件较差的条件下,应选用焊接时析出有害气体少的酸性焊条。

(3)在母材中碳、硫、磷等元素含量较高时,焊件形状复杂、结构刚度和厚度大时,应选用抗裂性好的碱性低氢型焊条。

(4)当焊件承受振动载荷或冲击载荷时,除保证抗拉强度外,还应考虑塑性和韧性的要求,一般选用碱性焊条。

(5)在酸性焊条和碱性焊条均能满足性能要求的前提下,应尽量选用工艺性能较好,相对较为便宜的酸性焊条。

3. 按简化工艺、生产效率和经济性来选用

(1)薄板焊接或定位焊宜采用E4313焊条,焊件不易烧穿且易引弧。

(2)在满足焊件使用性能和焊条操作性能的前提下,应选用规格大、效率高的焊条。

(3)在使用性能基本相同时,应尽量选用价格较低的焊条,降低焊接的生产成本,提高经济效益。

五、焊条的保管及使用

1. 焊条的烘干

焊条在存放时会因从空气中吸收水分而受潮,受潮严重的焊条在使用时往往会使工艺性能变坏,造成电弧燃烧不稳、飞溅增大、烟尘增多等后果,严重时还会影响焊缝内部质量,易产生气孔、裂纹等缺陷。因此焊条(特别是碱性焊条)在使用前必须烘干。酸性焊条由于药皮中含有结晶水和有机物,所以烘干温度不能太高,一般规定为75~150 ℃,保温1~2 h;碱性焊条在空气中极易吸潮且药皮中没有有机物。因此,烘干温度较酸性焊条高些,一般为350~400 ℃,保温1~2 h。但焊条累计烘干次数一般不宜超过3次。

2. 焊条的储存、保管

(1)焊条必须分类别、分型号、分规格存放,避免混淆。

(2)焊条必须存放在通风良好、干燥的库房内。重要焊接结构使用的焊条,特别是低氢型焊条,最好储存在专用的库房内。库房内应设置温度计、湿度计,室内温度在5 ℃以上,相对湿度不超过60%。

(3)焊条必须放在离地面和墙壁的距离均在0.3 m以上的木架上,以防受潮变质。

第三节　焊条电弧焊的接头形式与焊缝分类

一、焊接接头形式

用焊接的方法把两焊件连接在一起,它们连接的地方称为焊接接头,其结构组成如图4-6所示。

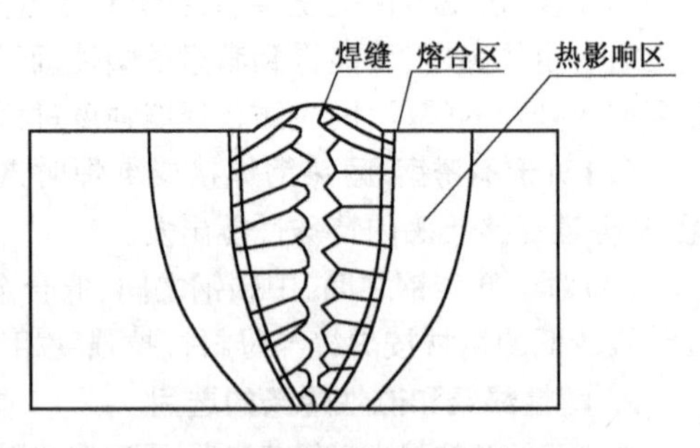

图4-6　焊接结构组成示意图

在焊条电弧焊中,由于焊件厚度、结构形状及使用条件的不同,其接头形式也不同。焊接接头的形式很多,其基本形式可分为4种:对接接头、角接接头、搭接接头和T形接头,如图4-7所示。其他类型的接头有十字接头、端接接头、斜对接接头、卷边接头、套管接头、锁底对接接头等。

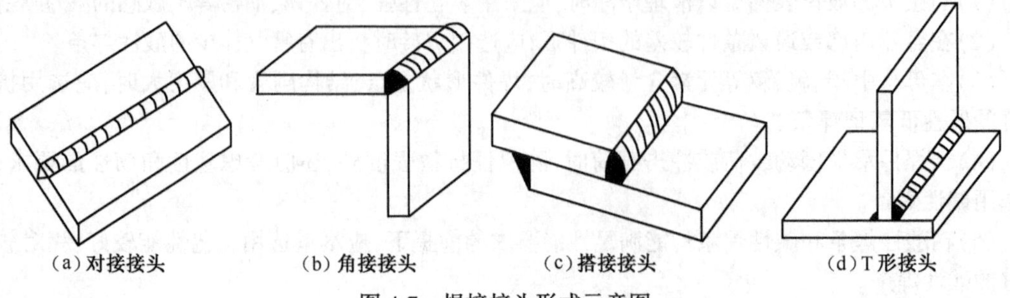

图4-7　焊接接头形式示意图

1. 对接接头

两焊件表面构成大于或等于 135°、小于或等于 180°夹角的接头称为对接接头,它是各种焊接结构中采用最多的一种接头形式。对接接头的应力集中相对较小,能承受较大载荷。

2. 角接接头

两焊件表面间构成大于 30°、小于 135°的接头称为角接接头,这种接头承载能力很差,一般用于不重要的焊接结构或箱形物体上。

3. 搭接接头

两焊件部分重叠放置构成的接头称搭接接头。搭接接头应力分布不均匀,承载能力较低,但是由于搭接接头焊前准备和装配工作简单,焊后横向收缩量也较小。因此,在焊接结构中仍然得到应用。

4. T 形接头

一焊件的端面与另一焊件的表面构成直角或近似直角的接头称 T 形接头。其承载能力低,应力分布不均匀,但能承受各个方向力和力矩,在生产中应用也很普遍。

选择接头形式时,主要根据产品的结构,另外还要综合考虑受力条件、加工成本等因素。对接与搭接应用最多。但是,对接接头对下料尺寸和组装的要求比较严格。表 4-4 所示为 4 种接头的简图。

对接接头常用的坡口形式有 I 形、Y 形、双 Y 形、带钝边 U 形、带钝边双 U 形,如图 4-8 所示。

角接接头和 T 形接头的坡口形式主要有 I 形、带钝边单边 V 形和带钝边双面单边 V 形(K 形)。

表 4-4 4 种接头的简图

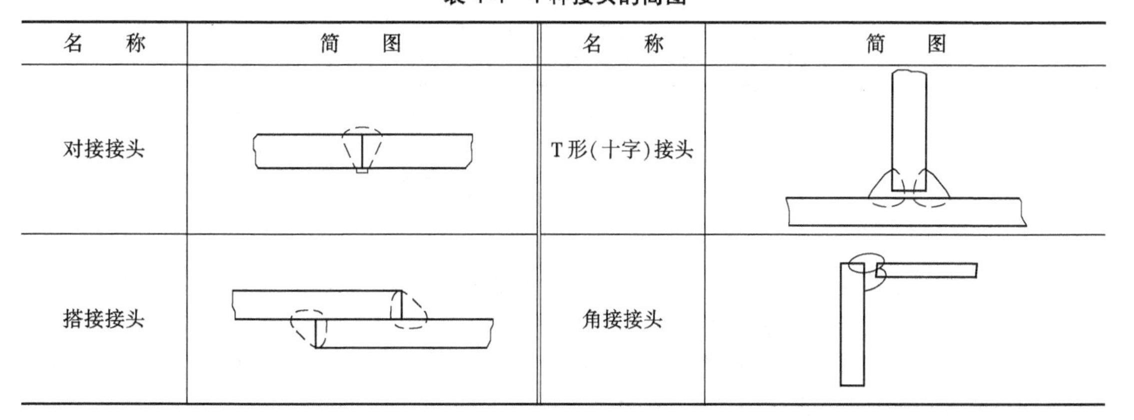

名　　称	简　　图	名　　称	简　　图
对接接头		T 形(十字)接头	
搭接接头		角接接头	

二、坡口

坡口是根据设计或工艺需要,在工件的待焊部位加工成的具有一定几何形状并经装配后构成的沟槽。用机械、火焰或电弧来加工坡口的过程称为开坡口。

(1)开坡口的目的是为保证电弧能深入到焊缝根部使其焊透,并获得良好的焊缝成形以及便于清渣。对于合金钢来说,坡口还能起到调节母材金属和填充金属比例的作用。

(2)坡口形式取决于焊接接头形式、工件厚度,以及对接头质量的要求,国家标准 GB/T 985.1—2008《气焊、焊条电弧焊、气体保护焊和高能束焊的推荐坡口》对此作了详细规定。表 4-5 所示为常用坡口的形式及符号。

表 4-5　焊条电弧焊常用坡口的基本形式

坡口名称	坡口形式							
	I形	单边V形	Y形	双Y形	单边V形	双V形	U形	双U形
球形接头								
T形接头			(K形)	—			—	—
角接接头			(K形)				—	—
符号			(K形)					

对接接头常用的坡口形式有I形、Y形、双Y形、带钝边U形、带钝边双U形,如图4-8所示。角接接头和T形接头的坡口形式主要有I形、带钝边单边V形和带钝边双面单边V形(K形)。

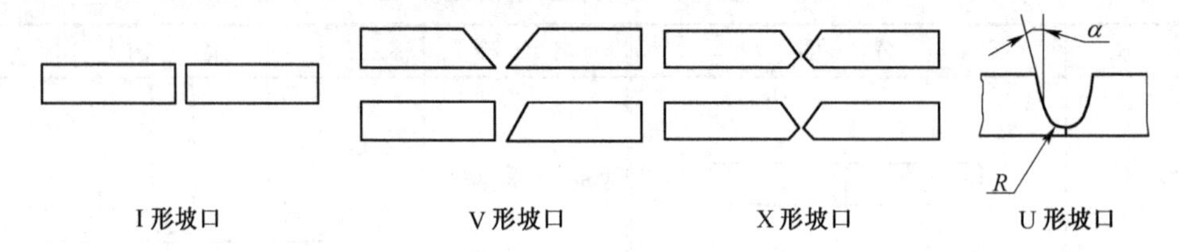

图 4-8　坡口类型

各种坡口尺寸主要由坡口角度α、间隙b、钝边高p等参数表示。留间隙是为了保证焊缝根部焊透。钝边的作用主要是防止烧穿,但钝边尺寸不能过大,要保证底层焊缝能焊透。而坡口角的作用是使电弧能沿板厚深入焊缝根部,坡口角度不能太大,否则会增加填充金属量,并使焊接生产效率降低。

(3)选择坡口形式时,主要应考虑下列因素:

①方便且易焊透。是否能保证工件焊透和便于焊接操作。

②易加工。坡口的形式是否容易加工。

③经济。应尽可能提高焊接生产效率,节省焊条。

④变形的控制。焊后工件的变形应尽可能小。在板厚相同时,双面坡口比单面坡口,U形坡口比Y形坡口节省焊条,焊后产生的变形小。但U形坡口加工较困难,一般仅用于较重要的焊接结构。

三、焊缝分类及焊缝符号

1. 焊缝分类

焊缝按不同分类方法可分为以下几种形式:

(1)按空间位置可分为平焊缝、横焊缝、立焊缝及仰焊缝 4 种形式,如图 4-9(a)~图 4-9(d)所示。

①平焊位置:焊缝倾角为 0°,焊缝转角为 90°的焊接位置,如图 4-9(a)所示。

②横焊位置:焊缝倾角为 0°、180°;焊缝转角为 0°、180°的对接位置,如图 4-9(b)所示。

③立焊位置:焊缝倾角为 90°(立向上)、270°(立向下)的焊接位置,如图 4-9(c)所示。

④仰焊位置:对接焊缝倾角为 0°、180°;转角为 270°的焊接位置,如图 4-9(d)所示。

此外,对于角焊位置还规定了另外两种焊接位置。

平角焊位置:角焊缝倾角为 0°、180°;转角为 45°、135°的角焊位置,如图 4-9(e)所示。

仰角焊位置:倾角为 0°、180°;转角为 225°、315°的角焊位置,如图 4-9(f)所示。

(2)按结合方式可分为对接焊缝、角焊缝及塞焊缝 3 种形式。图 4-9(a)、(b)、(c)、(d)所示为对接焊缝,图 4-9(e)、(f)所示为角焊缝,图 4-10 所示为对接焊缝和角接焊缝各部分名称。

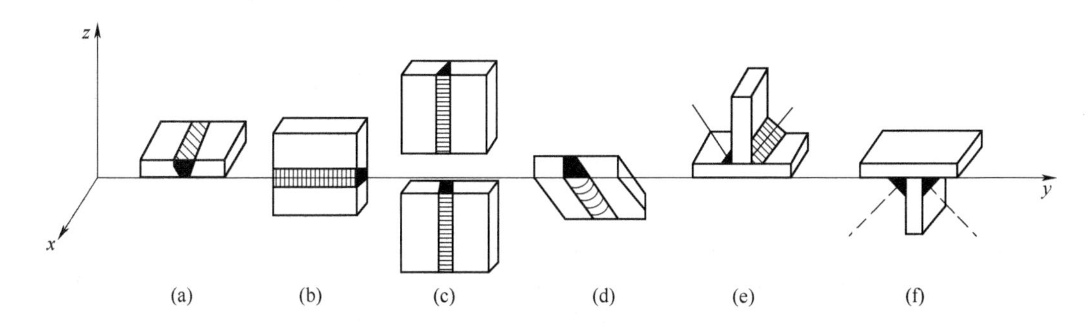

图 4-9　焊缝

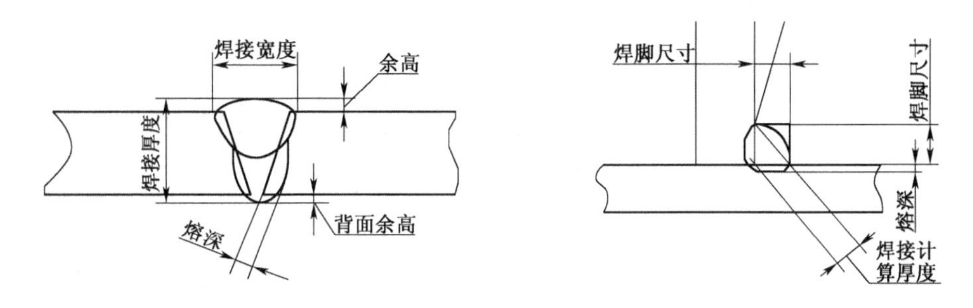

图 4-10　对接焊缝和角接焊缝各部分名称

(3)按焊缝断续情况可分为连续焊缝和断续焊缝两种形式,如图 4-11 所示,后者又分为交错式断续焊缝和链状式断续焊缝两种。

2. 焊缝符号

为了在焊接结构设计图上标注焊缝形式、焊缝和坡口的尺寸及其他技术要求,GB/T 324—2008 规定了焊缝符号表示法。

焊缝符号一般由基本符号、指引线和焊缝尺寸符号组成,必要时还可加辅助符号和补充符号。

基本符号用来表示焊缝横截面形状的符号,采用近似于焊缝横截面形状的符号来表示。

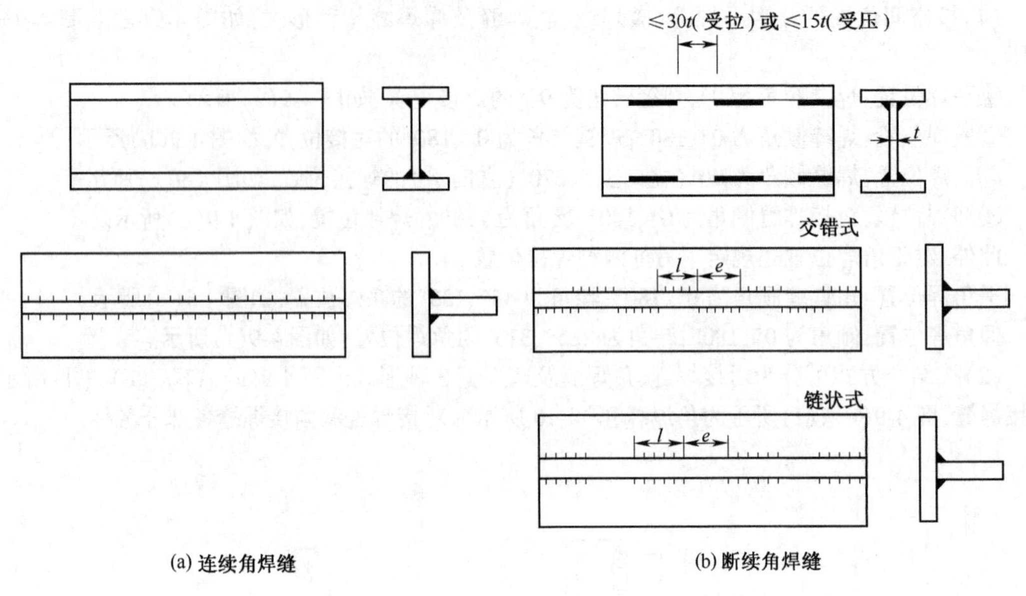

(a) 连续角焊缝　　(b) 断续角焊缝

图 4-11　角焊缝中连续角焊缝和断续角焊缝

表 4-6所示为常用的基本符号表示法及标注方法。焊缝尺寸符号用来表示坡口及焊缝尺寸，包括工件厚度、坡口角度、根部间隙、焊缝间距、焊脚尺寸、钝边、余高等。常用尺寸符号及示意图如表 4-7 所示，图 4-12 所示为常用焊缝尺寸符号在焊接图上的标注位置及原则。

表 4-6　常用基本符号表示法及标注方法

名　称	基本符号	示　意　图	图　示　法	标 注 方 法
I 形焊缝	||			
V 形焊缝	∨			

续表

名　称	基本符号	示意图	图示法	标注方法
角焊缝		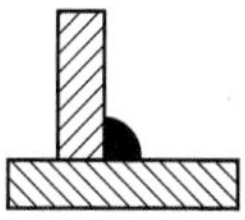	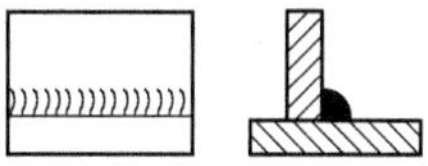	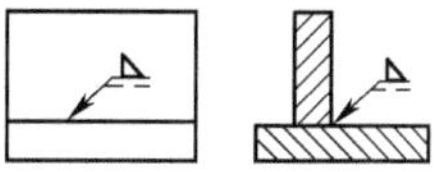
点焊缝		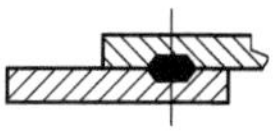	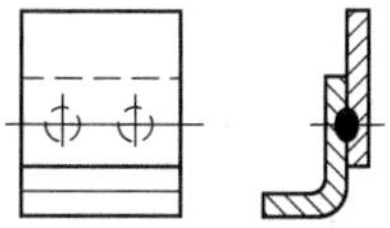	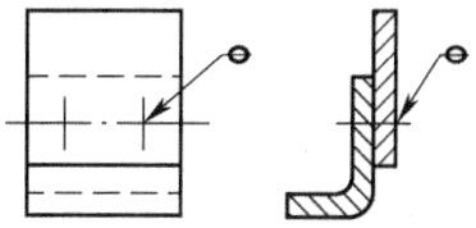

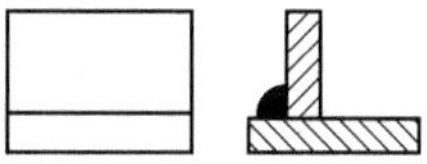

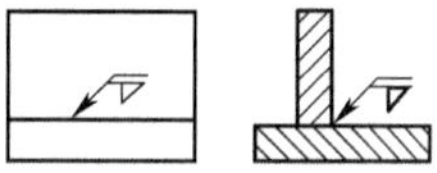

表 4-7　常用焊缝尺寸符号种类及示意图

符　号	名　称	示意图	符　号	名　称	示意图
δ	工件厚度	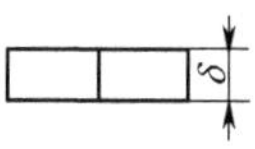 δ	R	根部半径	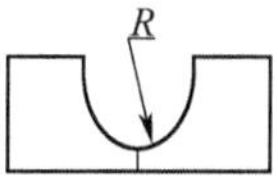 R
α	坡口角度	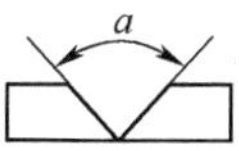 α	l	焊缝长度	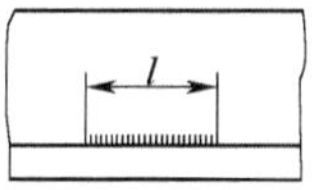 l
b	根部间隙	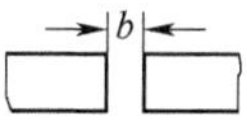 b	n	焊缝段数	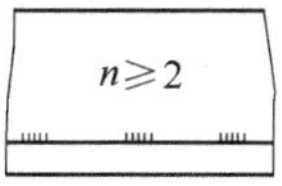 $n \geqslant 2$
e	焊缝间距	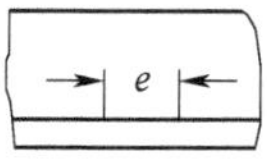 e	S	焊缝有效厚度	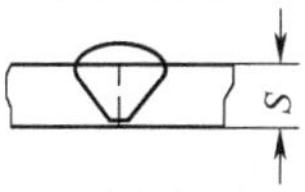 S
K	焊脚尺寸	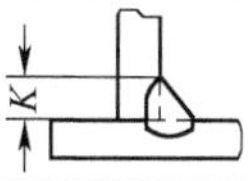 K	N	相同焊缝数量符号	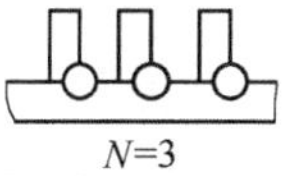 $N=3$
d	熔核直径	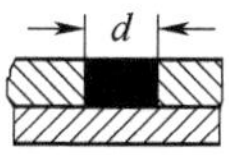 d	H	坡口深度	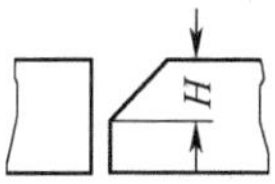 H
P	钝边	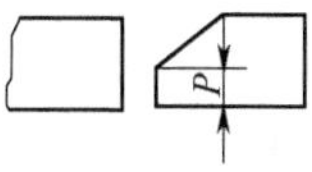 P	h	余高	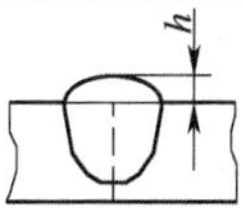 h
c	焊缝宽度	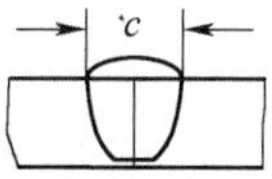 c	β	坡口面角度	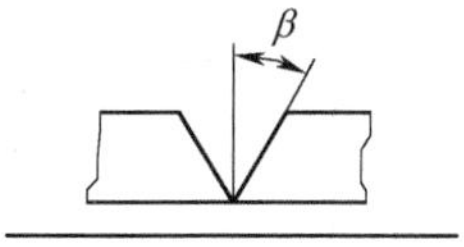 β

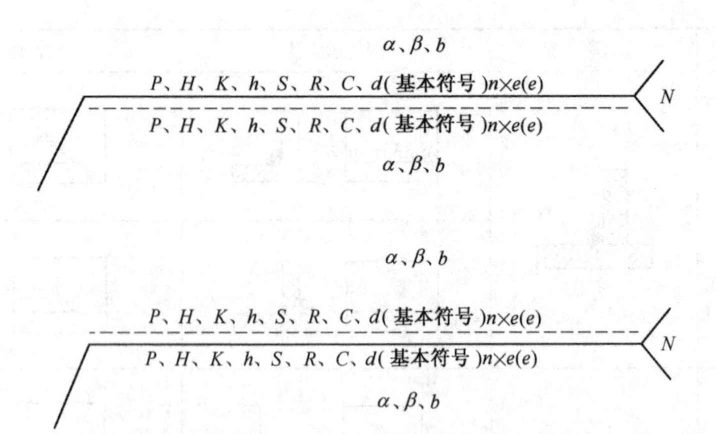

图 4-12　焊缝尺寸符号的标注位置及原则

辅助符号是表示焊缝表面形状特征的符号,如表 4-8 所示。不需要确切地说明焊缝的表面形状时,可以不用辅助符号。

表 4-8　常用辅助符号

名　称	符　号	符号说明	焊缝形式	标注示例及说明
平面符号	—	焊缝表面齐平		平面 V 型对接焊缝
凹面符号	⌣	焊缝表面凹下		凹面角焊缝
凹面符号	⌢	焊缝表面凸起		凸面 X 形对接焊缝

补充符号是为了补充说明焊缝的某些特征而使用的符号,如表 4-9 所示。

表 4-9　常见补充符号

名　称	符　号	符号说明	示意图及标注示例	说　明
带垫板符号	▭	表示焊缝底部有垫板		表示 V 型焊缝的背面底部有垫板
三面焊缝符号	⊏	表示三面有焊缝,开口方向应与焊缝方向一致		工件三边焊接,开口方向与工件实际方向一致

续表

名　称	符　号	符号说明	示意图及标注示例	说　明
周围焊缝符号	○	表示环绕工件周围焊缝		表示在现场沿工件周围施焊
现场符号	▶	表示在现场或工地上焊接		
尾部符号	<	参照 GB/T 5185—2005《焊接及相关工艺方法代号》标注工艺内容如标注焊接方法等		4◺250 <111 用手工电弧焊，焊脚高为 5 mm，长为 250 mm

指引线一般由箭头线和两条基准线(一条实线、一条虚线)组成,如图 4-13 所示。

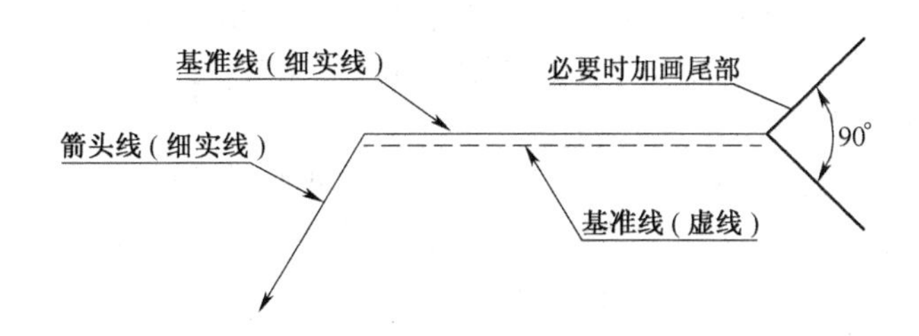

图 4-13　焊缝指引线

焊缝形式与标注方法见如表 4-10 所示。

表 4-10　形式与标注方法

	角焊缝					塞焊缝
	单面焊缝	双面焊缝	搭接接头	安装焊缝	双 T 形接头	
焊缝形式						S
标注方法	h_f	h_f	h_f	h_f	h_f h_f	S

续表

	对接焊缝			三面围焊	周围焊缝
	I形坡口	V形坡口	T形接头(不焊透)		
焊缝形式	b	α b	β S		
标注方法	b	α b	β s	h_f	h_f

在图样上标注焊缝时,基准线中的虚线画在实线的上侧或下侧均可,焊缝符号标注在基准线的上方或下方。为了能在图样上准确表示被标注焊缝的位置GB/T 324—2008《焊缝符号表示法》对基本符号相对基准线的位置作了如下规定:

(1)如果焊缝在接头的箭头侧,则将基本符号标在基准线的实线侧。

(2)如果焊缝在接头的非箭头侧,则将基本符号标在基准线的虚线侧。

(3)标注对称焊缝及双面焊缝时,可不加虚线。

焊缝尺寸符号的标注原则在GB/T 324—2008中也作了如下规定:

(1)焊缝横截面上的尺寸符号标在基本符号的左侧。

(2)焊缝长度方向尺寸标在基本符号的右侧。

(3)坡口角度、坡口面角度、根部间隙尺寸标在基本符号的上侧或下侧。

(4)相同焊缝数量符号标在尾部。

(5)当需要标注的尺寸数据较多又不易分辨时,可在数据前面增加相应的尺寸符号。

焊缝符号的标注示例如表4-11所示。

表4-11　标注示例

标 注 示 例	说　　明
70° 6 111	V形焊缝,坡口角度70°,焊缝有效高度6 mm
4	角焊缝,焊脚高度4 mm,在现场沿工件周围焊接
5	角焊缝,焊角高度5 mm,三面焊接
5 8×(10)	槽焊缝,槽宽(或直径)5 mm,共8段焊缝,间距10 mm

续表

标注示例	说明
5 ◁ 12×80(10)	断续双面角焊缝,焊角高度 5 mm,共 12 段焊缝,每段 80 mm,间隔 10 mm
5 ◁	在箭头所指的另一侧焊接,连续角焊缝,焊脚高度 5 mm

第四节 焊条电弧焊工艺

一、焊前准备

因焊件材料不同等因素,焊前准备工作也不相同。焊前准备主要包括坡口的制备、欲焊部位的清理、焊条焙烘、预热等,对上述工作必须给以足够的重视,否则会影响焊接质量,严重时还会造成焊后返工或报废。下面仅以碳钢及普通低合金钢为例加以说明。

1. 坡口的制备

工厂中常用剪切、气割、刨边、车削、碳弧气刨等方法制备坡口。坡口制备的方法很多,但应根据焊件的尺寸、形状与加工条件综合考虑进行选择。

2. 欲焊部位的清理

清理时,可根据被清物的种类及具体条件,分别选用钢丝刷清理、砂轮磨或喷丸处理等手工或机械方法,也可用除油剂(汽油、丙酮)清洗的化学方法,必要时也可用氧-乙炔焰烘烤清理,以去除焊件表面油污和氧化皮。对于焊接部位,焊前要清除水分、铁锈、油污、氧化皮等杂物,以利求获得高质量的焊缝。

3. 焊条焙烘

焊条的焙烘温度因药皮类型不同而异,低氢型焊条的焙烘温度为 350~450 ℃,钛钙型焊条的焙烘温度为 75~150 ℃,一般应按焊条说明书的规定进行。温度过低,达不到去除水分的目的;温度太高,容易引起药皮开裂,造成焊接时成块脱落,而且药皮中的组成物会分解或氧化,直接影响焊接质量。

4. 焊前预热

预热是指焊接开始前对焊件的全部或局部加热的工艺措施。预热的目的是改善组织,减小应力,从而降低焊接接头的冷却速度,防止焊接缺陷。焊件是否需要预热及预热温度的选择,要根据焊件材料、结构的形状与尺寸而定。整体预热一般在炉内进行;局部预热可用火焰加热、工频感应加热或红外线加热等。

5. 装配与定位焊

装配间隙的大小和沿接头长度上的均匀程度对焊接质量、生产效率及制造成本影响很大,须引起重视。接头焊前的装配主要是使焊件定位对中以及达到规定的坡口形状和尺寸。

经装配的焊件位置确定之后,可以用工装夹具或定位焊将其固定起来,然后正式焊接。一般定位焊的焊接电流应比正常焊接的电流大 15%~20%。定位焊的质量直接影响焊缝的质量,它是正式焊缝的组成部分。又因它焊道短,冷却快,比较容易产生焊接缺陷,若此缺陷被正式焊缝所盖而未被发现,将造成隐患。

二、焊条电弧焊焊接工艺参数的选用

焊接时,为保证焊接质量而选定的诸物理量,通常包括焊条直径、焊接电流、电弧电压、焊接速度和焊接层数等,总称为焊接工艺参数。

1. 焊接工艺参数对焊缝尺寸的影响

焊条电弧焊时,焊接工艺参数决定了电弧所提供的热量。对一定尺寸的焊缝来说,来自热源的热量不仅随焊接电流 I_h、电弧电压 U_h 的增加而增大,而且与焊接时间成正比。而焊接时间则取决于焊接速度 v。即焊缝长度一定时,焊接速度越高,所用时间越短;反之,所用时间就长。

2. 焊条电弧焊工艺参数的选择

焊接工艺参数对焊接质量和焊接生产效率有很大的影响,所以必须正确选择。但由于焊接结构的材质、工件装配的质量、焊接的位置和焊工操作的习惯等情况的不同,所选择的工艺参数也不同;即使同样的工件,也可选用不同的工艺参数。主要的参数是焊条直径和焊接电流的大小,而电弧电压和焊接速度则由焊工在焊接中根据情况灵活掌握。

可见,焊条电弧焊时焊接工艺参数不应限制过死,只能做一些原则性的规定,供选用时参考。

(1)焊条直径的选择。为了提高焊接生产效率,尽可能选用较大直径的焊条。但是,用直径过大的焊条易造成烧穿工件或焊缝成形不良。因此,焊条直径的选择主要取决于工件的厚度,如表 4-12 所示。

表 4-12　焊条直径与焊件厚度的关系　　单位:mm

焊件厚度	≤1.5	2	3	4~5	6~12	≥12
焊条直径	1.5	2	3.2	3.2~4	4~5	4~6

另外,还应考虑接头形式、焊缝位置、焊接层次等因素。被焊工件厚度越大,要求焊缝尺寸也越大,就需选用直径大一些的焊条。角接和搭接时可以选用比对接时直径较大的焊条。立焊、横焊、仰焊以及厚板多层焊的底层焊缝,所选用的焊条直径一般均不超过 4 mm。

(2)焊接电流的选择。对于一定直径的焊条有一个合适的电流使用范围。焊接电流选择主要取决于焊条直径和焊件厚度。焊接电流较大时,焊接生产效率较高,但电流过大时,焊条本身的电阻热会使焊条发红,甚至大块药皮自动脱落,失去保护作用,使焊接质量降低;而电流过小时,电弧稳定性差,焊条易黏在工件上。因此,电流大小的选择,还应考虑工件的厚度、接头形式、焊接位置和现场使用情况。在工件厚度大、角焊缝焊接、气候较冷、散热较快等情况下,可选用电流的上限;而在工件厚度不大,以及立、横、仰焊位置和用碱性焊条焊接时,应适当减小焊接电流。表 4-13 所示为各种直径焊条使用的电流参考值。

表 4-13　各种直径焊条使用的电流参考值

焊条直径/mm	1.6	2.0	2.5	3.2	4.0	5.0	5.8
焊接电流/A	25~40	40~65	50~80	100~130	160~210	220~230	260~300

焊接电流还可以根据下面的经验计算公式计算:

$$I=(35\sim55)d$$

式中　I——焊接电流；

d——焊条直径。

（3）焊接层数的选择。在焊件厚度较大时需采用多层焊。对于低碳钢和强度等级低的普通低合金钢，每层焊缝厚度对焊缝质量影响不大；但厚度过大时，则对焊缝金属塑性稍有不利影响。因此，对质量要求较高的焊缝，每层厚度最好不大于 5 mm。

根据实际经验，多层焊的每层厚度等于焊条直径的 0.8~1.2 倍时生产效率较高，并且比较容易操作。

（4）电弧电压与焊接速度的掌握。焊条电弧焊时，电弧电压和焊接速度是由焊工根据焊接时的具体情况灵活掌握，电弧电压主要决定于弧长，一般弧长控制在 1~4 mm，对应的电弧电压为16~25 V。电弧过长，易飘荡，飞溅增加，易产生气孔、咬边、未焊透等缺陷，在焊接过程中应尽可能采用短弧焊接。立、仰焊时，弧长应比平焊时更短一些。碱性焊条焊接应比酸性焊条焊接时弧长短一些，以利于电弧的稳定，防止气孔产生。

焊接速度直接影响焊接生产效率，所以应在保证焊缝质量的前提下适当加快焊接速度。但焊速过快时，由于熔池温度不够，易造成未焊透、未熔合、焊缝成形不良等缺陷。焊速过慢时，将使高温停留时间增加，热影响区宽度增加，焊接接头晶粒变粗，力学性能降低，同时使焊件变形量增大。

因此，焊接过程中，焊接速度应该均匀适当，既要保证焊透又要保证不烧穿，同时还要使焊缝尺寸符合设计要求。

三、金属熔化焊过程

钢熔化焊时，一般都要经历如下过程：加热→熔化→冶金反应→结晶→固态相变→形成接头。这些过程虽然很复杂，但可归纳为互相联系和交错进行的 3 个阶段：一是焊条或焊丝及母材的快速加热和局部熔化；二是熔化金属、熔渣、气相之间进行一系列的化学冶金反应，如金属的氧化、还原、脱硫等；三是快速连续冷却下的焊缝金属的结晶和相变，此时易产生偏析、夹杂、气孔及裂纹等缺陷。因此，根据焊条、焊丝及母材的加热熔化特点，控制焊接化学冶金过程、焊缝金属的结晶和相变过程是保证焊接质量的关键。

具体各种位置焊接操作

（1）引弧：手工电弧焊时引燃电弧的过程称为引弧。常用的引弧方式又分为划擦引弧法和直击引弧法，如图 4-14 所示。

①划擦法引弧的操作要领：先将焊条的末端对准焊件，然后手腕扭转一下，像划火柴似的将焊条在焊件表面轻轻划擦一下，引燃电弧，再迅速将焊条提起 2~4 mm，使电弧引燃，并保持电弧长度，使之稳定燃烧。

②直击法引弧的操作要领：将焊条末端对准焊件，然后将手腕下弯，使焊条轻微碰一下焊件后迅速提起 2~4 mm，即引燃电弧，引弧后，手腕放平，使电弧长度保持在与所用焊条直径适当的范围内，使电弧稳定燃烧。

（2）平敷焊：在平焊位置上堆敷焊道的一种焊接操作方法。焊接操作时，焊工左手持面罩，右手握焊钳，如图 4-15 所示。焊条工作角（焊条轴线在和焊条前进方向垂直的平面内投影与工件表面间夹角）为 90°。焊条前倾角 10°~20°（正倾角表示焊条向前进方向倾斜，负倾角表示向前进方向的反方向倾斜），如图 4-16 所示。

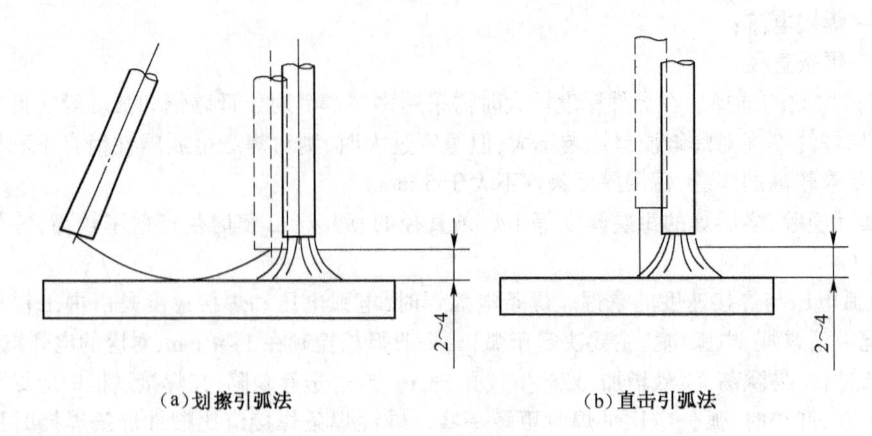

图 4-14 引弧方式

图 4-15 平敷焊姿势

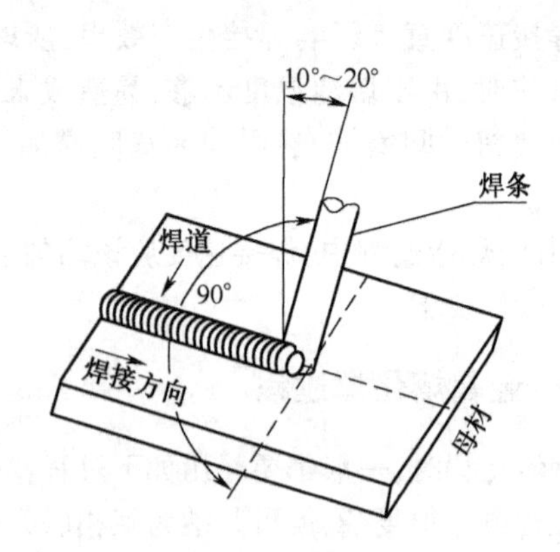

图 4-16 平敷焊角度

①焊道的起头。起头时焊件温度较低,所以起点处熔深较浅。可在引弧后先将电弧稍微拉长,对起头处预热,然后再适当缩短电弧正常焊接。

②运条形式。在正常焊接时,焊条的运动可分为 3 种基本运动形式:沿焊条中心线向熔池送进、沿焊接方向移动、焊条横向摆动,如图 4-17 所示。

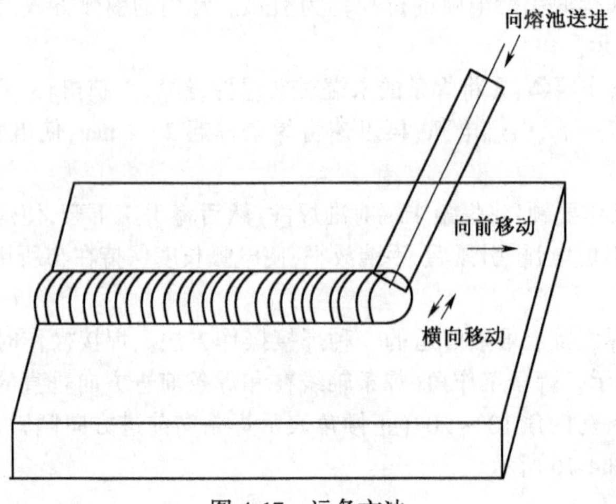

图 4-17 运条方法

③运条方法(见图 4-18)。厚板在焊接时,为了获得较宽的焊缝,焊条沿焊缝横向做有规律的摆动,根据摆动规律的不同,通常有以下运条方法:

直线往复运条法。特点是焊接速度快、焊缝窄、散热快,适用于薄板或接头间隙较大的多层焊的第一道焊道。

锯齿形运条法。焊接时,焊条末端作锯齿形连续摆动和向前移动,并在两边稍停片刻,以防产生咬边,这种方法容易掌握,生产应用较多。

月牙形运条法。这种运条方法熔池存在时间长,易于熔渣和气体析出,焊缝质量高。

斜三角形运条法。这种运条方法能够借助焊条的摇动来控制熔化金属,促使焊缝成形良好,适用于 T 形接头的平焊和仰焊,以及开有坡口的横焊。

正三角形运条法。这种方法一次能焊出较厚的焊缝断面,不易夹渣,生产效率高,适用于开坡口的对接接头。

正圆圈形运条法。这种运条方法熔池存在时间长,温度高,便于熔渣上浮和气体析出,一般只用于较厚焊件的平焊。

斜圆圈形形运条法。这种运条方法有利于控制熔池金属不下淌,适用于 T 形接头的平焊和仰焊,对接接头的横焊。

8 字形运条法。这种运条方法能保证焊缝边缘得到充分加热,熔化均匀,保证焊透,适用于带有坡口的厚板对接焊。

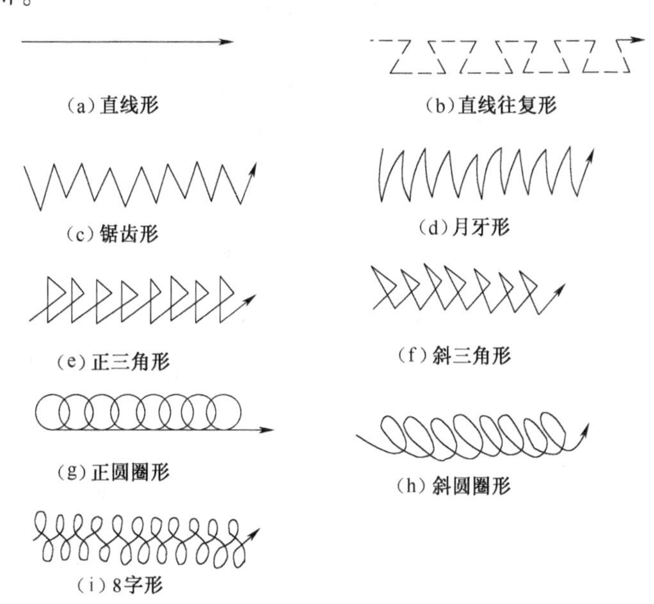

图 4-18 运条形式

④焊道的连接(见图 4-19):尾头相接是以先焊焊道尾部接头的连接方式,这种接头应用最多,如图 4-19(a)所示。接头的方法是在先焊的焊道弧坑前面约 10 mm 处引弧,将拉长的电弧缓缓移到原弧坑处,当新形成的熔池外缘与弧坑外缘相吻合时,压低电弧,焊条再做微微转动,待填满弧坑后,焊条立即向前移动正常焊接。

头头相接是从先焊焊道起头处续焊接头的连接方式,要求在先焊焊道的起头略前处引弧,并稍微拉长电弧,将电弧拉至起头处,并覆盖其端头,待起头处焊平后再向反向移动,如

图 4-19(b)所示。

尾尾相接就是后焊焊道从接口的令一端引弧,焊到前焊道的结尾处,焊接速度略慢些,以填满弧坑,然后以较快的焊接速度再向前焊一小段,熄弧,如图 4-19(c)所示。

首尾相接是后焊焊道的结尾与先焊焊道的起头相连接,利用结尾时的高温重复熔化先焊的焊道,连接一条完整的焊缝是由若干根焊条焊接而成的,每根焊条焊接的焊道应有完好的连接,如图 4-19(d)所示。

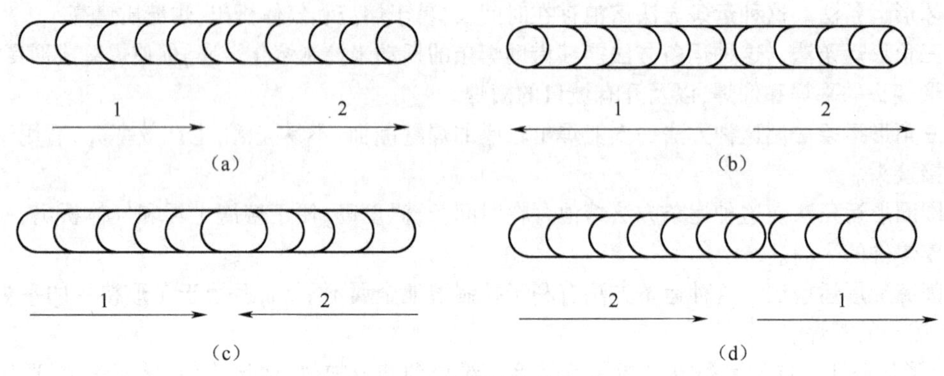

图 4-19　焊道的连接方式

1—先焊的焊道;2—后焊的焊道

⑤焊道的收尾。焊道的收尾就是一条焊道结束时如何收弧。常用的方法有以下 3 种:

画圈收尾法(见图 4-20)。焊条移至焊道终点时,利用手腕动作使焊条尾端做圆圈运动,直到填满弧坑后再拉断电弧,此法适用厚板焊接,薄板容易烧穿。

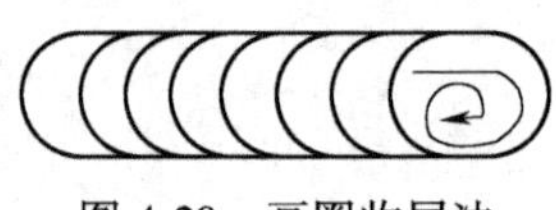

图 4-20　画圈收尾法

反复断弧收尾法(见图 4-21)。焊条移至焊道终点时,反复在弧坑处熄弧,引弧多次,直至填满弧坑,此法适用薄板和大电流焊接,但由于易出现气孔不适合碱性焊条。

回焊收尾法(见图 4-22)。焊条移至焊道收尾处即停止,但不熄弧,适当改变焊条角度,图 4-22 中,由位置 1 转到位置 2,填满弧坑后再转到位置 3,然后慢慢拉断电弧,碱性焊条常用此法。

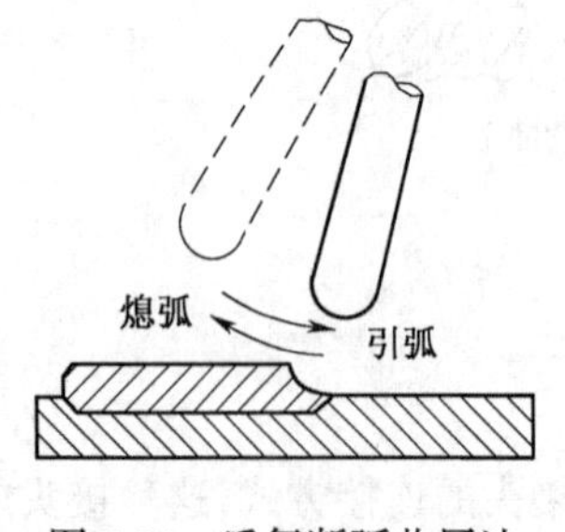

图 4-21　反复断弧收尾法

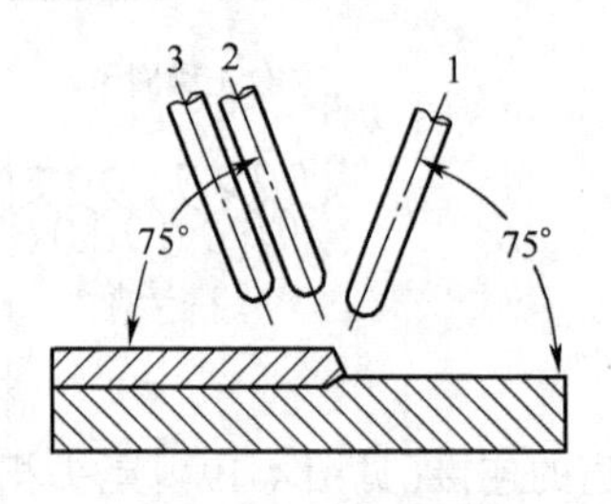

图 4-22　回焊收尾法

(3)平接对焊:在平焊位置上焊接对接接头的一种操作方法。

①中厚板(3~6 mm)I 形坡口对接焊装配及定位焊。焊接装配时应保证两板对接处平齐,板厚时应留有一定间隙,以保证焊透,间隙大小取决于板厚,如表 4-14 所示。

表 4-14　I 形坡口对接焊装配间隙　　单位：mm

项　目	无　垫　板		有　垫　板	
焊件厚度	3~3.5	3.5~6	3~4	4~6
装配间隙	0~1	2~2.5	0~2	2~3

焊接操作：焊缝的起点、连接、收尾和平敷焊相同。

②薄板（1~2 mm）平对接焊。焊接时易烧穿、焊缝成形不良、焊后变形大，所以操作时应注意以下几点：

a. 装配间隙不超过 0.5 mm，剔除接头处毛刺。

b. 定位焊缝应短，近似点状，间距应小些。

c. 宜采用短弧快速直线或直线往复式运条方式，防止烧穿。

d. 最好采用下坡焊，即是将焊件起头处抬起 15°~20°。

e. 焊后校正。

③厚板（6~100 mm）平对接焊。厚板焊接应开坡口，以保证根部焊透。一般开 V 形、X 形、U 形坡口，采用多层焊或多层多道焊，如图 4-23 所示。

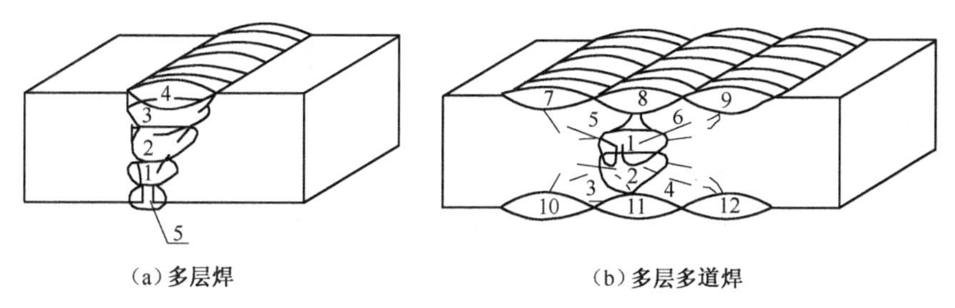

（a）多层焊　　（b）多层多道焊

图 4-23　厚板平对接焊

焊接方法：

a. 打底层（第一层）焊道，选用较小直径焊条（一般为 ϕ3.2 mm）运条方法视间隙大小而定，间隙小时采用直线形运条法，间隙大时采用直线往复运条法，以防烧穿。

b. 其他层焊道，用角向磨光机或扁铲将焊渣清除干净，选用 ϕ4 mm 直径焊条，第二层采用直线形或小锯齿形运条，其余各层采用锯齿形运条，摆动范围逐渐加宽，注意各焊道不要太厚，以防熔渣流到熔池前面造成夹渣。多层多道焊时，每条焊道可采用直线形运条法。

（4）单面焊双面成形操作技术。在有些焊接结构中，不能采用双面焊接，只能从焊缝一面焊接，又要求完全焊透，这种熔透焊道焊接法就是单面焊双面成形技术。

单面焊双面成形的主要要求是焊件背面能焊出质量符合要求的焊缝，其关键是正面打底层的焊接。打底层目前的焊接方法有：断弧焊和连弧焊两种。

①断弧焊法。断弧法焊接时，电弧时燃时灭，靠调节电弧燃、灭时间长短来控制熔池温度，工艺参数选择范围宽，是目前常用的一种打底层方法。

②连弧焊法。用连弧法打底层焊接时，电弧连续燃烧，采用较小的根部间隙，选用较小的焊接电流，焊接时电弧始终处于燃烧状态并做有规律的摆动，使熔滴均匀过渡到熔池。连弧法背面成形较好，热影响区分布均匀，焊缝质量较高，是目前推广使用的一种打底层焊接方法。

③其他各层的焊接。选用直径 4 mm 的焊条，填充层电流为 150~170 A，盖面层为 140~160 A，

弧长为 2 mm,层面严格清渣。盖面层施焊时,电弧的 1/3 弧柱将坡口边缘熔合 1.5~2 mm,并在坡口边缘稍停,以防止咬边。

(5)角焊操作技能。焊接时根据焊脚尺寸选择焊接方式,焊脚尺寸小于 8 mm 时,采用单层焊;焊脚尺寸为 8~10 mm 时采用多层焊;焊脚尺寸大于 10 mm 时采用多层多道焊。

①单层焊。由于角焊缝焊接热量向三个方向扩散,散热快,不易烧穿,焊接电流比同板厚大 10%左右。当两板等厚时焊接角度为 45°,厚度不等偏向薄板时,对于焊脚尺寸为 5~8 mm 焊缝,可采用斜锯齿形或斜圆圈形运条方法,如图 4-24 所示。

②多层焊和厚板平对焊相似。

③船形焊(见图 4-25)。船形焊时,熔池处于水平位置,相当于平焊,焊缝质量好,易于操作,焊接时可采用较大直径的焊条和较大电流。

(6)对接横焊是焊件处于垂直位置而接口处于水平位置的焊接操作,如图 4-26 所示。

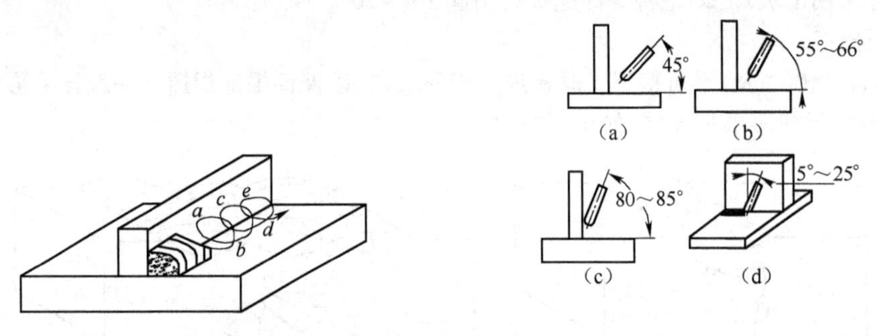

图 4-24　单层焊运条方法及采用的焊条角度

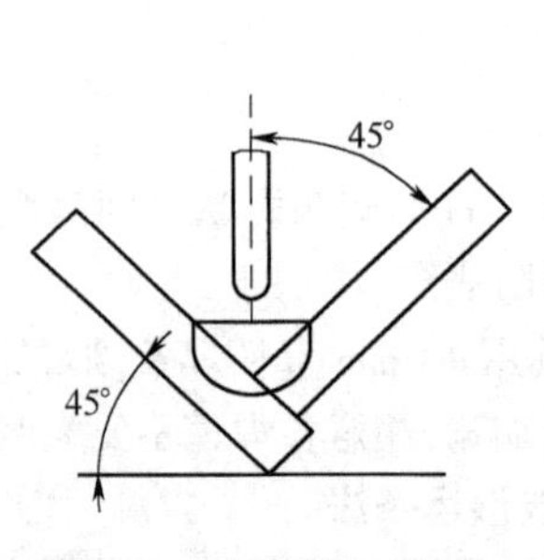

图 4-25　船形焊示意图

图 4-26　对接横焊采用的姿势

横焊操作时,由于熔化的金属处于重力作用,有下淌倾向,使焊缝上面出现咬边,下面出现焊瘤、未焊透、夹渣等缺陷。

①I 形坡口的横焊操作:

a. 装配及定位焊:当焊件厚度小于 5 mm 时,一般不开坡口但应预留有宽度为板厚 1/2 左右的间隙,采用双面焊接。

b. 正面焊接:在定位焊的背面焊接。选用 $\phi3.2$ mm 的焊条,焊接电流比对接平焊时小10%~15%,焊条工作角度如图 4-27 所示。

运条方式:焊件较薄时采用往复直线形运条,较厚时采用短弧直线形或小斜圆圈形运条方法,圆圈倾斜约 45°。

c. 背面焊接:背面焊接方法和正面焊接基本相同。

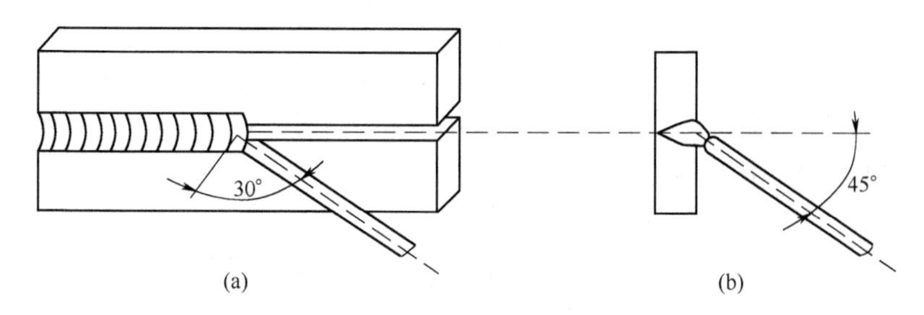

图 4-27　焊条的工作角度

②开坡口的横焊操作。当焊件较厚时,一般可开 V 形、U 形、单 V 形、单 U 形坡口,坡口间隙为 2~3 mm,钝边为 1~3 mm。横焊坡口特点是下面焊件不开坡口或坡口角度小于上面焊件,如图 4-28 所示,这样有助于避免熔池金属下淌,有利于焊缝成形。

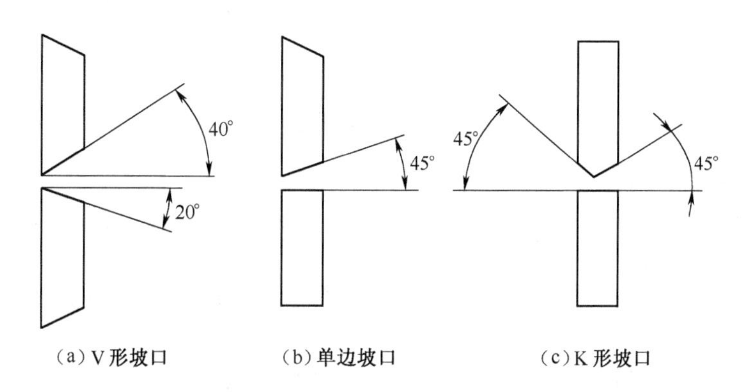

图 4-28　横焊的坡口形式

对于开坡口的焊件,应采用多层焊或多层多道焊,其焊道排列顺序如图 4-29 所示。

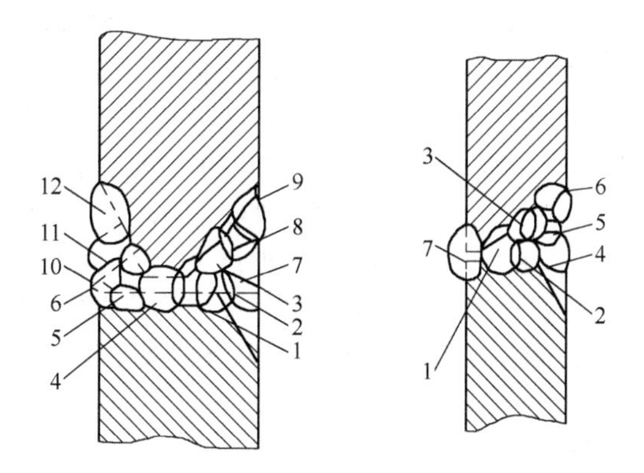

图 4-29　开坡口横焊焊道排列顺序

焊打底层焊道时,应选用较小直径(3.2 mm)的焊条;焊第二焊道时,可选用直径 3.2 mm 或

ϕ4 mm的焊条；对于多层多道焊，可选用 ϕ3.2 mm 焊条，直线形或小圆圈形圆条，并根据焊道位置适当调整焊条角度，始终保持短弧和适当的焊接速度，以获得良好的焊缝成形。

(7) 对接立焊。立焊操作比平焊操作困难，主要原因是熔池及熔滴在重力作用下易下淌，产生焊瘤及焊缝两边咬边，焊缝成形不如平焊时美观，但立焊时易清渣。

立焊操作时根据焊件与焊工距离的不同，焊工可采取立式或蹲式两种操作姿势，如图 4-30 所示。立焊姿势有两种：一种是由下向上施焊，称为向上立焊；另一种是由上向下施焊，称为向下立焊。生产中应用最多的是由下向上施焊。

(a) (b)

图 4-30 立式操作方法

①向上施焊操作要领：

a. 焊接时应选用较小直径的焊条(ϕ2.5～ϕ4 mm)，较小焊接电流(比平时小 10%～15%)，这样熔池体积小，冷却凝固快，可以减少和防止熔化金属下淌。

b. 采用短弧焊接，电弧长度不大于焊条直径，利于电弧吹力托住熔池，短弧操作有利熔滴过渡。

c. 焊条工作角度为 90°，前倾角为 -10°～-30°，即焊条向焊接方向的反方向倾斜，这样电弧吹力对熔池产生向上推力，防止熔化金属下淌。

d. 为便于右手操作和观察熔池状况，焊工身体不要正对焊缝，要略向左偏。

②I 形坡口的对接立焊方法。I 形坡口对接立焊的操作方法主要有两种：挑弧法和灭弧法。

a. 挑弧法：操作要领是当熔滴脱离焊条末端过渡到熔池后，立即将电弧向上提起(约 10 mm)，使熔化金属有凝固的机会，当熔池缩小至焊条直径的 1～1.5 倍的时候，再将电弧迅速拉回到原处形成新的熔池，如此不断重复熔化→冷却→凝固→再熔化的过程，就能由下向上形成一条焊缝。

b. 灭弧法：操作要领是当熔滴脱离焊条末端过渡到对面的熔池后，立即将电弧拉断熄灭，使熔化金属有瞬时凝固的机会，随后重新在弧坑引燃电弧，使燃弧、灭弧交替进行。

③向下立焊法。向下立焊法只适用于薄板和不甚重要结构的焊接，其特点是焊接速度快、熔深浅、熔宽窄、不易烧穿、焊缝成形美观、操作简单，但需要熟练掌握操作技巧。

其操作要点：

a. 焊接电流应适中，保证熔合良好。

b. 焊接时，使焊条垂直于焊件表面用直击法引弧，运条时采用较大的焊条前倾角约为 30°～40°，利用电弧吹力托住熔池，防止熔池下淌。

c. 采用直线形运条法，尽量避免横向摆动，但有时也可稍作横向摆动，以利于焊缝两侧与母材熔合良好。

(8)仰焊:仰焊缝的焊接称为仰焊。

①仰焊操作特点。几种基本焊接位置中,仰焊是最难操作的一种焊接位置。仰焊时熔滴过渡的主要形式是短路过渡,焊接电流不可过大,一般比平焊时小10%~15%,同时注意控制熔池体积和温度,焊层要薄。

②安全操作事项。注意清除焊接场地易燃易爆物品,加强劳动保护,正常佩戴劳保防护用品,注意扣紧领口、袖口、头戴披风帽,颈扎毛巾,上衣不要束在裤腰里,裤脚不能卷起,也不能束在鞋筒里,面罩黑玻璃固定牢固,四周不能有缝隙。防止烧伤烫伤。

③操作姿势如图4-31所示。

图4-31 仰焊操作姿势

④角接仰焊,具体操作方法中的角接仰焊和对接仰焊的焊接角度如图4-32所示,具体内容见单面焊双面成形技术。

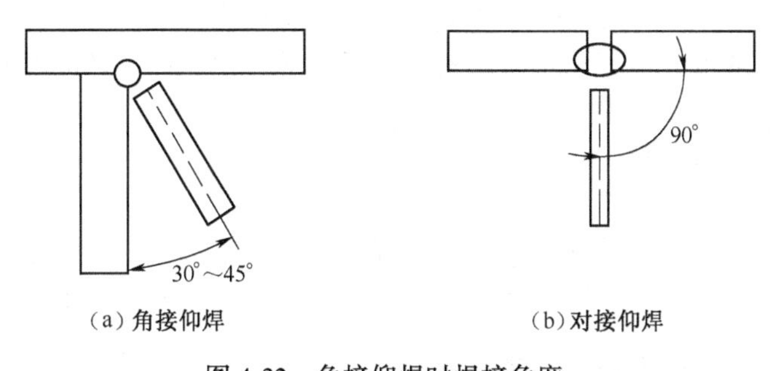

图4-32 角接仰焊时焊接角度

第五节 焊条、焊丝及母材的熔化

一、焊接热源

要实现金属焊接,必须提供能量。焊接热源所产生的热量并不是全部用来加热和熔化焊接材料、焊条、焊丝及母材的，其中一部分热量损失于周围介质和飞溅当中。对于熔焊，关键是要有一个能量集中、温度足够高的局部加热热源。常用的熔焊热源有电弧热（电弧焊）、气体火焰（气焊）、电阻热（电渣焊）、等离子弧（等离子弧焊）等。

二、焊条、焊丝的加热及熔化

熔化极电弧焊时，加热并熔化焊条、焊丝的主要热量有电弧热和电阻热，非熔化极电弧焊仅有电弧热而无焊丝的电阻热。

1. 电阻加热

当电流通过焊条或焊丝时，将产生电阻热。电阻热的大小决定于焊条或焊丝的伸出长度、电流强度、焊条或焊丝金属的电阻率和直径。

焊条或焊丝伸出长度越大，则通电的时间也相应增加，电阻热越大；焊接电流越大，电阻热也越大；焊条或焊丝金属本身的电阻率越大，电阻热也越大。如不锈钢焊条的电阻率比低碳钢焊条大，因此，在选择相同焊接电流的情况下所产生的电阻热就更大；同种材料的焊条或焊丝其直径越大，则电阻越小，相对产生的电阻热也就越小。

如焊条电弧焊时，过高的电阻热将使焊条药皮在熔化前就发红变质，失去保护和冶金作用。自动焊时，过高的电阻热将使焊丝发生崩断而影响焊接。可见电阻热过大也会给焊接过程带来不利的影响。

为了减小过大的电阻热所带来的不利影响，在焊接过程中应采取以下措施：

(1)限制焊条或焊丝的伸出长度。埋弧自动焊及气体保护焊时，在焊接工艺参数的选择中对焊丝伸出长度都有一定的限制。而焊条电弧焊时焊条也不能过长，特别是在采用细直径焊条时，更要限制其长度。例如，直径 5 mm 的焊条，其最大长度为 450 mm；而直径为 2.5 mm 的焊条，其最大长度为 300 mm，同样直径的不锈钢焊条，其长度还要短一些，如直径 5 mm 的不锈钢焊条长度为 400 mm。

(2)限制焊接电流。对于一定直径的焊条或焊丝，在生产中应根据工艺的要求选用合适的电流值，决不能单纯为了提高效率而选用过高的电流值。埋弧自动焊及 CO_2 气体保护焊时，由于焊丝伸出长度比焊条长度短得多，且没有焊条药皮。所以，同样直径的焊丝可以选用比焊条电弧焊大得多的电流值，这样就大大地提高了生产效率。不锈钢焊条由于本身材料的电阻率大，所以选用电流应比同样直径的碳钢焊条小一些。

2. 电弧加热

真正使焊条、焊丝熔化的是电弧热。尽管电弧热只有一小部分用来熔化焊条或焊丝（大部分热量熔化母材），但它却是熔化焊条、焊丝的主要热量。而焊条、焊丝本身的电阻热仅起辅助作用。

三、焊条、焊丝金属向母材的过渡

熔滴是电弧焊时在焊条或焊丝端部形成的向熔池过渡的液态金属滴。熔滴通过电弧空间向熔池转移的过程称为熔滴过渡。熔滴过渡对焊接过程的稳定性、焊缝成形、飞溅及焊接接头的质量有很大的影响。

1. 熔滴过渡的形式

金属熔滴向熔池过渡根据其形式不同，大致可分为滴状过渡、短路过渡和喷射过渡，如图 4-33 所示。

(1)滴状过渡。滴状过渡有粗滴过渡和细滴过渡两种。熔滴呈粗大颗粒状向熔池自由过渡的形式称为粗滴过渡,也称颗粒过渡,如图4-33(a)所示。

当电流较小时,熔滴依靠表面张力的作用可以保持在焊条或焊丝端部自由长大,直至熔滴下落的力(如重力、电磁力等)大于表面张力时才脱离焊条或焊丝端部落入熔池,此时熔滴较大,电弧不稳,呈粗滴过渡,通常不采用。随着电流增大,熔滴变细,过程频率提高,电弧较稳定、飞溅减小,呈细滴过渡。细滴过渡是焊条电弧焊和埋弧焊所采用的熔滴过渡形式。

(2)短路过渡。焊条(或焊丝)端部的熔滴与熔池短路接触,由于剧烈的过热和磁收缩的作用使其爆断,直接向熔池过渡的形式称为短路过渡,熔滴的过渡情况如图4-33(b)所示。

短路过渡能在小电流、低电弧电压下,实现稳定的熔滴过渡和稳定的焊接过程。短路过渡适合于薄板或低热输入的焊接。CO_2 气体保护电弧焊采用的最典型的过渡形式就是短路过渡。

(3)喷射过渡。熔滴呈细小颗粒并以喷射状态快速通过电弧空间向熔池过渡的形式称为喷射过渡。

喷射过渡的特点是熔滴细,过渡频率高,熔滴沿焊丝的轴向高速向熔池运动,并具有电弧稳定、飞溅小、熔深大、焊缝成形美观、生产效率高等优点。焊接时,熔滴的尺寸随着焊接电流的增大而减小,当焊接电流增大到一定数值后,即产生喷射过渡状态。需要强调的是,产生喷射过渡除了要有一定的电流密度外,还必须要有一定的电弧长度(电弧电压)。如果弧长太短(电弧电压太低),无论电流数值有多大,也不可能产生喷射过渡。喷射过渡是熔化极氩弧焊、富氩混合气体保护焊所采用的熔滴过渡形式,如图4-33(c)所示。

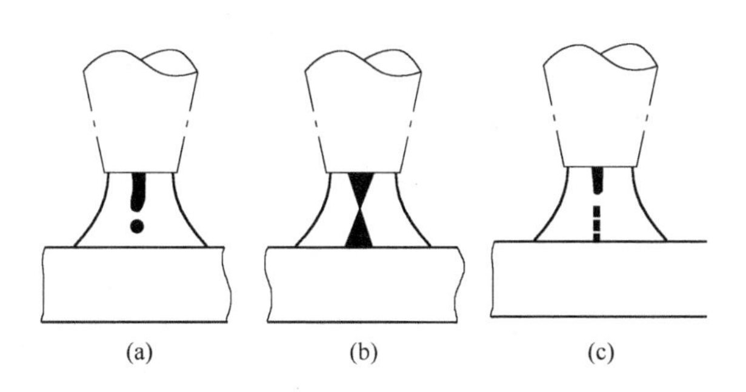

图4-33　熔滴过渡形式

2. 熔滴过渡的作用力

在熔滴形成和长大过程中,有多种力作用其上。根据其来源不同可分为重力、表面张力、电磁压缩力、斑点压力和气体的吹力。

四、母材的熔化

熔焊时在焊接热源作用下,在焊条、焊丝金属熔化的同时,被焊金属(母材)也发生局部的熔化。母材上由熔化的焊条、焊丝金属与母材金属所组成的具有一定几何形状的液体金属称为焊接熔池。焊接时,熔池随热源的向前移动而做同步运动。

熔池的形状如图4-34所示,很像一个不标准的半椭圆形球。熔池的大小、存在时间对焊缝性能有很大影响。一般情况下,随着电流的增加,熔池的最大深度 S 增大,熔池的最大宽度 C 相对减小;而随着电压的升高,S 减小,C 增大。

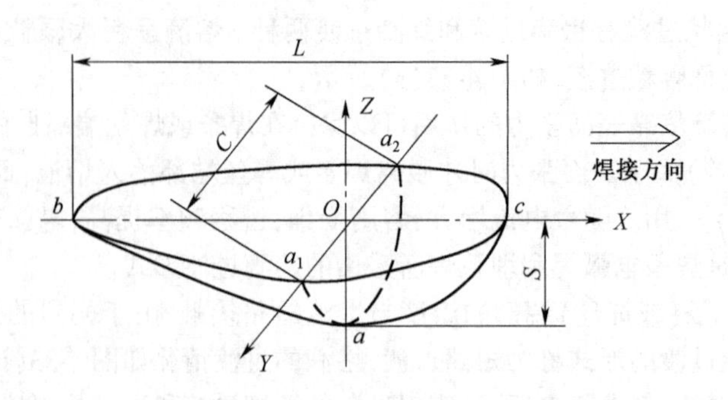

图 4-34　熔池形状示意图

第六节　焊接化学冶金过程

焊接化学冶金过程是指焊接区中各种物质（熔化金属、熔渣、气体）之间在高温下相互作用的过程。焊接化学冶金的首要任务就是对焊接区的金属进行保护，防止空气的有害作用；其次是通过熔化金属、气体、熔渣之间的冶金反应来消除焊缝金属中的有害杂质，增加焊缝金属中某些有益的合金元素，从而保证焊缝金属的各种性能良好。

一、对焊接区金属的保护

焊接过程中，对焊接区保护的目的是防止空气的有害作用，保证焊缝质量。不同的焊接方法，其保护方式也不相同，熔焊时各种保护方式如表 4-15 所示。

表 4-15　熔焊方法及其保护形式

保护方式	焊接方式
熔渣保护	埋弧焊、电渣焊、不含造气物质的焊条或药芯焊丝焊接
气体保护	在惰性气体或其他气体（如 CO_2、混合气体等）保护中焊接
气-渣联合保护	具有造气物质的焊条或药芯焊丝焊接
真空保护	真空电子束焊接
自保护	用含有脱氧、脱硫剂的“自保护”焊丝焊接

二、焊接化学冶金过程的特点

1. 温度高，温度梯度大

焊接电弧的温度很高，一般可达 6 000~8 000 ℃，使金属剧烈蒸发，电弧周围的气体 CO_2、N_2、H_2 等大量分解，分解后的气体原子或离子很容易溶解在液态金属中形成气孔。

熔池温差大，熔池的平均温度在 2 000 ℃以上，并被周围的冷却金属包围，温度梯度大，因此，焊件易产生应力并引起变形，甚至产生裂纹。

2. 熔池体积小，熔池存在时间短

焊接熔池的体积极小，焊条电弧焊熔池的质量通常在 0.6~16 g 之间，埋弧焊熔池的质量一般不超过 100 g。同时加热及冷却速度很快，由局部金属开始熔化形成熔池，到结晶完成的全部过程一般只有几秒的时间。因此，整个冶金反应不能充分进行，易形成偏析。

3. 熔池金属不断更新

焊接时随着焊接热源的移动，熔池中参加反应的物质经常改变，不断有新的铁液及熔渣加入到熔池中参加反应，增加了焊接冶金的复杂性。

4. 反应接触面大、搅拌激烈

焊接时，熔化金属是以滴状从焊条或焊丝端部过渡到熔池的，熔滴与气体及熔渣的接触面大，有利于冶金反应快速进行。同时气体侵入液体金属中的机会也增多了，使焊缝金属易产生氧化、氮化及气孔。此外，熔池激烈搅拌有助于加快反应速度，也有助于熔池中气体的逸出。

由于焊接化学冶金过程具有上述特点，冶金反应往往不能充分进行。因此，焊接化学冶金过程要比一般的炼钢冶金过程复杂和强烈得多。

三、有害元素对焊缝金属的作用

焊缝金属中的有害元素主要是氧、氢、氮、硫、磷。焊接中的 O_2、H_2、N_2 主要来自焊条、焊丝、焊剂等焊接材料，以及电弧周围的空气和未清理干净的母材表面；焊缝中的硫、磷主要来自母材、焊条、焊丝、焊剂等。它们将严重影响焊缝质量，因此焊接中必须对氧、氢、氮、硫、磷元素控制。

1. 氧对焊缝金属的作用

(1)氧的来源：电弧中的氧化性气体(如 CO_2、O_2、H_2O 等)；空气中氧的侵入；焊剂、药皮中的高价氧化物和焊件表面的铁锈、水分等的分解产物。

氧在电弧高温作用下分解为原子，原子状态的氧非常活泼，能使铁和其他元素氧化，其中氧化生成的 FeO 能溶解于液体金属，所以氧在焊缝金属中主要是以 FeO 的形式存在。同时焊缝金属中的 FeO 还会使其他元素进一步氧化。

(2)氧对焊接质量的影响如图 4-35 所示。

①焊缝金属中的氧，不仅使焊缝的强度、塑性、硬度和冲击韧性降低，尤其冲击韧性降低明显，还使焊缝中有益元素大量烧损。

②降低导电性、导磁性和抗腐蚀性能等，从而降低焊缝金属的物理性能和化学性能，。

③氧与碳、氢反应，生成不溶于金属的气体 CO 和 H_2O，若结晶时来不及顺利逸出，则在焊缝内形成气孔，从而导致焊接质量下降。

④产生飞溅，影响焊接过程稳定。

(3)控制氧的措施：

①加强保护，如采用短弧焊、选用合适的气体流量等来防止空气侵入，或者在采用惰性气体保护或真空保护下焊接。

②清理焊件的水分、油污、锈迹及焊丝表面，按规定温度烘干焊剂、焊条等焊接材料。

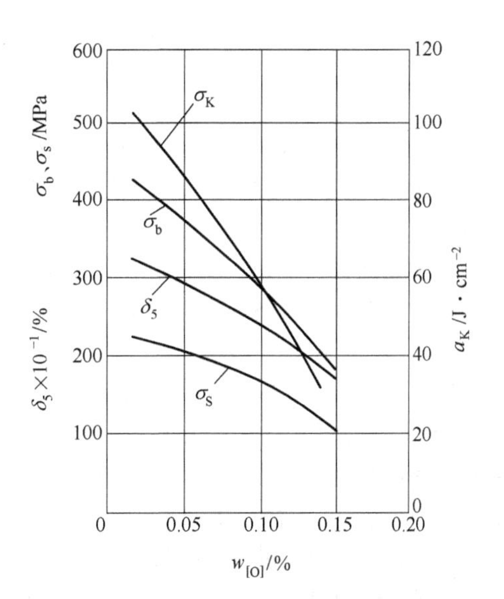

图 4-35 氧对低碳钢焊缝常温力学性能的影响

③对焊缝脱氧也是行之有效的措施。

(4)对焊缝脱氧处理。焊缝金属在脱氧焊接时,除采取措施防止熔化金属氧化外,还设法在焊丝、药皮、焊剂中加入一些其他合金元素,从而去除或减少已进入熔池中的氧。这个过程也称为焊缝金属的脱氧,是保证焊缝质量的关键。

①脱氧剂选择的原则。用来脱氧的元素或合金称为脱氧剂。作为脱氧剂必须具备下列条件:

a. 脱氧剂在焊接温度下对氧的亲和力应比被焊金属的亲和力大。元素对氧的亲和力越大,脱氧能力越强。元素对氧的亲和力大小按递减顺序排列:

Al Ti Si Mn Fe

在实际生产中,常用它们的铁合金或金属粉,如锰铁、硅铁、钛铁、铝粉等作为脱氧剂。

b. 脱氧后的产物应不溶于金属而容易被排除入渣,且熔点应较低,密度应比金属小,易从熔池中上浮入渣。

②焊缝金属的脱氧途径。焊缝金属的脱氧有先期脱氧、沉淀脱氧和扩散脱氧3种途径。

a. 先期脱氧。先期脱氧焊接时,在焊条药皮加热过程中,即药皮中的碳酸盐($CaCO_3$、$MgCO_3$)或高价氧化物(Fe_2O_3)受热分解释放出 CO_2 和 O_2 时,这时药皮内的脱氧剂,如锰铁、硅铁、钛铁等便与其发生氧化反应生成氧化物,从而使气体氧化性降低,这种在药皮加热阶段发生的脱氧方式称为先期脱氧。

先期脱氧的目的是尽可能在早期把氧去除,从而减少熔化金属的氧化。先期脱氧是不完全的,脱氧过程和脱氧产物一般不和熔滴金属发生直接关系。

b. 沉淀脱氧。沉淀脱氧是利用溶解在熔滴和熔池中的脱氧剂直接与 FeO 反应脱氧,并使脱氧后的产物排入熔渣而清除。沉淀脱氧的对象主要是液态金属中的 FeO,沉淀脱氧常用的脱氧剂有锰铁、硅铁、钛铁等。酸性焊条(E4303)一般用锰铁脱氧;碱性焊条(E5015)一般用硅铁、钛铁脱氧。

锰铁、硅铁、钛铁的脱氧化学反应式如下:

$$2FeO+Si=SiO_2+2Fe$$

$$2FeO+Ti=TiO_2+2Fe$$

$$FeO+Mn=MnO+Fe$$

Si、Ti 对氧的亲和力比 Mn 对氧的亲和力大,从理论上讲脱氧作用比 Mn 强,但为什么酸性焊条(E4303)中,不用 Si 和 Ti 反而必须用 Mn 来脱氧呢?这是由于酸性焊条(E303)的熔渣中含有大量的酸性氧化物 SiO_2 及 TiO_2,而用 Si 及 Ti 脱氧后的生成物也是 SiO_2 及 TiO_2 这些生成物无法与熔渣中存在的大量酸性氧化物结合成稳定的复合物而进入熔渣。所以脱氧反应难以进行而无法达到脱氧的目的。而 MnO 是碱性氧化物,因此,很容易与酸性氧化物(SiO_2、TiO_2)结合成稳定的复合物($MnO \cdot SiO_2$ 及 $MnO \cdot TiO_2$)而进入熔渣,所以脱氧反应易于进行,有利于脱氧。

那么碱性焊条(E5015),为何又不能用 Mn 脱氧,而必须用 Si、Ti 来脱氧呢?这是因为碱性焊条(E5015)熔渣中含有大量的 CaO 等碱性氧化物,而 Mn 脱氧后的生成物 MnO 也是碱性氧化物,这些生成物无法与熔渣中存在的大量的碱性氧化物结合而生成稳定的复合物进入熔渣。如用 Si、Ti 来脱氧,则脱氧后的产物 SiO_2、TiO_2 就可以与熔渣中大量的碱性氧化物形成稳定的复合物($CaO \cdot SiO_2$ 及 $CaO \cdot TiO_2$)而进入熔渣。

而 Al 的脱氧能力虽然很强,但由于生成的 Al_2O_3 熔点高,不易上浮,易形成夹渣,同时还会产生飞溅、气孔等缺陷,所以一般不宜单独作脱氧剂使用。

c. 扩散脱氧。扩散脱氧主要利用 FeO 既能溶于熔池金属,又能溶解于熔渣的这种特性,使

FeO 能从熔池扩散到熔渣,从而降低焊缝含氧量,这种脱氧方式称为扩散脱氧。

酸性焊条焊接时,由于熔渣中存在大量的 SiO_2、TiO_2 等酸性氧化物,作为碱性氧化物的 FeO 就比较容易从熔池扩散到熔渣中去,与之结合成稳定的复合物 $FeO \cdot TiO_2$、$FeO \cdot SiO_2$,从而降低了熔池中 FeO 的含量。所以,酸性焊条焊接以扩散脱氧作为主要脱氧方式。

而碱性焊条在焊接时,由于在碱性熔渣中存在大量的强碱性的氧化物 CaO 等,而熔池中的 FeO 也是碱性氧化物,因此扩散脱氧难以进行。所以扩散脱氧在碱性焊条中基本不存在。

由此可见,酸性焊条主要以扩散脱氧为主,碱性焊条主要以沉淀脱氧为主。

2. 氢对焊缝金属的作用

(1)氢的来源。焊接区的氢主要来自受潮的药皮或焊剂中的水分、焊条药皮或焊剂中的有机物、空气中的水分、焊件表面的铁锈、油脂及油漆等。氢虽然一般不与金属化合,但它能够溶解于 Fe、Ni、Cu、Cr、Mo 等金属中。氢在铁中的溶解是以原子或离子状态溶入的,氢在铁中的溶解度如图 4-36 所示。氢在铁中的溶解度与温度和铁的同素异构体等有关,温度越高,氢的溶解度越大,且在相变时溶解度发生突变。

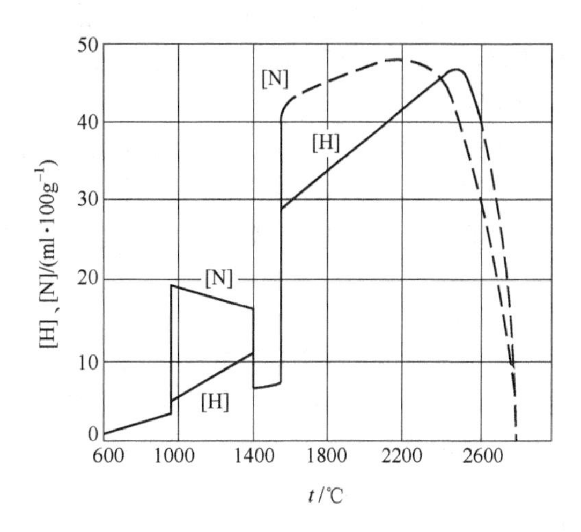

图 4-36　氢、氮在铁中的溶解度与温度的关系

(2)氢对焊接质量的影响:

①形成气孔。熔池结晶时氢的溶解度会突然降低,所以容易造成过饱和的氢残留在焊缝金属中,当焊缝金属的结晶速度大于它的逸出速度时,就会形成气孔。

②产生白点和氢脆。钢焊缝含氢量高时,常常在焊缝拉断面上出现如鱼目状的、直径为 0.5~5 mm的白色圆形斑点,称为白点。氢在室温时使钢的塑性严重下降的现象称为氢脆。白点和氢脆使焊缝金属塑性严重下降。

③产生冷裂纹。氢是产生冷裂纹的因素之一,焊缝含氢量高时易产生冷裂纹。

(3)控制氢的措施:

①焊前清理干净焊件及焊丝表面的铁锈、油污、水分等污物。

②焊前按规定温度烘干焊剂、焊条,气体保护焊时对保护气体进行去水、干燥处理。

③尽量选用低氢型焊条,焊接时采用直流反接、短弧操作。

④焊后消氢处理,即焊后立即将焊件加热到 250~350 ℃,保温 1~2 h,使焊缝金属中的扩散氢加速逸出,从而降低焊缝和热影响区中的氢含量。

⑤进行冶金处理,即通过化学反应降低电弧气氛中氢的分压,从而降低氢在液体金属中的溶解度。

目前最有效的办法是通过药皮或焊剂组成物与氢作用,使之转化为在高温下既稳定又不溶于液体金属的 HF 或 OH(自由氢氧基)。为此,在药皮中加入适量的 CaF_2、MnO_2、Fe_2O_3等氧化剂,都可以有效降低氢的分压。

⑥控制焊接参数,焊接参数对焊缝中的含氢量(以[H]表示)有明显的影响。一般情况下,电流加大,[H]增加;但在气体保护电弧焊时,当电流增加到一定值,熔滴过渡形式由颗粒过渡转变为

喷射过渡时,[H]明显减少。电流的种类和极性的影响:用交流焊接时,[H]比用直流时高;用直流正极性(焊件用正极)时比反极性时焊缝含氢量高。

3. 氮对焊缝金属的作用

(1)氮的来源。焊接区中的氮主要来自周围空气。氮可以原子、N_2及离子形式溶入铁及其合金中,氮在铁中的溶解度随温度升高而增大。图 4-36 所示为氮在铁中的溶解度。氮既不溶解于铜等金属,又不与其形成化合物,故焊接这类金属时,可用氮作为保护气体。

(2)氮对焊接质量的影响如图 4-37 所示。

①形成气孔。氮与氢一样,在熔池结晶时溶解度突然降低,此时有大量的氮将要析出,当来不及析出时,就会形成气孔。

②影响焊缝的力学性能。氮与铁等形成化合物,并以针状夹杂物形式存在于焊缝金属中,使硬度和强度提高,塑性、韧性降低,影响焊缝的力学性能。

(3)控制氮的措施:

①加强对焊接区液态金属的保护,防止空气中氮的侵入是控制焊缝中氮的含量的主要措施。

②采取正确的焊接工艺措施,尽量采用短弧焊接。此外,采用直流反接比直流正接可减少焊缝中氮的含量。

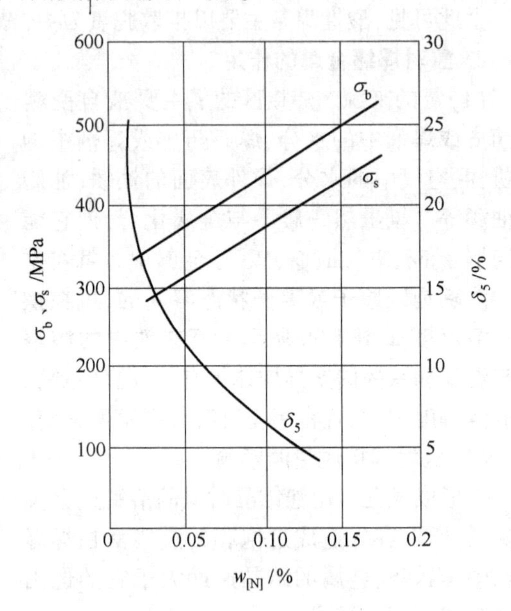

图 4-37 氮对焊缝金属常温力学性能的影响

4. 焊缝金属中硫、磷的控制

(1)硫、磷的来源。焊缝中的硫、磷主要来自母材、焊丝、药皮、焊剂等材料。硫在焊缝中主要以 FeS 和 MnS 形式存在,由于 MnS 在液态铁中溶解度极小,且易排出入渣,即使不能排走而留在焊缝中,也呈球状分布于焊缝中,因而对焊缝质量影响不大。所以焊缝中以 FeS 形式最为有害。磷在焊缝中主要以铁的磷化物 Fe_2P、Fe_3P 的形式存在。

(2)硫、磷的危害。硫、磷是焊缝中的有害杂质。FeS 可无限溶解于液态铁中,而在固态铁中的溶解度只有 0.015%~0.020%,因此熔池凝固时 FeS 析出,并与 α-Fe、FeO 等形成低熔点共晶物,尤其焊接高 Ni 合金钢时,S 与 Ni 形成的 NiS 与 Ni 共晶的熔点更低。这些低熔点共晶呈液态薄膜聚集于晶界,导致晶界处开裂,产生热裂纹。此外,硫还能引起偏析,降低焊缝金属的冲击韧性和耐腐蚀性能。

磷与硫一样可与铁形成低熔点共晶 Fe_3P +P,聚集于晶界,易产生热裂纹,如表 4-16 所示。此外,这些磷化物还削弱了晶粒间的结合力,且它本身既硬又脆,因而增加了焊缝金属的冷脆性,使冲击韧性降低,造成冷裂。

表 4-16 硫化物共晶、磷化物共晶的熔点 单位:℃

共晶物	FeS+α-Fe	FeS+FeO	NiS+Ni	Fe_3P+P
熔点	985	940	644	1 050

(3)脱硫和脱磷的措施:

①焊接过程中脱硫的主要措施有元素脱硫和熔渣脱硫两种。

a. 元素脱硫就是在液态金属中加入一些对硫的亲和力比对铁大的元素,把铁从 FeS 中还原出来,形成的硫化物不溶于金属而进入熔渣,从而达到脱硫的目的。在焊接中最常用的是 Mn 元素脱硫,因为 Mn 的脱硫产物 MnS 几乎不溶于金属,其反应式:$FeS+Mn=Fe+MnS$。

b. 熔渣脱硫是利用熔渣中的碱性氧化物,如 CaO、MnO 等脱硫。脱硫产物 CaS、MnS 进入熔渣被排出,从而达到脱硫目的。其反应式如下:

$$FeS+MnO=MnS+FeO$$

$$FeS+CaO=FeO+CaS$$

Ca 比 Mn 对硫的亲和力强,并且 CaS 完全不溶于金属,所以 CaO 脱硫效果较 MnO 好。

CaF_2脱硫主要是利用氟与硫化合生成挥发性氟硫化合物及 CaF_2 与 SiO_2作用可产生 CaO 进行的。

②焊接过程中脱磷的措施分为两步:

a. 将 P 氧化成 P_2O_5,其反应式如下:

$$2Fe_3P+5FeO=P_2O_5+11Fe$$

$$2Fe_2P+5FeO=P_2O_5+9Fe$$

b. 利用碱性氧化物与 P 形成稳定的磷酸盐进入熔渣。P_2O_5是酸性氧化物,易与碱性氧化物结合成稳定的磷酸盐进入熔渣,从而达到脱磷目的。碱性氧化物中 CaO 效果最好,因此常用 CaO 脱磷,其反应式如下:

$$3CaO+P_2O_5=Ca_3P_2O_8$$

$$4CaO+P_2O_5=Ca_4P_2O_9$$

从上述讨论中可知,熔渣中如同时有足够的自由 CaO。FeO 和自由 CaO(在熔渣中未形成稳定复合物的 FeO 或 CaO),则脱磷效果好。

但实际上在碱性焊条或酸性焊条中,要同时具有上述两个条件是困难的。

四、焊缝金属合金化

焊缝金属的合金化就是将所需的合金元素由焊接材料通过焊接冶金过程过渡到焊缝金属中去的反应,也称焊缝金属的渗合金。

1. 焊缝金属合金化的目的

(1)补偿焊接过程中由于合金元素氧化和蒸发等所造成的损耗和丢失,以保证焊缝金属的成分、组织和性能符合预定的要求。

(2)通过向焊缝金属中渗入母材不含或少含的合金元素,以满足焊件对焊缝金属的特殊要求,如用堆焊的方法来提高焊件表面耐磨、耐热、耐蚀性能等。

(3)消除焊接工艺缺陷,改善焊缝金属的组织和性能,如向焊缝金属中加入锰用以消除硫所引起的热裂纹等。

2. 焊缝金属合金化的方式

焊条电弧焊时,焊缝金属合金化方式有两种:一种是通过焊芯(即利用合金钢焊芯)过渡;另一种是通过焊条药皮(即将合金成分加在药皮里)过渡。也有这两种方式同时兼用的。

通过合金钢焊芯合金化,外面再涂以碱性熔渣的保护药皮,焊缝金属合金化的效果与可靠性达到效果最好。通过药皮实现合金化,是在焊条药皮中加入各种铁合金粉末和合金元素,然后在焊接时,把这些元素过渡到焊缝金属中去。这种方法在生产上应用较广,通常是采用在低碳钢(H08、

H08A)焊条药皮中加入合金剂,从而达合金化的目的。焊条药皮常用的合金剂有锰铁、硅铁、镍铁、钼铁、钨铁、硼铁等。

五、焊缝金属的结晶

随焊接热源前进,熔池温度开始下降,而进入从液态到固态的凝固过程为焊缝金属的结晶(见图4-38)。焊缝的结晶过程服从于金属结晶的普遍规律;结晶温度总是低于理论结晶温度,即结晶过程是在有一定过冷度的条件下才能进行。此外,焊缝金属的结晶也是由形核与长大两个基本过程组成的。但是由于焊接热循环的特殊条件,也将对焊缝结晶过程产生明显的影响。因此,讨论焊缝结晶时必须结合焊接热循环的特点与焊缝具体的工艺条件。

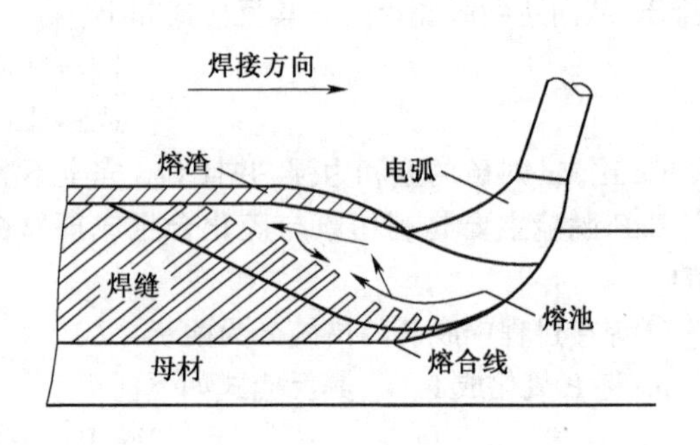

图4-38 熔池的凝固过程

六、焊缝中的夹杂物

由焊接冶金反应产生的,而焊后又残留在焊缝金属中的微观非金属杂质,称为夹杂物。焊缝中的夹杂物主要有硫化物和氧化物两种。硫化物夹杂主要是硫化亚铁(FeS)和硫化锰(MnS),硫化亚铁对焊缝的危害很大,是使焊缝产生热裂纹的主要原因之一。氧化物夹杂主要是二氧化硅(SiO_2)、氧化锰(MnO)、氧化钛(TiO_2)等,会降低焊缝的力学性能。

熔焊时,不仅焊缝在焊接热源的作用下发生从熔化到固态相变等一系列变化,焊缝两侧未熔化的母材也会因焊接热传递的原因,与焊缝也存在着差异,其性能既不同于焊缝,又不同于母材的过渡区域,这些均对焊接接头的性能产生了较大的影响。

1. 熔合区的组织和性能

熔合区是指在焊接接头中,焊缝向热影响区过渡的区域。该区域范围很窄,甚至在显微镜下也很难分辨出。

熔合区温度处于铁碳合金状态图中固相线和液相线之间。该区金属处于部分熔化状态(半熔化区),晶粒非常粗大,冷却后组织为粗大的过热组织,塑性、韧性都很差。由于熔合区具有明显的化学不均匀性及组织不均匀性,所以往往是焊接接头产生裂纹或局部脆性破坏的发源地,是焊接接头中性能最差的区域。

2. 焊接热影响区的组织和性能

焊接热影响区就是指在焊接过程中,母材因受热影响(但未熔化)而发生金相组织和力学性能变化的区域。焊接热影响区的组织和性能,基本上反映了焊接接头的性能和质量。

对于低碳钢及合金元素较少的低合金高强度结构钢(Q295、Q345、Q390),焊接热影响产生组织和性能变化。此外,由母材影响区可分为过热区、正火区、不完全重结晶区和再结晶区,如图4-39所示。

(1)过热区。焊接热影响区中,具有过热组织或晶粒显著粗大的区域称为过热区,又称粗晶区。过热区塑性、韧性很低,尤其是冲击韧性比母材低20%~30%,是热影响区中性能最差的区域。

(2)正火区。正火区的加热温度范围为A_{C3}~1100 ℃,该区也称为相变重结晶区或细晶区。其力学性能略高于母材,是热影响区中综合力学性能最好的区域。

(3)不完全重结晶区。该区的加热温度范围为 $A_{C1} \sim A_{C3}$。这个区的金属组织是不均匀的,一部分是经过重结晶的晶粒细小的铁素体和珠光体,另一部分是粗大的铁素体。由于晶粒大小不同,所以力学性能也不均匀。

(4)再结晶区。对于焊前经过冷塑性变形(冷轧、冷成型)的母材,加热温度为 $A_{C1} \sim 450$ ℃时,将发生再结晶。经过再结晶,塑性、韧性提高了,但强度却降低了。

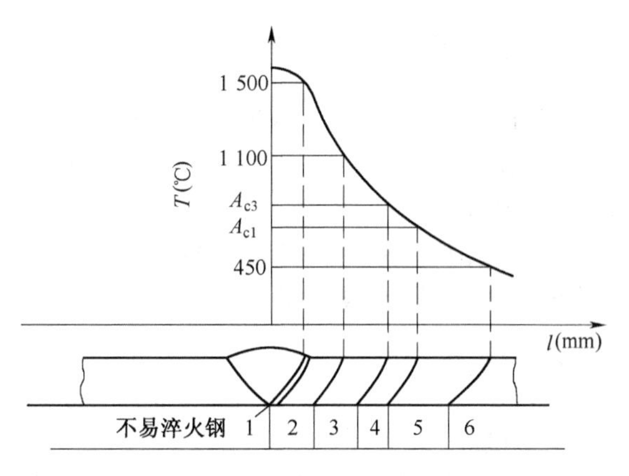

图 4-39 焊接热影响区的组织

1—熔合区;2—过热区;3—正火区;
4—不完全重结晶区;5—再结晶区;6—母材

焊接热影响区除了组织变化而引起性能变化外,热影响区宽度对焊接接头中产生的应力与变形也有较大影响。一般来说,热影响区越窄,则焊接接头中内应力越大,越容易出现裂纹;热影响区越宽,则变形较大。因此,焊接生产中,在保证焊接接头不产生裂纹的前提下,应尽量减小热影响区的宽度。

而热影响区宽度的大小与焊接方法、焊接工艺参数、焊件大小和厚度、金属材料热物理性质和接头形式等有关。采用小的焊接工艺参数,如降低焊接电流、增加焊接速度,可以减少热影响区宽度。不同焊接方法,其热影响区宽度也不相同,焊条电弧焊的热影响区总宽约为 6 mm,埋弧自动焊约为 2. 5 mm,而气焊则达到 27 mm 左右。

实训一 掌握横焊的基本技术

实训目标

对图 4-40 所示的薄板进行不开坡口的对接。

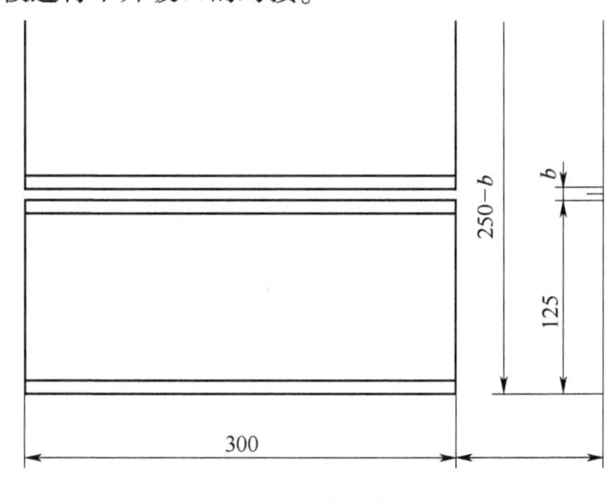

图 4-40 薄板焊件

实训分析

①横焊比平焊、立焊困难,施焊时应根据焊件的厚度选择焊条直径及焊条的角度位置。

②熔化金属在自重的作用下容易下淌,并且在焊缝上侧易出现咬边,下侧易出现下坠而造成未熔合和焊瘤等缺陷。

③应用材料为 Q235 钢,300 mm×125 mm×6 mm;I 形接头应单面焊背面成形;焊缝:c=坡口宽度+4,$h≤3$;反复切割,焊接 10 条焊缝。

相关知识

1. 对接横焊

对接横焊是指对接接头焊件处于垂直而接口为水平位置的焊接操作,如图 4-41 所示。

2. 装配定位过程要注意的事项

(1)根部间隙始焊端要比终焊端小,如图 4-42 所示。

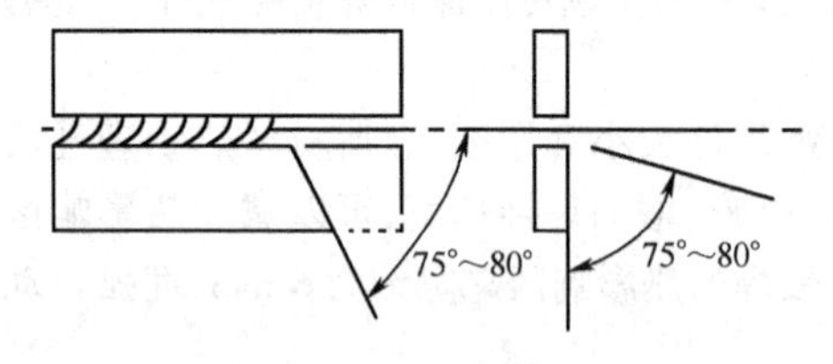

图 4-41 对接横焊示意图

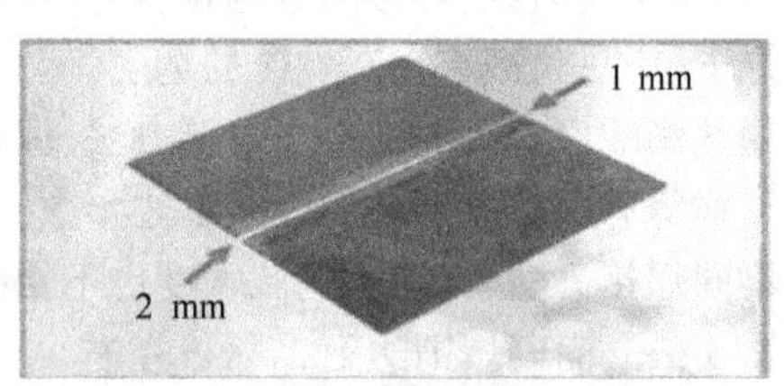

图 4-42 焊缝间隙图

(2)定位焊点从两端焊接并且要牢固,一般距靠近端为 5~10 mm,如图 4-43 所示。

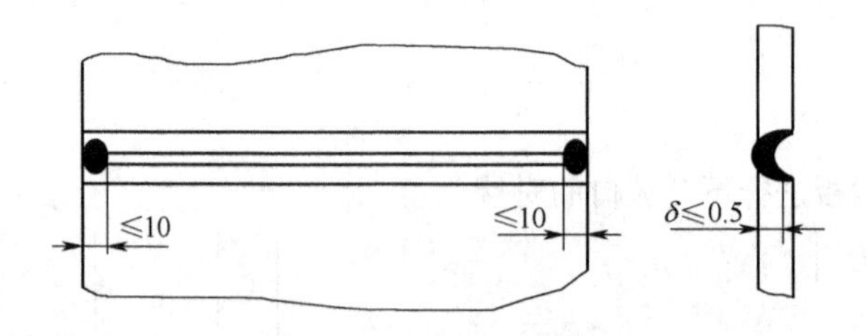

图 4-43 定位焊点示意图

(3)定位之后要有反变形,一般为 0°~3°,如图 4-44 所示。

3. 打底焊方法

(1)断弧法:燃弧-灭弧交替进行,频率为 45~55 次/min。

(2)连弧法:电弧不熄灭。

背面成形关键:熔孔的大小决定成形,通常熔孔的直径比间隙小 1~2 mm 较好。

实训实施

1. 焊前准备

(1)确定焊机。选用 ZX5-400 型弧焊整流器。

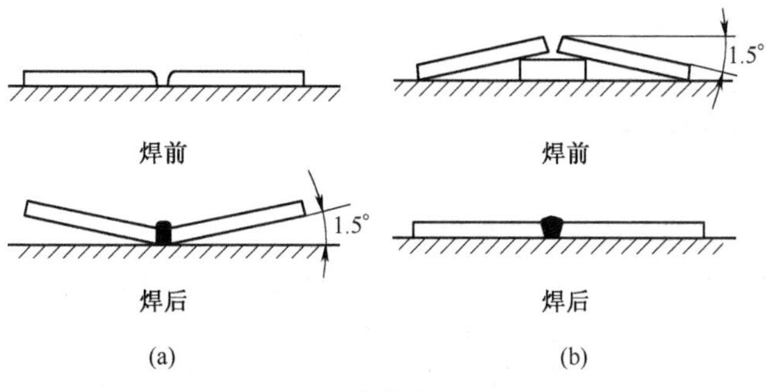

图 4-44　定位之后反变形

(2)选择焊条。用 E4303 焊条,ϕ3. 2 mm。焊条焊前经 450 ℃烘干,保温 1~2 h 后放在焊条保温筒内。

(3)制备坡口。

(4)清理试件。焊前用角磨机将板正面坡口面及坡口边缘 20~30 mm 范围内的油污、铁锈等污物清理干净,直至露出金属光泽。

2. 制订板对接焊接工艺流程

3. 确定焊接工艺参数(见表 4-17)

表 4-17　薄板对接横焊的焊接参数

板厚/mm	焊 接 层 次	焊条直径/mm
6	1	3. 2
	焊接电流/A	焊接速度/(mm · min^{-1})
	95~115	100~120

4. 焊接操作要点

焊接操作要点:装配定位、焊件焊接。

1)打底焊

(1)焊条的角度:焊条向下倾斜与水平面成 15°,与焊接方向成 70°。这样可借助电弧的吹力托住熔化金属,防止其下淌,如图 4-45 所示。

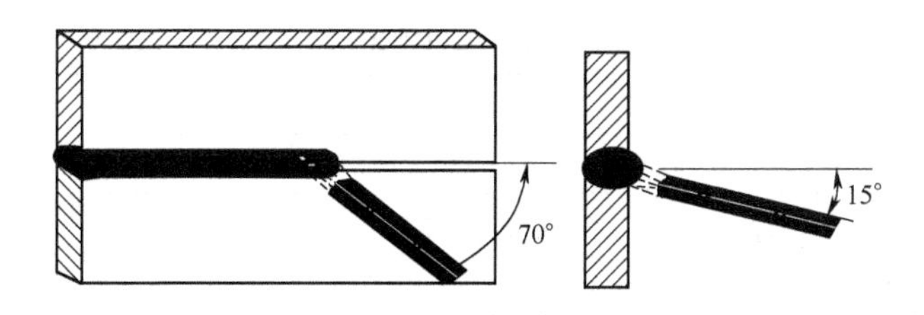

图 4-45　焊条角度

(2)焊条的运条方法如图 4-46 所示。

断弧法:燃弧-灭弧交替进行,频率为 45~55 次/min。

连弧法:电弧不熄灭。

运条要领：

一看——熔池的形状和熔孔的大小，熔渣与液态金属分开；

二听——电弧击穿焊件坡口根部发出噗噗声；

三准——准确地掌握好熔池的形状和尺寸。

2）盖面焊

（1）盖面层一般宜用直线形或直线往复形运条法。

（2）一般堆焊三条焊道，第一条焊道应该紧靠打底层的下面，第二条焊道压在第一条焊道上面1/3～2/3，第三条焊道压在第二条焊道上面1/3～2/3。

（3）运条速度要求第三条焊道应该稍快，保证与母材圆滑过渡，且窄而薄。

（4）焊条角度如图4-47所示。

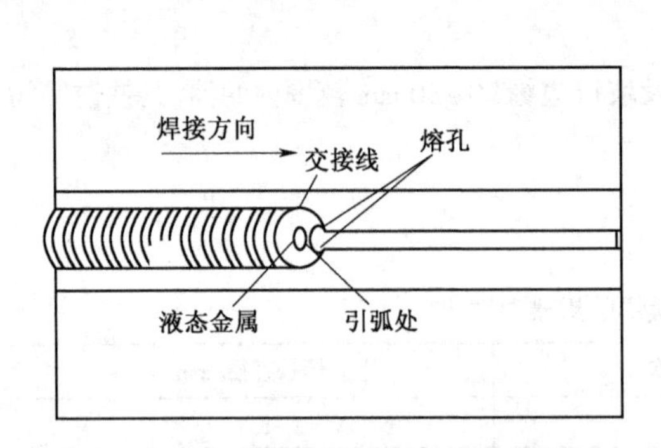

图4-46　焊条的运条方法示意图

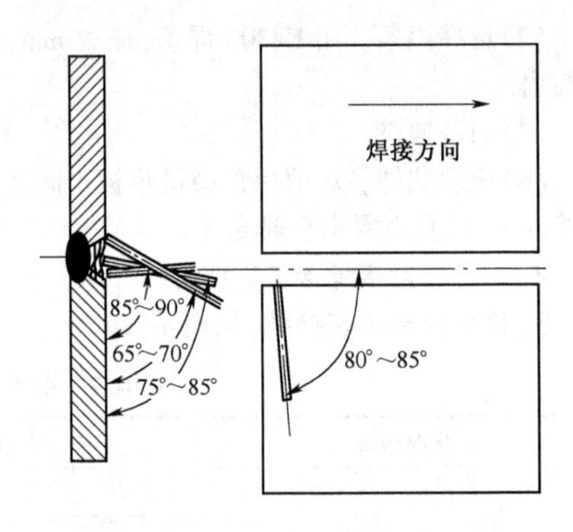

图4-47　焊条角度

（5）清理检验评估。用錾子敲去焊缝表面的熔渣及焊缝两侧的飞溅物，用钢丝刷清理干净焊件表面。目测焊缝外观质量，焊缝两侧应圆滑过渡至母材金属，表面不得有裂纹、未熔合、夹渣、气孔和焊瘤等缺陷，可做相应的无损检测和力学性能检测。

实训评价

实训项目评分表如表4-18所示。

表4-18　项目评分表

班　级			学生姓名				
实训项目		横焊对接					
序　号	考核内容	考核要点	评分标准	配　分	学生自测 20%	教师检测 80%	得　分
1	焊前准备	劳保着装及工具准备齐全，并符合要求，参数设置、设备调试正确	工具及劳保着装不符合要求，参数设置、设备调试不正确一项扣1分	5			
2	焊接操作	定位及操作方法正确	定位不对及操作不准确任何一项不得分	10			

续表

序　号	考核内容	考　核　要　点	评　分　标　准	配　　分	学生自测 20%	教师检测 80%	得　　分
3	焊缝外观	两面焊缝表面不允许有焊瘤、气孔、烧穿等缺陷	出现任何一种缺陷不得分	20			
		焊缝咬边深度≤0.5 mm，两侧咬边总长度不超过焊缝有效长度的15%	(1)咬边深度≤0.5 mm ①计长度每5mm扣1分 ②计长度超过焊缝有效长度的15%不得分 (2)咬边深度>0.5 mm不得分	10			
		未焊透深度≤0.15δ，且≤1.5 mm，总长度不超过焊缝有效长度的10%(氩弧焊打底的试件不允许未焊透)	(1)未焊透深度≤0.15δ，且≤1.5 mm，累计长度超过焊缝有效长度的10%不得分 (2)未焊透深度超标不得分	10			
		背面凹坑深度≤0.25δ，且≤1 mm；除仰焊位置的板状试件不作规定外，总长度不超过有效长度的10%	(1)背面凹坑深度≤0.25δ，且≤1 mm；背面凹坑长度每5 mm扣1分 (2)背面凹坑深度>1 mm时不得分	10			
		双面焊缝余高0~3 mm，焊缝宽度比坡口每侧增宽0.5~2.5 mm，宽度误差≤3 mm	每种尺寸超差一处扣2分，扣满10分为止	15			
		错边≤0.10δ	超差不得分	5			
		焊后角变形误差≤3	超差不得分	5			
4	其他	安全文明生产	设备、工具复位，试件、场地清理干净，有一处不符合要求扣1分	10			
合计				100			

思考与练习

(1)简述打底焊易出现的问题。

(2)盖面焊应如何进行？

(3)简述运条的要领。

(4)如何评判横焊的效果？

实训二　开坡口对接横焊

实训目标

①掌握开坡口对接横焊双面焊接的操作方法。

②掌握起头、接头和收尾的操作方法。

③掌握熔池的形状与温度的控制技能。

④焊缝的高度和宽度应符合要求,焊缝表面均匀、无缺陷。

实训分析

对接横焊是指焊接方向与地面呈平行位置的操作。

横焊的特点:熔池铁水因自重下坠,使焊道上低下高,若焊接电流较大运条不当时,上部易咬边,下部易高或产生焊瘤。因此,开坡口的厚件多采用多层多道焊,较薄板横焊时也常常采用多道焊。

相关知识

1. 正面焊接

焊接装配可留有适当间隙(1~2 mm),以得到一定的熔透深度。第一层焊道选用直径 3.2 mm 的焊条,焊条向下倾角与水平面成 15°夹角,与焊接方向成 70°左右夹角(见图 4-48),以使电弧吹力托住熔化金属,防止下淌。焊接电流比对接平焊小 10%~15%。

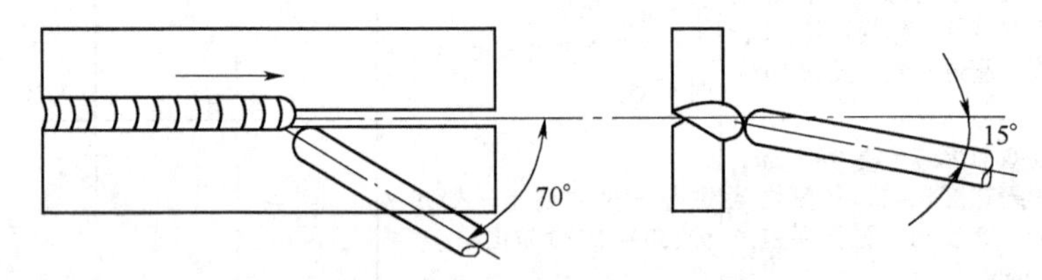

图 4-48　横焊时工件与焊条的夹角

2. 盖面层焊接

盖面层焊接一般焊三道:第一条焊道应紧靠在焊道下面;第二条焊道压在第一条焊道上面 1/3~2/3 的宽度,第三条焊道应在第二条焊道上面 1/3~2/3 的宽度,并与母材圆滑过渡。

图 4-49 所示为横焊时填充层的焊条角度,下焊道焊条角度为 85°,上焊道焊条角度为 70°。

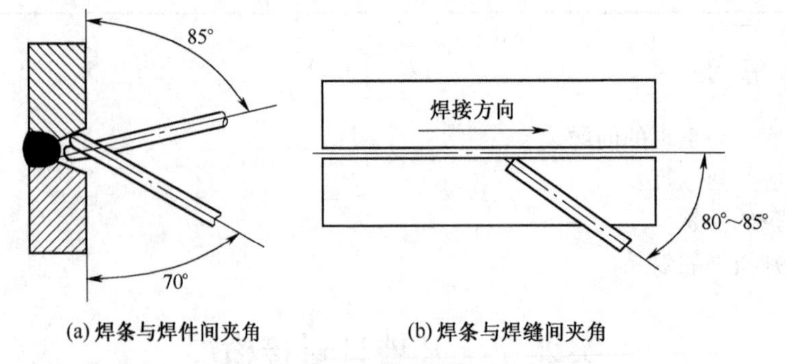

(a) 焊条与焊件间夹角　　(b) 焊条与焊缝间夹角

图 4-49　焊条的角度

3. 操作要点及注意事项

1) 打底焊

打底焊采用间隙断弧法。首先,在定位焊点之前引弧,随后将电弧拉到定位焊点的尾部预热,当坡口钝边即将熔化时，将熔滴送至坡口根部，并压一下电弧，从而使熔化的部分定位焊缝和坡口钝边熔合成第一个熔池。当听到背后有电弧的击穿声时，立即灭弧，这时就形成了明显的熔孔。然后，按先上坡口、后下坡口的顺序依次往复击穿灭弧焊。灭弧时，焊条向后下方动作要快速、干净利落。从灭弧转入引弧，焊条要接近熔池，待熔池温度下降、颜色由亮变暗时，迅速而准确地在原熔池上引弧焊接片刻，再马上灭弧。如此反复地引弧焊接、灭弧、引弧。

2）填充层焊

填充层的焊接采用多层多道焊接层次及焊接顺序。每道焊道均采用直线形或直线往复运条，焊条前倾角度为 80°~85°。

3）盖面层焊

盖面层焊接也采用多道焊（焊条角度见图 4-52）。上下边缘焊道施焊时，运条应稍快一些，焊道尽可能细、薄一些，这样有利于盖面焊缝与母材圆滑过渡。盖面焊缝的实际宽度以上、下坡口边缘各熔化 1.5~2 mm 为宜。如果焊件较厚、焊条较粗、直径较大时，盖面焊也可以采用大斜圆圈形运条法焊接，一次盖面成形。

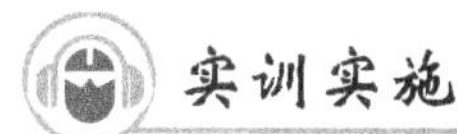

1. 操作要点

（1）起头。在板端 10~15 mm 处引弧后，立即向施焊处长弧预热 2~3 s，转入焊接，如图 4-50 所示。

（2）根据工艺参数对照表，选择适当的运条方法，保持正确的焊条角度，均匀稍快的焊速，熔池形状保持较为明显，避免熔渣超前，同时全身也要随焊条的运动倾斜或移动，并保持稳定协调。

（3）当熔渣超前，或有熔渣覆盖熔池形状倾向时，采用拨渣运条法。

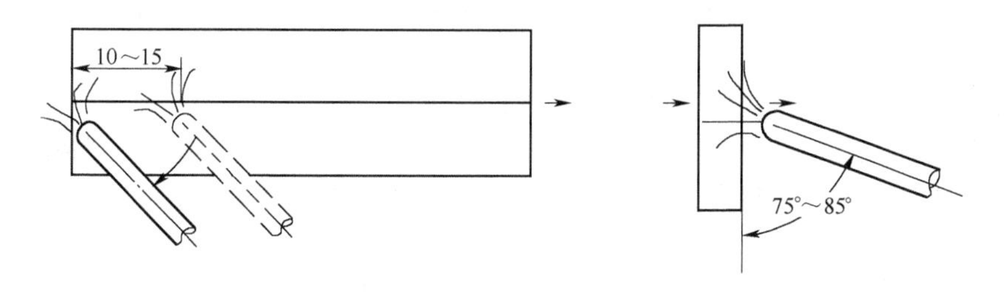

图 4-50　起头到转焊示意图

（4）焊接中电弧要短，严密监视熔池温度及母材熔化情况，若熔池内凹或铁水下淌，要及时灭弧，灭弧和连弧相结合运条，以防烧穿和咬边，如图 4-51 所示。焊道收尾处时，采用灭弧法填满弧坑。

2. 注意事项

（1）当焊缝上部内凹或有咬边时，可再焊一道或两道，成为单层多道焊，如图 4-52 所示。

（2）若焊缝的承载力较大，可先焊一层直且低或平于母材表面的薄底，再以多道焊盖面的方法焊接，第一道将焊条中心对准打底焊缝的底边施焊，焊速要均匀，焊道控制要直，才能保证后几道焊道和整个焊缝的美观。

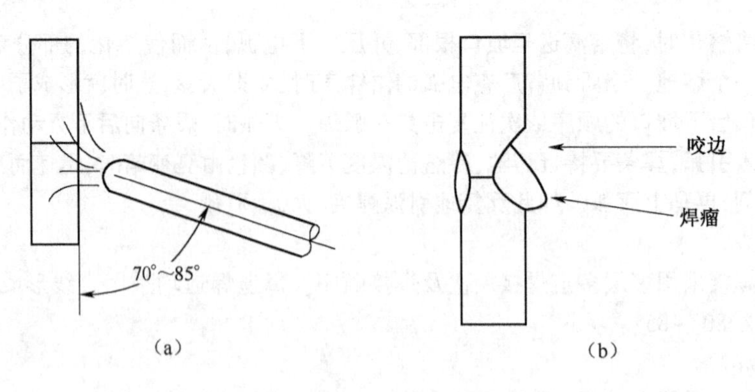

图 4-51　防烧穿和咬边示意图

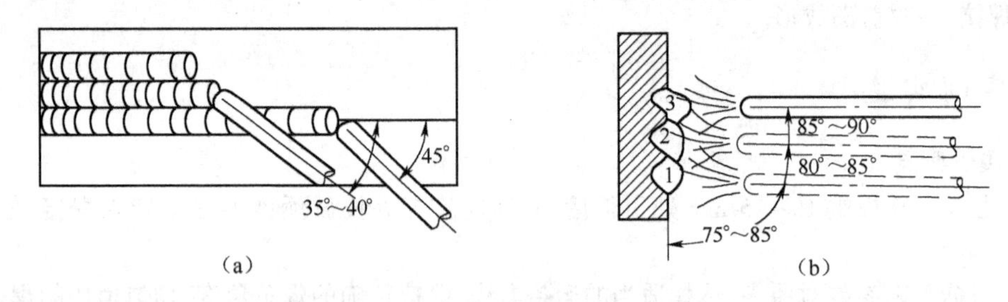

图 4-52　单层多道焊示意图

3. 操作过程

(1)清除坡口面及坡口正反面两侧各 20 mm 范围内的油污、锈蚀、水分及其他污物,直至露出金属光泽。

(2)修底坡口钝边,装配,进行定位焊,预置反变形。

(3)按操作要点,用直径为 3. 2 mm 的焊条,采用灭弧法进行打底层焊接,保证背面成形。

(4)层间清理熔渣,用直径为 3. 2 mm 的焊条,采用直线形或斜圆圈形运条法、多层多道焊焊接填充层、盖面层。

(5)每条焊道之间的搭接要适宜,避免脱节、夹渣及焊瘤等缺陷。

(6)焊接过程中,保持熔渣对熔池的保护作用,防止熔池裸露而出现较粗糙的焊缝波纹。

(7)焊后清理熔渣及飞溅物,检查焊接质量,分析问题,总结经验。

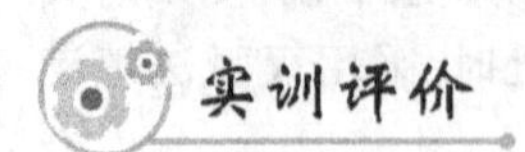

实训评价

实训项目评分表如表 4-19 所示。

表 4-19 项目评分表

班 级				学生姓名			
实训项目		横焊对接					
序号	考核内容	考核要点	评分标准	配 分	学生自测 20%	教师检测 80%	得 分
1	焊前准备	劳保着装及工具准备齐全,并符合要求,参数设置、设备调试正确	工具及劳保着装不符合要求,参数设置、设备调试不正确一项扣 1 分	5			
2	焊接操作	定位及操作方法正确	定位不对及操作不准确任何一项不得分	10			
3	焊缝外观	两面焊缝表面不允许有焊瘤、气孔、烧穿等缺陷	出现任何一种缺陷不得分	20			
		焊缝咬边深度 ≤ 0.5 mm,两侧咬边总长度不超过焊缝有效长度的 15%	(1)咬边深度≤0.5 mm ①计长度每 5mm 扣 1 分 ②计长度超过焊缝有效长度的 15%不得分 (2)咬边深度>0.5 mm 不得分	10			
		未焊透深度≤0.15δ,且≤1.5 mm,总长度不超过焊缝有效长度的 10%(氩弧焊打底的试件不允许未焊透)	(1)未焊透深度≤0.15δ,且≤1.5 mm,累计长度超过焊缝有效长度的 10%不得分 (2)未焊透深度超标不得分	10			
		背面凹坑深度 ≤0.25δ,且≤1 mm;除仰焊位置的板状试件不作规定外,总长度不超过有效长度的 10%	(1)背面凹坑深度≤0.25δ,且≤1 mm;背面凹坑长度每 5 mm 扣 1 分 (2)背面凹坑深度>1 mm 时不得分	10			
		双面焊缝余高 0~3 mm,焊缝宽度比坡口每侧增宽 0.5~2.5 mm,宽度误差≤3 mm	每种尺寸超差一处扣 2 分,扣满 10 分为止	15			
		错边≤0.10δ	超差不得分	5			
		焊后角变形误差≤3	超差不得分	5			
4	其他	安全文明生产	设备、工具复位,试件、场地清理干净,有一处不符合要求扣 1 分	10			
合计				100			

思考与练习

(1) 简述打底焊操作注意事项。
(2) 简述盖面焊操作注意事项。
(3) 简述横焊的操作过程。

实训三　仰焊基本操作

实训目标

掌握仰焊的操作要领，能正确选择焊接工艺参数，灵活运用操作技巧，通过调节电弧长度和某处的停留时间来控制熔池的温度及形状，以达到提高焊缝质量的目的。

实训分析

仰焊是焊条位于焊件下方，焊工仰视焊接过程，是消耗体能和操作难度最大的焊接位置。

相关知识

熔池铁水因自重下坠，铁水和熔渣不易分离，焊缝成形不好，操作时熔池情况不易观察，还很快产生疲劳，控制运条不当时易产生夹渣等缺陷。因此，必须苦练基本功才能掌握。

仰焊角接时不同运条方法的焊条角度及运动轨迹如图 4-53 所示。

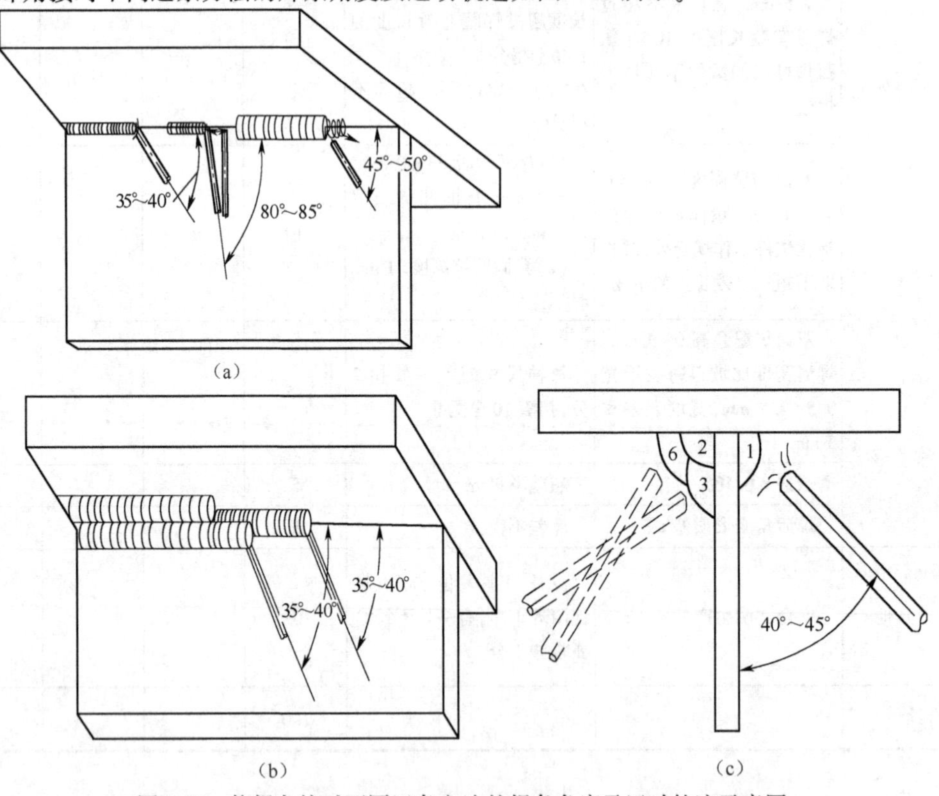

图 4-58　仰焊角接时不同运条方法的焊条角度及运动轨迹示意图

仰焊对接时不同运条方法的焊条角度及运动轨迹如图 4-54 所示。

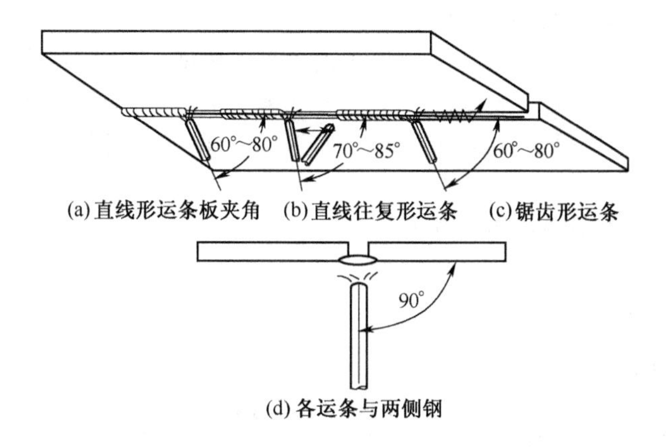

图 4-54　仰焊对接时不同运条方法的焊条角度及运动轨迹示意图

实训实施

1. 仰焊角接

(1)在板端 5~10 mm 处引弧移至板端长弧预热 2~3 s,压低电弧正式焊接。

(2)采用斜圆圈运条时,有意识地让焊条头先指向上板,使熔滴先于上板熔合,由于运条的作用,部分铁水会自然地被拖到立面的钢板上来,这样两边就能得到均匀的熔合。

(3)直线形运条时,保持 0.5~1 mm 的短弧焊接,不要将焊条头搭在焊缝上拖着走,以防出现窄而凸的焊道。

(4)保持正确的焊条角度和均匀的焊速,保持短弧,向上送进速度要与焊条燃烧速度一致。

(5)施焊中,所看到的熔池表面为平或凹时为最佳,当温度较高时熔池表面会外鼓或凸,严重时将出现焊瘤,解决的方法是加快向前摆动的速度和两侧停留时间,必要时减小焊接电流。

(6)接头时,换焊条要快(即热焊)在原弧坑前 5~10 mm 处引弧移向弧坑下方长弧预热 1~2 s,转入正常焊接,如图 4-55 所示。

(7)焊缝排列对称原则如图 4-56 所示。

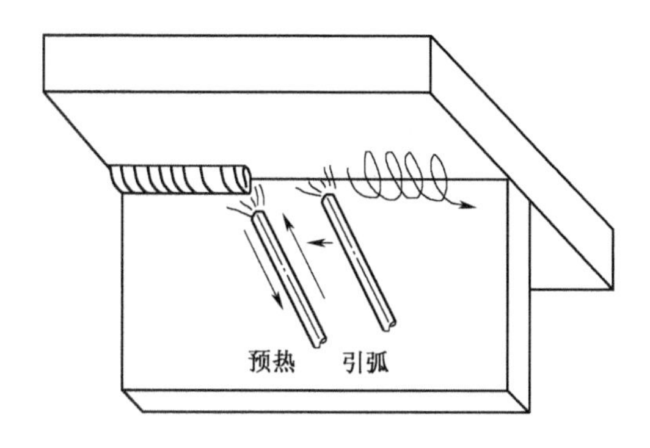

图 4-55　预热到引弧示意图

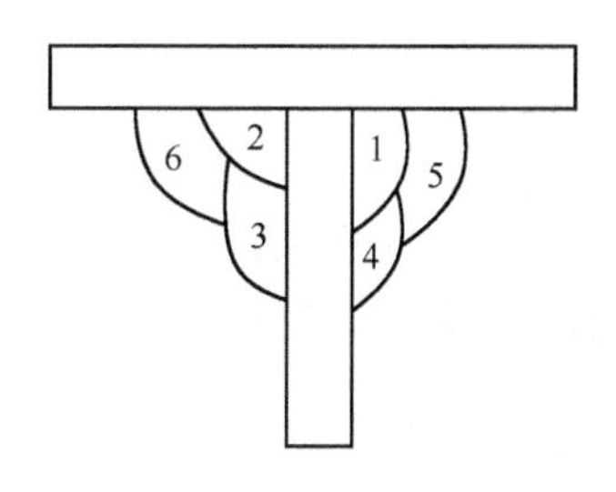

图 4-56　焊缝排列对称原则

2. 仰焊对接

(1)根据个人习惯,焊钳采用正握和反握均可。

(2)起头和接头要领与仰角焊相似。保持正确的焊条角度,无论哪种运条、焊速都不能过慢。锯齿形运条时,在焊缝中心处过渡要稍快,到两边要稍停,尽量保持短弧和均匀的焊速。快到收尾时,起初温度要稍高,采用连灭运条法施焊,最后一定耐心地将弧坑填满。

3. 注意事项

焊前要做好个人防护,避免烧伤或烫伤。

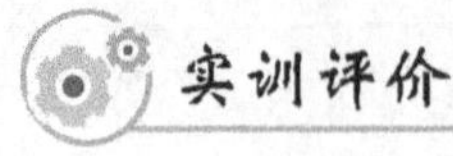

实训评价

实训项目评分表如表4-20所示。

表4-20 项目评分表

序 号	考核内容	评分标准	分 值	得 分
1	焊前的准备工作	定位焊15分	15	
2	焊接材料的选择	正确选择焊条	5	
3	焊接参数的选择	打底焊5分,填充焊5分,盖面焊5分	15	
4	焊接缺陷	焊缝若有不合格之处(气孔、裂纹、夹渣、咬边、焊瘤、未焊透、未熔合等),酌情扣分	30	
5	焊前预热及焊后处理	焊前预热温度为150 ~250℃,焊后热处理温度为600~ 650℃,各10分	20	
6	金相宏观3个面无缺陷	每处5分	15	
总分合计			100	

思考与练习

(1)简述仰角焊的基本操作技术。

(2)简述仰焊对接的基本操作技术。

(3)简述仰焊的注意事项。

实训四 仰焊工艺

实训目标

①掌握I形坡口的对接仰焊技术。

②掌握V形坡口的对接仰焊技术。

实训分析

仰焊时焊缝位于燃烧电弧的上方。焊工在仰视位置焊接,仰焊劳动强度大。仰焊是最难焊的一种焊接位置。由于仰焊时熔化金属在重力作用下较易下淌,熔池形状和大小不易控制,容易出现夹渣、未焊透、凹陷现象,运条困难,表面不易焊平整。焊接时,必须正确选用焊条直径和适当的焊接电流,以便减少熔池的面积,尽量使用厚药皮焊条和维持最短的电弧,有利于熔滴在很短时间内过渡到熔池中,促使焊缝成形。

1. I 形坡口的对接仰焊

当焊件的厚度小于 4 mm 时,采用 I 形坡口的对接仰焊,应选用直径 3.2 mm 的焊条。接头间隙较小时可用直线形运条法;接头间隙稍大时可用直线往复形运条法焊接。焊接电流选择应适中,若焊接电流太小,电弧不稳,会影响熔深和成形;若焊接电流太大则会导致熔化金属淌落和焊穿等。

2. V 形坡口的对接仰焊

当焊件的厚度大于 5 mm 时,采用开 V 形坡口的对接仰焊,常用多层焊或多层多道焊。焊接第一层焊缝时,可采用直线形、直线往复形、锯齿形条运法,要求焊缝表面要平直,不能向下凸出,在焊接第二层以后的焊缝,采用锯齿形式或月牙运条法。无论用哪种运条法焊成的焊道均不宜过厚。焊条的角度应根据每一焊道的位置作相应的调整,以有利于熔滴金属过渡和获得较好的焊缝成形。

对于在焊接中的对接接头形式里采用仰焊技术连接时的工艺参数选择如表 4-21 所示。

表 4-21 推荐对接接头仰焊的工艺参数

<table>
<tr><th rowspan="2">焊缝横断面形式</th><th rowspan="2">焊件厚度或焊脚尺寸/mm</th><th colspan="2">第一层焊缝</th><th colspan="2">其他各层焊缝</th><th colspan="2">封底焊缝</th></tr>
<tr><th>焊条直径/mm</th><th>焊接电流/A</th><th>焊条直径/mm</th><th>焊接电流/A</th><th>焊条直径/mm</th><th>焊接电流/A</th></tr>
<tr><td rowspan="4"></td><td>2</td><td>—</td><td>—</td><td>—</td><td>—</td><td>2</td><td>40~60</td></tr>
<tr><td>2.5</td><td>—</td><td>—</td><td>—</td><td>—</td><td>3.2</td><td>80~110</td></tr>
<tr><td rowspan="2">3~5</td><td rowspan="2">—</td><td rowspan="2">—</td><td rowspan="2">—</td><td rowspan="2">—</td><td>3.2</td><td>85~110</td></tr>
<tr><td>4</td><td>120~160</td></tr>
<tr><td rowspan="4"></td><td rowspan="2">5~8</td><td rowspan="2">3.2</td><td rowspan="2">90~120</td><td>3.2</td><td>90~120</td><td rowspan="2">—</td><td rowspan="2">—</td></tr>
<tr><td>4</td><td>140~160</td></tr>
<tr><td rowspan="2">>9</td><td>3.2</td><td>90~120</td><td rowspan="2">4</td><td rowspan="2">140~160</td><td rowspan="2">—</td><td rowspan="2">—</td></tr>
<tr><td>4</td><td>140~160</td></tr>
<tr><td rowspan="3"></td><td rowspan="2">12~18</td><td>3.2</td><td>90~120</td><td rowspan="2">140~160</td><td rowspan="2">—</td><td rowspan="2">—</td><td rowspan="3">—</td></tr>
<tr><td>4</td><td>140~160</td></tr>
<tr><td>>19</td><td>4</td><td>140~160</td><td>140~160</td><td>—</td><td>—</td></tr>
</table>

3. T 形接头的仰焊

T 形接头的仰焊比对接坡口的仰焊容易操作,通常采用多层焊或多层多道焊,当焊脚尺寸小于 5 mm 时宜用单层焊,若焊脚大于 5 mm 时采用多层多道焊。焊接第一层时采用直线形运条法,以后各层可采用斜圆圈形或斜角形运条法。如技术熟练可使用稍大直径的焊条和焊接电流。

手工电弧焊时的焊接工艺参数可根据具体工作条件和焊工技术熟练程度合理选用。

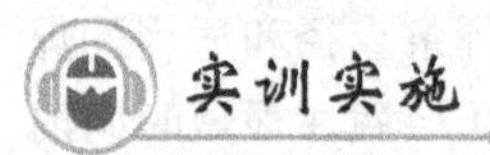

实训实施

1. 焊前准备

(1)确定焊机。选用ZX5-400型弧焊整流器。

(2)选择焊条。用E5015焊条,ϕ3.2 mm和ϕ4.0 mm。焊条焊前经450 ℃烘干,保温1 ~ 2 h后放在焊条保温筒内。

(3)制备坡口。

(4)清理试件。焊前用角磨机将坡口面及坡口边缘20 ~30 mm范围内的油污、铁锈等污物清理干净,直至露出金属光泽。

(5)焊件的装配及定位焊。

2. 确定焊接工艺参数

焊接工艺参数可参考表4-21。

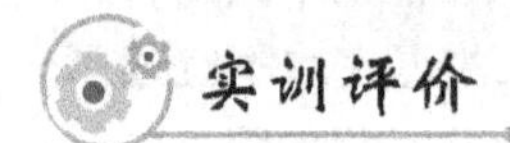

实训评价

实训项目评分表如表4-22所示。

表4-22　项目评分表

班　级			学生姓名				
实训项目		仰　焊					
序号	考核内容	考核要点	评分标准	配　分	学生自测 20%	教师检测 80%	得　分
1	焊前准备	劳保着装及工具准备齐全,并符合要求,参数设置、设备调试正确	工具及劳保着装不符合要求,参数设置、设备调试不正确有一项扣1分	5			
2	焊接操作	定位及操作方法正确	定位不对及操作不准确任何一项不得分	10			
3	焊缝外观	两面焊缝表面不允许有焊瘤、气孔、烧穿等缺陷	出现任何一种缺陷不得分	20			
		焊缝咬边深度≤0.5 mm,两侧咬边总长度不超过焊缝有效长度的15%	(1)咬边深度≤0.5 mm ①累计长度每5 mm扣1分 ②累计长度超过焊缝有效长度的15%不得分 (2)咬边深度>0.5 mm不得分	10			
		未焊透深度≤0.15δ,且≤1.5 mm,总长度不超过焊缝有效长度的10%(氩弧焊打底的试件不允许未焊透)	(1)未焊透深度≤0.15δ,且≤1.5 mm,累计长度超过焊缝有效长度的10%不得分 (2)未焊透深度超标不得分	10			

续表

序号	考核内容	考核要点	评分标准	配分	学生自测 20%	教师检测 80%	得分
3	焊缝外观	背面凹坑深度≤0.25δ，且≤1 mm；除仰焊位置的板状试件不作规定外，总长度不超过有效长度的10%	(1)背面凹坑深度≤0.25δ，且≤1 mm；背面凹坑长度每5 mm扣1分 (2)背面凹坑深度>1 mm时不得分	10			
		双面焊缝余高0~3 mm，焊缝宽度比坡口每侧增宽0.5~2.5 mm，宽度误差≤3 mm	每种尺寸超差一处扣2分，扣满10分为止	15			
		错边≤0.10δ	超差不得分	5			
		焊后角变形误差≤3	超差不得分	5			
4	其他	安全文明生产	设备、工具复位，试件、场地清理干净，有一处不符合要求扣1分	10			
合计				100			

思考与练习

(1)简述仰焊的定义、注意事项。
(2)简述仰焊的操作技术。
(3)简述I形坡口的对接仰焊技术、V形坡口的对接仰焊技术、T形接头的仰焊技术。
(4)简述对接接头工艺参数选择。

课后练习

(1)简述焊条的组成及各部分的作用。
(2)简述焊芯的牌号编制方法。
(3)简述合金元素对焊接质量的影响。
(4)简述焊条药皮的成分及其作用。
(5)简述焊条药皮的类型及主要特点。
(6)简述焊条的分类。
(7)简述焊条的牌号、型号及其对照。
(8)简述焊条的选用原则。
(9)简述焊条的保管及使用注意事项。
(10)简述焊接接头的定义及其类型。
(11)简述开坡口的目的、定义及常用坡口形式。
(12)简述坡口的选用原则。
(13)简述焊缝的常见形式。
(14)简述焊缝符号的组成及形式。

(15)简述焊缝图形的基本符号。
(16)焊缝尺寸符号有哪些？图形辅助符号及补充符号各有哪些？常用焊缝符号有哪些？
(17)焊前准备有哪些？该如何进行？
(18)焊接工艺参数的选择包括哪些？
(19)如何选择工艺参数？
(20)简述引弧的类型及操作要领。
(21)简述运条的基本形式。
(22)简述焊道连接的方式。
(23)焊道的收尾方法有哪些？注意事项是什么？
(24)简述单面焊双面成形的注意事项。
(25)简述熔滴过渡的形式及其特点。
(26)简述熔滴过渡的作用力。
(27)简述焊接化学冶金过程的特点。
(28)简述有害元素对焊缝金属的作用。
(29)简述焊缝中控制氧、氮、氢的有关措施。
(30)简述焊缝金属合金化的目的、方式。
(31)简述熔池金属结晶的条件与特点。
(32)简述焊缝金属偏析的形式及特点。
(33)简述焊接热影响区的组织和性能。
(34)简述影响热影响区的有关因素。

焊接缺陷

焊接接头的质量是指其能满足一定使用要求的能力。这个能力不但取决于制造者的管理水平、对焊接缺陷的控制能力,还取决于对产品检验手段的认知能力等因素。焊接工艺人员必须具备对缺陷的预见与防止、质量检验等方面的基本知识和基本技能。

第一节 常见的焊接缺陷

焊接缺陷指在焊接过程中,产生于焊接接头中的不符合设计或工艺文件要求的有关于金属的不连续、不致密或连接不良等缺陷。为了确保接头能满足预定的使用要求,通常在技术条件中将焊接缺陷限制在对结构运行不会造成危害的范围内。

一、焊接缺陷的分类

焊接缺陷的种类很多,按其在焊缝中的出现位置不同,可分为外部缺陷和内部缺陷两大类。

1. 外部缺陷

外部缺陷指位于焊缝外表面,用肉眼或低倍放大镜就可以看到的缺陷,如焊缝形状尺寸不符合要求、咬边、焊瘤、烧穿、凹坑与弧坑、表面气孔和表面裂纹等。

2. 内部缺陷

内部缺陷指位于焊缝内部,只可用无损探伤检验或破坏性检验方法来发现的这类缺陷。如未焊透、未熔合、夹渣、内部气孔和内部裂纹等。

而金属熔焊焊缝缺陷按 GB/T 6417. 1—2005《金属熔化焊接接头缺欠分类及说明》规定,可分为 6 大类,裂纹、孔穴(气孔、缩孔)、固体夹渣、未熔合和未焊透、形状缺陷(如咬边、下塌、焊瘤等)及其他缺陷。其他缺陷包括电弧擦伤、严重飞溅、母材表面撕裂、磨凿痕、打磨过量等。

二、缺陷产生的原因

1. 焊缝尺寸不合要求(见图 5-1)

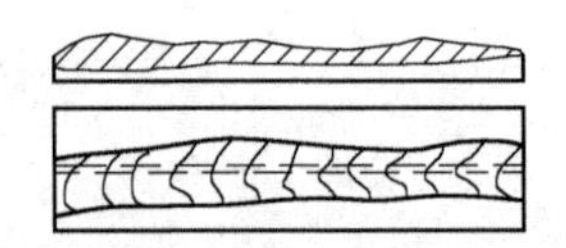
(a) 焊缝高度不平、宽窄不均、波形粗劣

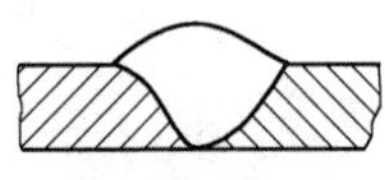

(b) 余高过高

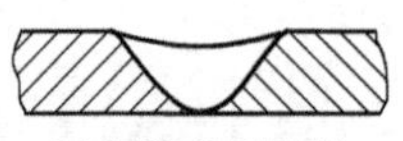
(c) 焊缝低于母材

图 5-1 焊缝形状尺寸不符合要求

焊波粗、外形高低不平、宽窄不均、焊波宽度不齐、角焊缝单边或下陷量过大等均属焊缝尺寸不合要求。焊缝加强高过低或过高,宽窄不均匀,除了造成焊缝成形不美观外,还影响焊缝与母材的结合强度;焊缝余高太高,使焊缝与母材交界突变,形成应力集中,而焊缝低于母材,就不能得到足够的接头强度;角焊缝的焊脚不均,且无圆滑过渡也易造成应力集中。

(1)产生焊缝形状及尺寸不符合要求的原因:焊接坡口角度不当或装配间隙不均匀;焊接电流过大或过小;运条速度不匀或手法不当及焊条角度选择不合适;埋弧焊主要是由于焊接工艺参数选择不当。

(2)防止措施:选择正确的坡口角度及合理的装配间隙;选择正确合理的焊接工艺参数;提高焊工操作水平,正确地掌握运条手法和速度,适应焊件装配间隙的变化,以保持焊缝的均匀。

2. 咬边

由于焊接工艺参数选择不当或操作方法不正确，沿焊趾的母材部位产生的沟槽或凹陷称为咬边，如图 5-2 所示。

咬边减少了母材的有效面积，降低了焊接接头强度，并且在咬边处形成了应力集中，容易引发裂纹等缺陷。

（1）产生咬边的原因：焊接电流及运条速度不合适；角焊时焊条角度或电弧长度不适当；埋弧焊时焊接速度过快等。

（2）防止措施：选择的焊接电流适当、保持均匀运条；角焊时焊条要采用合适的角度，以及保持一定的电弧长度；埋弧焊时要正确选择焊接工艺参数。

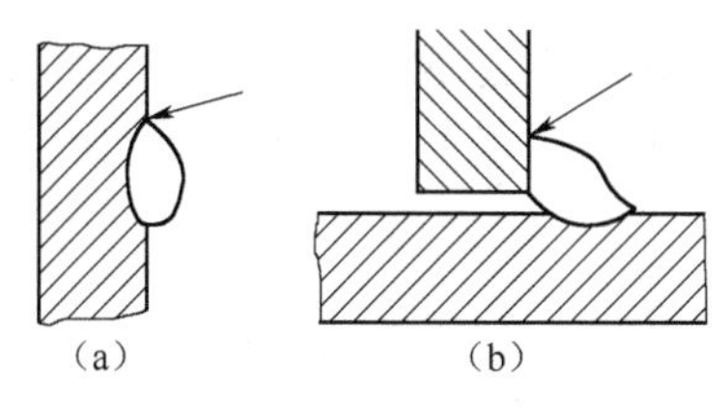

图 5-2　咬边

3. 焊瘤

焊瘤是指焊接过程中，熔化金属流淌到焊缝之外未熔化的母材上所形成的金属瘤，如图 5-3 所示。在焊接过程中，熔化金属流到焊缝外未熔化的母材上所形成的这种金属瘤，改变了焊缝的横截面积，不利于动载。

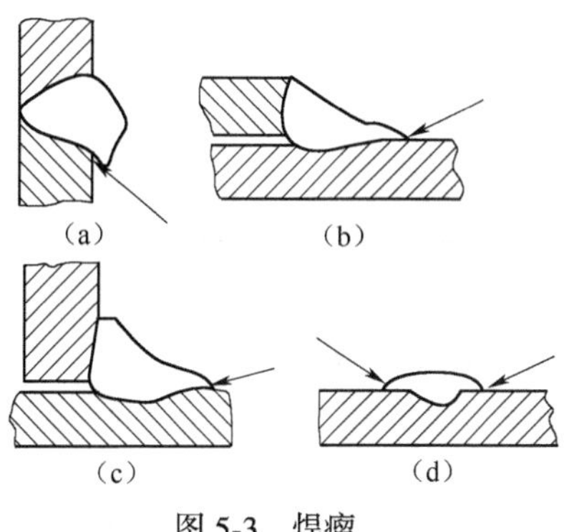

图 5-3　焊瘤

焊瘤不仅影响了焊缝的成形，而且在焊瘤的部位往往还存在着夹渣和未焊透。

（1）产生焊瘤的原因：焊接电流过大，电弧过长、最底层施焊时所选电流过大。立焊时电流过大、运条不当，焊接速度过慢，造成熔池温度过高，导致液态金属凝固较慢，在自重作用下形成。由于操作不熟练和运条不当，焊缝装配间隙过大，也易产生焊瘤。

（2）防止措施：通过提高操作者技术水平，选用正确的焊接电流，从而控制熔池的温度。使用碱性焊条时宜采用短弧焊接，运条方法要正确等。

4. 凹坑与弧坑

凹坑是焊后在焊缝表面或背面形成的低于母材表面的局部低洼部分。弧坑是在焊缝收尾处产生的下陷部分，如图 5-4 所示。凹坑与弧坑使焊缝的有效断面减小，削弱了焊缝强度。对弧坑来说，由于杂质的集中，会导致产生弧坑裂纹。

（1）产生凹坑与弧坑的原因：焊工操作技能不熟练，将电弧拉得过长；焊接表面焊缝时，焊接电流选用数值过大，又未适当摆动焊条，焊速过快，熄弧过快；过早进行盖面焊缝焊接或过早进行中心偏移；埋弧焊时，导电咀压得过低，造成导电咀黏渣。

（2）防止措施：提高焊工操作技能；采用短弧焊接；填满弧坑，如焊条电弧焊时，焊条在收尾处作短时停留或做几次环形运条；使用收弧板；CO_2 气体保护焊时，选用有“火口处理（弧坑处理）”装置的焊机等。

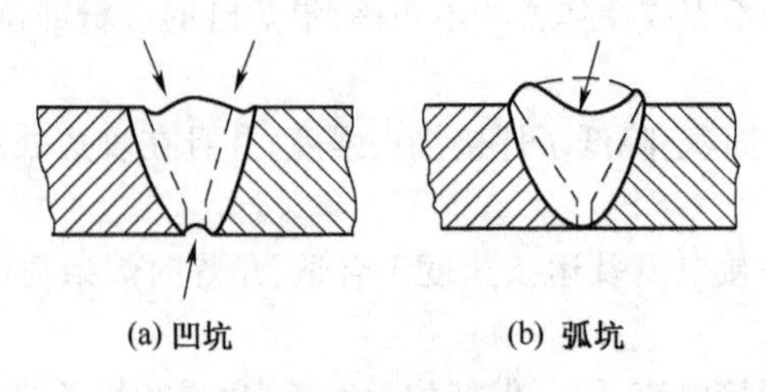

图 5-4 凹坑与弧坑

5. 下塌与烧穿

下塌是指在单面熔焊时,由于焊接工艺选用不当,造成焊缝金属过量而透过背面,使焊缝正面塌陷,在背面发生凸起的现象。烧穿是在焊接过程中,熔化金属自坡口背面流出,形成穿孔的缺陷,如图 5-5 所示。

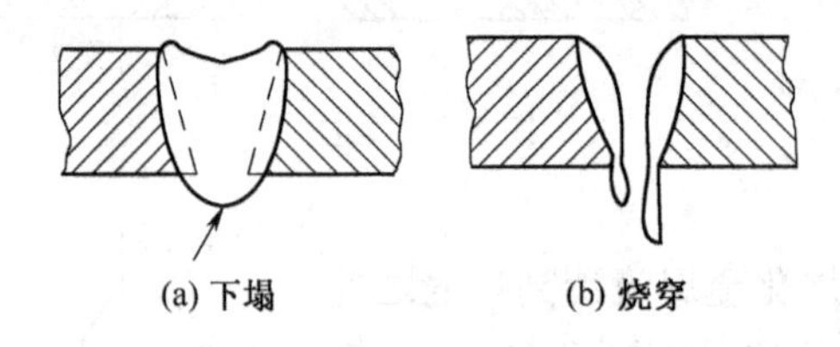

图 5-5 下塌与烧穿

下陷和烧穿是发生在焊条电弧焊和埋弧自动焊中常见的缺陷,前者削弱了焊接接头的承载能力;后者则是使焊接接头完全失去了承载能力,都是绝对不允许存在的缺陷。

(1)产生下塌和烧穿的原因:焊接电流、焊速与停留时差不当。由于焊接电流选用过大,而焊接速度又过慢,使电弧在焊缝处停留时间过长造成;另外装配间隙太大,也会产生上述缺陷。

(2)防止措施:正确选择焊接电流和焊接速度;减少熔池高温停留时间;严格控制焊件的装配间隙。

6. 裂纹

具有尖锐的缺口和大的长宽比特征,端部形状尖锐的缝隙称为焊接裂纹。由于在焊接应力及其他致脆因素共同作用下,焊接接头局部区域的金属原子结合力遭到破坏而形成的新界面,从而所产生的缝隙。裂纹造成应力集中严重,对承受交变和冲击载荷、静拉力影响较大,是焊缝中最危险的缺陷。裂纹不仅降低接头强度,而且还会引起严重的应力集中,使结构断裂破坏,所以裂纹是一种危害性较大的焊接缺陷。

裂纹按其产生的温度和原因不同可分为冷裂纹、热裂纹、再热裂纹等。按其产生的部位不同又可分为纵裂纹、横裂纹、焊根裂纹、弧坑裂纹、熔合线裂纹及热影响区裂纹等,如图 5-6 所示。

(1)冷裂纹指在 200 ℃以下产生的裂纹,它与氢有密切关系,其产生的主要原因如下:

①预热温度和焊后缓冷措施不合适,尤其对大而厚工件选用时。

②焊材选用不合适。

③焊接接头刚性太大、工艺不合理。

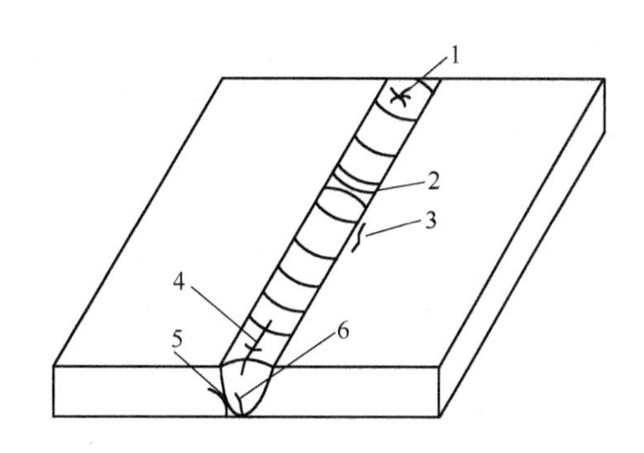

图 5-6　各个部位的焊接裂纹

1—弧坑裂纹;2—横裂纹;3—热影响区裂纹;4—纵裂纹;5—熔合线裂纹;6—焊根裂纹

④焊缝及其附近产生了硬脆组织。

⑤焊接规范选择不当。

(2)热裂纹指在 300 ℃以上产生的裂纹(主要是凝固裂纹),其产生的主要原因如下:

①成分的影响。焊接纯奥氏体钢、某些高镍合金钢和有色金属时易出现。

②焊缝中含有较多的硫等有害杂质元素。

③焊接条件及接头形式选择不当。

(3)再热裂纹即消除应力退火裂纹,指在高强度钢的焊接区,由于焊后热处理或在高温下使用,在热影响区产生的晶界裂纹,其产生的主要原因如下:

①消除应力退火的热处理方法不当。

②合金中成分的影响,如铬、钼、钒、铌、硼等元素具有增大再热裂纹的倾向。

③焊材、焊接规范选择不当。

④由于结构设计不合理所造成的应力集中。

7. 气孔

焊接时,熔池中的气泡在凝固时未能及时逸出而残留下来所形成的空穴称为气孔,如图 5-7 所示。

焊接时,高温的熔池内存在着各种气体,一部分是能溶解于液态金属中的氢气和氮气。氢气和氮气在液、固态焊缝金属中的溶解度差别很大,高温液态金属中的溶解度大,固态焊缝中的溶解度小。另一部分是冶金反应产生的不溶于液态金属的一氧化碳等。焊缝结晶时,由于溶解度突变,熔池中就有一部分超过固态溶解度的“多余的”氢气、氮气。这些“多余的”氢气、氮气遇不溶解于熔池的一氧化碳就要从液体金属中析出形成气泡上浮,由于焊接熔池结晶速度快,气泡来不及逸出而残留在焊缝中形成了气孔。

气孔有球状、条虫状和针状等多种形状。气孔有时是单个分布的,有时是密集分布的,也有连续分布的,如图 5-7(a)、(b)所示。气孔有时在焊缝内部,有时暴露在焊缝外部,如图 5-7(c)、(d)所示。

气孔的存在会削弱焊缝的有效工作断面,造成应力集中,降低焊缝金属的强度和塑性,尤其是冲击韧度和疲劳强度降低得更为显著。

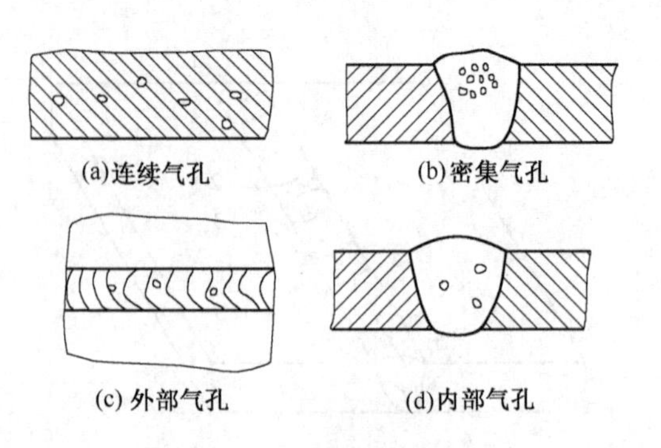

图 5-7　焊缝中的气孔

(1)产生气孔的气体主要有氢气、氮气和一氧化碳。常见气孔类型如下:

①氢气孔。焊接低碳钢和低合金钢时,氢气孔主要发生在焊缝的表面,断面为螺钉状,从焊缝的表面上看呈喇叭口形,内壁光滑。有时氢气孔也会出现在焊缝的内部,呈小圆球状。焊接铝、镁等有色金属时,氢气孔主要发生在焊缝的内部。

②氮气孔。氮气孔大多发生在焊缝表面,且成堆出现,呈蜂窝状。一般发生氮气孔的机会较少,只有在熔池保护条件较差、较多的空气侵入熔池时才会发生。

③一氧化碳气孔。焊接熔池中产生一氧化碳的途径有两个:一是碳被空气中的氧直接氧化而成;另一个是碳与熔池中的 FeO 反应生成。一氧化碳气孔主要发生在碳钢的焊接中,这类气孔在多数情况下存在于焊缝的内部,气孔沿结晶方向分布,呈条虫状,表面光滑。

(2)气孔产生在焊接过程中,是因气体来不及及时逸出而在焊缝金属内部或表面所形成的。其产生的原因如下:

①焊条、焊剂烘干不够,时间不够长或温度不够高。

②焊接工艺不够稳定,电弧电压偏高,电弧过长,焊速过快和电流过小等。

③焊前处理不够。填充金属和母材表面油、锈等未清除干净。

④还可能是由于未采用后退法熔化引弧点。未将引弧和熄弧的位置错开。而焊接区保护不良,熔池面积过大等。

⑤另外还可能是选用了交流电源 。

(3)防止气孔的措施如下:

①药皮开裂、剥落、变质、偏心或焊芯严重锈蚀的焊条严禁使用。

②焊条和焊剂使用前应按规定烘烤。要严格按照焊条说明书的要求进行焊条烘烤,一般酸性焊条烘烤温度为 150~200 ℃,保温 1 h;碱性焊条烘烤温度为 350~400 ℃,保温 2 h。烘干后放在 100~150 ℃的焊条保温筒内,随用随取。并且,不能以较低的烘干温度、较长的烘烤时间来代替,也不宜重复烘干。

③焊前处理要仔细。焊前将焊丝和焊接坡口及其两侧 20~30 mm 范围内的焊件表面清理干净,彻底除去油污、水分、锈斑等脏物。

④选用合适的焊接电流和焊接速度,采用短弧焊接。为利于气体充分逸出,避免产生气孔缺陷,预热可降低熔池的冷却速度。

⑤焊接时应防止风吹雨淋等恶劣环境的影响。室外进行气体保护焊时要设置挡风罩。焊接管子时，要注意管内穿堂风的影响。

8. 夹渣

在焊缝金属内部或熔合线部位存在的非金属夹杂物。夹渣对力学性能有影响，影响程度与夹渣的数量和形状有关。

其产生的原因：

(1)多层焊时某层焊渣未清除干净。

(2)除锈未清，焊件上留有厚锈。

(3)选材不当，焊条药皮的物理性能不当。

(4)工艺不当，焊层形状不良、坡口角度设计不当。

(5)操作不当，焊缝的熔宽与熔深之比过小、咬边过深。电流过小，焊速过快，焊渣来不及浮起等。

9. 未焊透

母材之间或母材与熔敷金属之间存在局部未熔合现象。它一般存在于单面焊的焊缝根部。对应力集中很敏感，对强度、疲劳等性能影响较大。其产生的原因如下：

(1)选用工艺不当。坡口设计不良，角度小、钝边大、间隙小。

(2)操作工艺不当。焊条、焊丝角度不正确。电流过小、电压过低、焊速过快、电弧过长、有磁偏吹等。

(3)焊前处理差。焊件有厚锈，未清除干净。

(4)埋弧自动焊时焊偏。

10. 其他

除以上焊接常见缺陷外，在焊接过程中还会出现以下缺陷：

溢流：焊缝的金属熔池过大，或者熔池位置不正确，使得熔化的金属外溢，外溢的金属又与母材熔合。

焊偏：在焊缝横截面上显示为焊道偏斜或扭曲。

加强高(也称为焊冠、盖面)过高：焊道盖面层高出母材表面很多，一般焊接工艺对于加强高的高度是有规定的，高出规定值后，加强高与母材的结合转角很容易成为应力集中处，对结构承载不利。

以上的外部缺陷多容易使焊件承载后产生应力集中点，或者减小了焊缝的有效截面积而使得焊缝强度降低。因此，在焊接工艺上一般都有明确的规定，并且常常采用目视检查即可发现。

这些一般常见的焊接缺陷(见图5-8)也可分为4类：

(1)焊缝尺寸不符合要求：如焊缝超高、超宽、过窄、高低差过大、焊缝过渡到母材不圆滑等。

(2)焊接表面缺陷：如咬边、焊瘤、内凹、满溢、未焊透、表面气孔、表面裂纹等。

(3)焊缝内部缺陷：如气孔、夹渣、裂纹、未熔合、夹钨、双面焊未焊透等。

(4)焊接接头性能不符合要求：因过热、过烧等原因导致焊接接头的机械性能、抗腐蚀性能降低等。

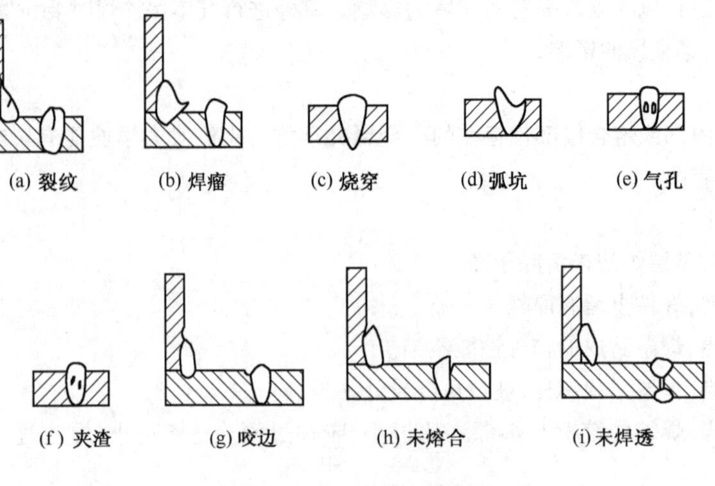

图 5-8 常见的焊接缺陷

第二节 焊接缺陷对焊接构件的危害

焊接缺陷对焊接构件的危害较大,因此消除焊接缺陷的意义就尤为重要。

一、危害的主要内容

焊接接头中的缺陷,不仅破坏接头的连续性,而且还引起应力集中,产生缩短结构使用寿命等不利因素,严重的甚至会导致结构的脆性破坏,危及生命财产安全。焊接缺陷的危害主要有以下几个方面:

(1)引起应力集中。焊接接头中应力的分布是十分复杂的。凡是结构截面有突然变化的部位,就会引发应力的分布不均匀现象,在某些点的应力值可能比平均应力值大许多倍,这种现象称为应力集中。造成应力集中的原因很多,而焊缝中存在工艺缺陷是其中一个很重要的因素。焊缝内存在的裂纹、未焊透及其他带尖缺口的缺陷,使焊缝截面不连续,产生突变部位,在外力作用下就将产生很大的应力集中。当应力超过缺陷前端部位金属材料的断裂强度时,材料就会开裂。

(2)缩短使用寿命。对于承受低周疲劳载荷的构件,如果焊缝中的缺陷尺寸超过一定界限,循环一定周次后,缺陷会不断扩展、长大,直至引起构件发生断裂。

(3)造成脆裂,危及安全。脆性断裂是一种低应力断裂,是结构件在没有塑性变形情况下,产生的快速突发性断裂,其危害性很大。焊接质量对产品的脆断有很大的影响。

二、焊接产品质量检验的内容

产品不同,检验的内容也不相同,例如,船舶、桥梁、锅炉、压力容器、建筑结构等均有区别。检验内容可以概括为以下几方面:

1. 外观质量检查

检查产品和焊缝的外形尺寸;检查焊缝表面缺陷。

2. 无损检验

检查焊缝表面及内部缺陷。

3. 焊接接头力学性能试验

检查焊接接头的强度、塑性、韧度等。

4. 金相及断口检验

检查焊接接头各区域的金相组织和断口形貌;检查焊接接头的内部缺陷。

5. 焊缝晶间腐蚀试验

检查不锈钢焊缝抵抗晶间腐蚀的能力。

6. 压力试验

(1)耐压试验检验产品承受工作静压力的能力,分为液压试验(首选)和气压试验。

(2)气密性试验检验产品的密封性。

7. 其他试验

除以上检验内容外,还有一些其他检验试验,如抗疲劳试验、耐磨试验等。

三、焊缝质量检验的标准和方法

三级:外观检查,检查尺寸,有无可见裂纹、咬边等缺陷。

二级:先外观检查再做无损检验,用超声波检验每条焊缝的20%长度。

一级:先外观检查再做无损检验,用超声波检验每条焊缝的全部长度。重要焊缝可增加射线探伤。

1. 焊缝外观质量检查

在对焊缝的内部缺陷进行探伤前应先进行外观质量检查。

焊缝表面质量的检验可目测或用10倍放大镜,当存在疑义时,采用磁粉或渗透探伤。如果焊缝外观质量不满足规定要求,须进行修补。

焊缝的外形尺寸一般用焊缝检验尺测量。焊缝检验尺由主尺、多用尺和高度标尺构成,可用于测量焊接母材的坡口角度、间隙、错位、焊缝高度、焊缝宽度和角焊缝高度。

2. 焊缝无损检查

检查焊缝缺陷时,可用超声探伤仪或射线探测仪检测。碳素结构钢应在焊缝冷却到环境温度,低合金结构钢应在完成焊接24 h以后,进行焊接探伤检验。

重要结构(如重型机械、锅炉、压力容器等)对焊缝内部存在缺陷的数量有严格限制,为此必须对技术要求所规定的焊缝进行内部缺陷检查。目前检查焊缝缺陷常用的方法有射线探伤、超声波探伤、磁粉探伤和渗透探伤等。

设计要求全焊透的一、二级焊缝应采取超声波探伤进行内部缺陷的检验,超声波探伤不能对缺陷作出判断时,应采取射线探伤。

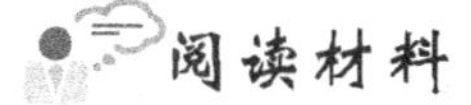

焊条电弧焊单面焊双面成形技术的操作要领与技巧

单面焊双面成形技术是焊条电弧焊难度较大的一种操作技术,同时又是各类技能考试、技能比赛所要求的基本技能,特别是锅炉、压力容器和压力管道焊工必须熟练掌握该技能。如何尽快地掌握单面焊双面成形技术的操作要领和技巧,是每个焊工十分关心的问题,该部分内容也是焊工实习指导教师必须要讲解和示范的重点。经过多年来的学习和实践,在吸取和借鉴其他老师的经验基础上,总结出了一套适用于焊条电弧焊单面焊双面成形技术的操作要领与技巧,希望对尽快掌握单面焊双面成形技术会有所帮助。要掌握好焊条电弧焊单面焊双面成形操作技术,一定要熟练掌握“五种要领”,还应学会“六种技巧”。五种要领(以下简称“五要领”)是指五种操作基本要领,其具体内容是指“看、听、准、短、控”。“六种技巧”(以下简称“六技巧”)的具体内容是“点固、起头、运条、收弧、接头、收口”技巧。如果熟练掌握上述的“五要领”和“六技巧”基本方法,就会焊出内外质量合格的焊缝与试件。

下面以断弧焊为例,分别介绍“五要领”和“六技巧”在焊条电弧焊单面焊双面成形打底焊中的具体应用。

1.“五要领”

1)看

在焊接过程中除了要认真观察熔池的形状、熔孔的大小及铁液与熔渣的分离情况,还应注意观察焊接过程是否正常(如偏弧、极性正确与否等)。熔池一般保持椭圆形为宜(圆形时温度已高)。熔孔的大小以电弧将两侧钝边完全熔化并深入每侧0.5~1 mm为好。熔孔过大时,背面焊缝余高过高,易形成焊瘤或烧穿。熔孔过小时,容易出现未焊透或冷接现象(弯曲时易裂开)。焊接时一定要保持熔池清晰,熔渣与铁液要分开,否则易产生未焊透及夹渣等缺陷。当焊接过程中出现偏弧及飞溅过大时,应立即停焊,查明原因,采取对策。“看”是控的前提条件和依据,非常重要,只有看得清,辨得明,才能做到“控得有理”“控制得法”。

2)听

焊接时要注意听电弧击穿坡口钝边时发出的“噗噗”声,没有这种声音,表明坡口钝边未被电弧击穿,如继续向前焊接,则会造成未焊透、熔合不良等缺陷。所以,在焊接过程中,应仔细听清楚有没有电弧击穿试件坡口钝边发出的“噗噗”声。“听”也很重要,一定要听清楚,为“控”提供可靠的信息,只有“听”得清,才能“控”得好。

3)准

送给焊条的位置和运条的间距要准确,并使每个熔池与前面熔池重叠2/3,保持电弧的1/3部分在熔池前方,用以加热和击穿坡口钝边,只有送给铁液的位置准确,运条的间距均匀,才能使焊缝正反面成形均匀、整齐、美观。“准”对焊接质量十分重要,它是衡量一个焊工操作技能是否熟练,基本功是否扎实的最终体现。一个好的焊工必须做到手眼合一,眼睛看到哪,手就迅速地把焊条准确无误地送到哪,只有这样才能保证焊缝内部质量和外观成形。

4)短

短有两层意思,一是指灭弧与重新引燃电弧的时间间隔要短,就是指每次引弧的时间要选在熔池处在半凝固半熔化的状态下(通过护目玻璃能看到黄亮时)。对于两点击穿法,灭弧频率大体上50~60次/min为宜。如果间隔时间过长,熔池温度过低,熔池存在的时间较短,冶金反应不充分,容易造成夹渣、气孔等缺陷。时间间隔过短,熔池温度过高,会使背面焊缝余高过大,甚至出现焊瘤或烧穿。二是指焊接时电弧要短,焊接时电弧长度等于焊条直径为宜。电弧过长,对熔池保护不好,易产生气孔;电弧穿透力不强,易产生未焊透等缺陷;铁液不易控制,不易成形,而且飞溅较大。只有短弧操作和接弧的时间适当短,才会减少和避免气孔、未焊透等缺陷的产生。

5)控

"控"的含义是指"控制"。"控制"的主要内容如下：

①控制铁液和熔渣的流动方向。焊接过程中电弧要一直在铁液的前面，利用电弧和药皮熔化时产生的气体定向吹力，将铁液吹向熔池后方，这样既能保证熔深又能保证熔渣与铁液很好地分离，减少产生夹渣和气孔的可能性，当铁液与熔渣分不清时，要及时调整运条的角度（即焊条角度向焊接方向倾斜），并且要压低电弧，直至铁液与熔渣分清，并且两侧钝边熔化 0.5~1 mm 缺口时方能灭弧，然后进行正常焊接。

②控制熔池的温度和熔孔的大小。焊接时熔池形状由椭圆形向圆形发展，熔池变大，并出现下塌的感觉。如不断添加铁液，焊肉也不会加高，同时还会出现较大的熔孔，此时说明熔池温度过高，应该迅速熄弧，并减慢焊接频率（即熄弧的时间长一些），等熔池温度降低后，再恢复正常的焊接。在电弧的高温和吹力的作用下，试板坡口根部熔化并击穿形成熔孔。施焊过程中要严格控制熔池的形状，尽量保持大小一致，并随时观察熔池的变化及坡口根部的熔化情况。熔孔的大小决定焊缝背面的宽度和余高，通常熔孔的直径比间隙大 1~2 mm 为好。焊接过程中如发现熔孔过大，表明熔池温度过高，应迅速灭弧，并适当延长熄弧的时间，以降低熔池温度，然后恢复正常焊接。若熔孔太小则可减慢焊接速度，当出现合适的熔孔时方能进行正常焊接。

③控制焊缝成形及焊肉的高低。影响焊缝成形、焊肉高低的主要因素有焊接速度的快慢、熔敷金属添加量（即燃弧时间的长短）、焊条的前后位置、熔孔大小的变化、电弧的长短及焊接位置等。一般的规律是焊接速度越慢，正反面焊肉就越高；熔敷金属添加量越多，正反面焊肉就越高；焊条的位置越靠近熔池后部，表面焊肉就越高，背面焊肉高度相对减少；熔孔越大，焊缝背面焊肉就越高；电弧压得越低，焊缝背面焊肉就越高，否则反之。在仰焊位、仰立焊位时焊缝正面焊肉易偏高，而焊缝背面焊肉易偏低，甚至出现内凹现象。平焊位时，焊缝正面焊肉不易增高，而焊缝背面焊肉容易偏高。仰焊位焊缝背面焊肉高度达到要求的方法是利用超短弧（指焊条端头伸入到对口间隙中）焊接特性。同时还应控制熔孔不宜过大，避免铁液下坠，这样才能使焊缝背面与母材平齐或略低，符合要求。通过对影响焊肉高低的各种因素的分析，就能利用上述规律，控制焊缝正反面焊肉的高度，使焊缝成形均匀整齐，特别是水平固定管子焊接时，控制好焊肉的高低尤为重要。"控"，是在"看、听、准、短" 的基础上，是完成焊接最关键的环节，是对焊工"驾驭"焊接熔池能力的考验。焊接技术水平越高的焊工，对焊接"火候"掌握得越好，焊缝质量也越高。

2. "六技巧"

1）点固技巧

试件焊接前，必须通过点固来定位，板状试件（一般长 300 mm）前后两端点固定位，直径小于 57 mm 的管状或管板试件点固一点定位，直径大于 57 mm 的试件点固两点定位。定位焊缝长度为 10~15 mm 为宜。由于定位焊缝是正式焊缝的一部分，要求单面焊双面成形，并且不得有夹渣、气孔、未焊透、焊瘤、焊肉超高或内凹超标等缺陷（这一点在管状或管板试件尤为重要）。所采用的焊条牌号、直径、焊接电流与正常焊接时相同。板状及管板试件一般可以在平焊位进行点固，水平固定管一般采用立爬坡位进行点固。垂直固定管一般采用本位（横焊位） 进行点固。用断弧打底焊接时，各类试件装配尺寸如表 5-1 所示。

表 5-1 各类试件的装配尺寸

焊缝位置	试件厚度/mm	坡口角度/(°)	间隙/mm	钝边/mm	反变形角/(°)	错边量
平焊	12	60	前3后4	0.5~1	3	≤0.5
立焊	12	60	下3上4	0.5~1	5	≤0.5
横焊	12	60	前3后4	0.5~1	7	≤0.5
仰焊	12	60	前3后4	0.5~1	3	≤0.5
管垂直固定	3.5~6	60	点固处2.5起焊处3	0.5~1	—	≤0.3
管水平固定	3.5~6	60	点固处2.5起焊处3	0.5~1	—	≤0.3

2)起头技巧

起头的顺利与否直接影响焊工的操作情绪，管状或管板试件起头时有一定的难度，因没有依靠点(不许在点固处起弧)，操作不好易出问题。水平固定管和水平固定管板起头点应该选在仰焊位越过中心线5~15 mm处(小管5~10 mm，大管10~15 mm)。垂直固定小管和垂直固定管板起头选在定位点的对面，垂直固定大管起头选在两定位点对面，不论管状还是板状试件，引弧先用长弧预热3~5 s，等金属表面有“出汗珠”的现象时，立即压低电弧，焊条做横向摆动；当听到电弧穿透坡口而发出“噗噗”声时，同时看到坡口钝边熔化并形成一个小熔孔(形成第2个熔池)表明已经焊透，立即灭弧，形成第2个焊点，此时，起头结束。

3)运条技巧

运条是指焊接过程中的手法，包括焊条角度和焊条运行的轨迹(焊条摆动方式)，平焊、立焊、仰焊时焊条角度(焊条与焊接方向的夹角)一般为60°~80°。横焊和垂直固定管(横管)焊接时焊条角度一般为60°~80°，与试板下方呈75°~85°。垂直固定管板焊条与管切线夹角为60°~70°，焊条与底板间的夹角为40°~50°。水平固定管和水平固定管板由于焊位的不断变化，焊条角度也随之变化。仰焊时的焊条角度(焊条与管子焊接方向之间的夹角)为70°~80°，仰立焊时的焊条角度为90°~100°，立焊时的焊条角度为85°~95°，坡立焊时的焊条角度为90°~100°，平焊时的焊条角度为80°~90°。而水平固定管板焊条与底板夹角为40°~50°。平焊、立焊、仰焊、水平固定管及垂直、水平固定管板焊接时焊条运行的轨迹大多采取左右摆动(锯齿形运条)，可采取左(右)引弧，右(左)灭弧，再右(左)引弧，左(右)灭弧，依次循环运条，或左(右)引弧运条至右(左)侧再运条回到左(右)侧灭弧，依次循环运条。横焊和垂直固定管运条方式，一般采用斜锯齿或椭圆形。从坡口上侧引弧到坡口下侧灭(熄)弧，再从坡口上侧引弧到坡口下侧灭弧，依次运条。

4)收弧技巧

当一根焊条焊完，或中途停焊而需要熄弧时，一定注意收弧动作，焊条不能突然离开熔池，以免产生冷缩孔及火口裂纹，收弧的方法有3种：

(1)第一种为补充熔滴收弧方法，即收弧时在熔池前方做一个熔孔，然后灭弧，并向熔池尾部送2~3滴铁液，主要目的是降低熔池的冷却速度，避免出现冷缩孔。该种收弧方法适用于酸性药皮焊条。

(2)第二种方法称为衰减收弧法，该方法在要收弧时，多给一些铁液，并做一个熔孔，然后把焊条引至坡口边缘处熄弧，并沿焊缝往回点焊2~3点即可。这种方法的好处是收弧处焊肉较低，为热接头带来方便(接头一般不用修磨)。此法收弧一般不易产生冷缩孔，可用于酸性药皮焊条，在焊接生产中常用该种方法，以利于接头。

(3)第三种方法称为回焊收弧法，收弧时焊条向坡口边缘回焊5~10 mm(即向焊接反方向坡口边缘回焊收弧)，然后熄弧，该种收弧方法适用于碱性药皮焊条。

5)接头技巧

接头方法有两种：热接法和冷接法。

(1)热接法：收弧后，快速换上焊条，在收弧处尚保持红热状态时，立即从熔池前面引弧迅速把电弧拉到收弧处用连弧(作横向锯齿形运条)焊接，焊至熔孔处电弧下压，当听到电弧熔化坡口钝边时发出的"噗噗"声后，立即灭弧，转入正常断弧方法焊接。热接法的要领是更换焊条动作要迅速，运条手法一定要熟练和灵活。热接法特别适用于技术比武(节省时间)，也是在焊接生产中最常用的接头方法。

(2)冷接法：引弧前把接头处的熔渣清理干净，收弧处过高时应修磨形成缓坡，在距弧坑约10 mm处引弧，用长弧稍预热后(碱性焊条可不预热)，用连弧作横向摆动，向前施焊至弧坑处，电弧下压，当听到电弧击穿坡口根部发出"噗噗"声后，即可熄弧进行正常的焊接。冷接法的优点是，当收弧不好(如有缩孔或焊肉过厚)时，能修磨、消除缺陷和削薄接头处，易保证接头质量。同时操作难度也比热接法小一些，缺点是焊接效率没有热接法高，特别是在不许修磨接头时(如技能比武赛)，不宜采用此法。

6)收口技巧

收口也称收尾，是指第一层打底焊环形焊缝首(头)尾相接处，也包括与点固焊缝相连接处，当焊至离焊缝端点或定位点固焊缝前端3~5 mm时，应压低电弧，用连弧焊接方法焊至焊缝并在超过3~5 mm后熄弧。如果留的未焊焊缝过长，采用连弧焊接就会造成熔孔过大而出现焊瘤和烧穿等缺陷。如果留的未焊焊缝过短，再用连弧焊焊接为时已晚，极易造成收口处未焊透等缺陷。所以收口时所留的未焊焊缝长度要合适，操作技巧要熟练，才能保证接头收口的质量。

3. 结论

以上介绍的焊条电弧焊单面焊双面成形技术操作要领与技巧方法，是给焊工技能训练提供一种全新的思路，该方法把试件焊接的整个过程分解为若干个部分(环节)，即"看、听、准、短、控"和"点固、起头、运条、收弧、接头、收口"。要本着"缺啥补啥，不会啥学啥"的原则，采取(各个)专项突破的方法，使焊工练习的目标更加明确，练习方法更灵活、有实效，以达到易学、易掌握的目的。学会和熟练掌握"五要领"和"六技巧"对学好焊条电弧焊单面焊双面成形技术有高效快捷的效果。焊条电弧焊单面焊双面成形技术操作要领与技巧，有各自独立的特性，又有其相互依托的共性，需要焊工在焊接实践中仔细体会其中的丰富内涵。实践证明：在焊接操作中只有把"五要领"和"六技巧"有机地结合起来，才会收到事半功倍的效果。

上述"五要领"和"六技巧"方法是通用的，但具体到每一个项目，焊接方法和技巧还需灵活运用。

课后练习

(1)简述焊接缺陷的定义。

(2)简述外部缺陷的定义及形式。

(3)简述内部缺陷的定义及形式。

(4)简述焊缝形状尺寸不符合要求的定义、产生原因及防治措施。

(5)简述咬边的定义、产生原因及防治措施。
(6)简述焊瘤的定义、产生原因及防治措施。
(7)简述凹坑与弧坑的定义、产生原因及防治措施。
(8)简述下塌与烧穿的定义、产生原因及防治措施。
(9)简述冷裂纹的定义、产生原因及防治措施。
(10)简述热裂纹的定义、产生原因及防治措施。
(11)简述再热裂纹的定义、产生原因及防治措施。
(12)简述气孔的定义、产生原因及防治措施。
(13)简述常见气孔的类型及特点。
(14)简述夹渣产生的原因。
(15)简述未焊透产生的原因。
(16)简述焊接缺陷对构件的危害。
(17)简述如何检验焊接质量。

其他熔焊技术

第一节　气焊基本知识

气焊是利用氧、乙炔火焰作为热源的一种焊接方法,如图 6-1 所示。

一、气焊的原理、特点及应用

1. 气焊的原理

气焊是利用可燃气体(乙炔等)和助燃气体(氧气)混合点燃后产生的高温火焰来熔化两个焊件连接处的金属和焊丝,形成熔池,使被熔化的金属冷却凝固后形成一个牢固的接头,从而使两焊件连接成一个整体。气焊示意图如图 6-1 所示。

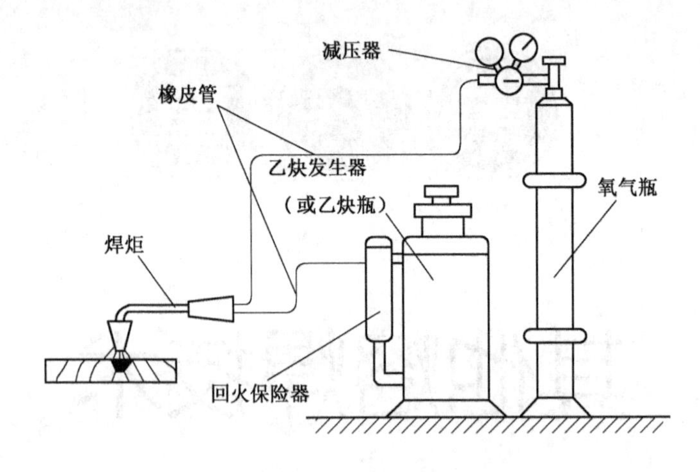

图 6-1　气焊示意图

2. 气焊的优缺点

气焊和电弧焊相比,它的优点是火焰温度较低、设备简单、移动方便、通用性较大、温度控制灵活、不需电源,适合薄板结构等,最适用于流动作业和没有电力供应的地方。和电弧相比,气焊火焰温度低、加热速度慢且热量分散、热影响区宽、工件受热范围大、焊接变形大,其保护效果较差。因此,气焊一般应用于厚度 5mm 以下的低碳钢薄板、铸件和管子的焊接,不锈钢、铝、铜及其合金焊接时,在质量要求不高的情况下也可采用。

3. 气焊的应用

由于气焊火焰具有温度较低的特点,它特别适用于薄板的焊接,能用于工具钢和铸铁类需要预热和缓冷材料的焊接,以及低熔点材料的焊接,同时还广泛应用于有色金属的焊接、钎焊及硬质合金堆焊,以及用于磨损件的补焊和火焰矫正。

二、气焊用的材料

1. 焊丝

在气焊过程中,气焊丝不断地被送进熔池内熔化并与熔化的基本金属熔合形成焊缝。所以焊缝的质量很大程度上与气焊丝的质量有关,必须给予重视。

(1)对焊丝的基本要求。气焊的焊丝只作为填充金属,与熔化的母材一起组成焊缝。焊接低碳钢时,常用的焊丝牌号有 H08、H08A 等。焊丝直径一般为 2~4 mm,气焊时根据焊件厚度来选择。为了保证焊接接头的质量,焊丝直径与焊件厚度不宜相差太大。为了得到满意的工艺和合格的焊缝,所选择的气焊丝必须符合下列基本要求:

①气焊丝的化学成分应基本上与焊件相符合,才能保证焊缝具有焊件金属所具有的机械性能。

②焊丝表面应没有油脂、锈斑及油漆等污物,才能保证气焊顺利进行。

③能保证焊缝具有必需的致密性,不能产生气孔和夹渣等任何缺陷。

④焊丝的熔点应与焊件材料熔点相近,在熔化时不应有强烈的飞溅和蒸发,保证焊件的优良外观和性能。

(2)焊丝的种类、牌号和适用范围。根据焊接金属材质及焊件使用要求的不同,选用不同成分的焊丝。焊丝可分为碳素钢焊丝,铜和铜合金焊丝、铝和铝合金焊丝、不锈钢焊丝、耐热钢焊丝、铸铁焊丝等,具体选择参看表 6-1、表 6-2 和表 6-3。

表 6-1　钢焊丝的牌号及用途

碳素结构钢焊丝		合金结构钢焊丝		不锈钢焊丝	
牌　号	用　　途	牌　号	用　　途	牌　号	用　　途
H08	焊接一般低碳钢结构	H10Mn2	用途与 H08Mn 相同	H00Cr19Ni9	焊接超低碳不锈钢
		H08Mn2Si			
H08A	焊接较重要的低、中碳钢及某些低合金钢结构	H10Mn2MoA	焊接普通低合金钢	H0Cr19Ni9	焊接 18-18 型不锈钢
H08E	用途与 H08A 相同,工艺性能较好	H10Mn2MoVA	焊接普通低合金钢	H1Cr19Ni9	焊接 18-8 型不锈钢
H08Mn	焊接较重要的碳素钢及普通低合金钢结构,如锅炉、受压容器等	H08GrMoA	焊接铬钼钢等	H1Cr19Ni9Ti	焊接 18-8 型不锈钢
H08MnA	用途与 H08Mn 相同,但工艺性能较好	H18CrMoA	焊接结构钢,如铬钼钢、铬锰硅钢等	H1Cr24Ni13	焊接高强度结构钢和耐热合金钢等
H15A	焊接中等强度工件	H30CrMnSiA	焊接铬锰硅钢	H1Gr26Ni21	焊接高强度结构钢和耐热合金钢等
H15Mn	焊接高强度工件	H10MoCrA	焊接耐热合金钢		

表 6-2　铜及铜合金焊丝的型号、牌号、化学成分及用途

焊丝型号	焊丝牌号	名　　称	主要化学成分	熔点/℃	用　　途
HSCu	HS201	特制紫铜焊丝	$w(Sn)=1.0\%\sim1.1\%$, $w(Si)=0.35\%\sim0.5\%$, $w(Mn)=0.35\%\sim0.5\%$,其余为 Cu	1 050	紫铜的氩弧焊及气焊
HSCu	HS202	低磷铜焊丝	$w(P)=0.2\%\sim0.4\%$,其余为 Cu	1 060	紫铜的气焊及碳弧焊

续表

焊丝型号	焊丝牌号	名　称	主要化学成分	熔点/℃	用　途
HSCuZn-1	HS221	锡黄铜焊丝	w(Cu)= 59%~61%, w(Sn)= 0.8%~1.2%, w(Si)= 0.15%~0.35%,其余为 Zn	890	黄铜的气焊及碳弧焊。也可用于纤焊铜、钢、铜镍合金、灰铸铁及镶嵌硬质合金刀具等。其中 HS222 流动性较好,HS224 能获得较好的力学性能
HSCuZn-2	HS22	铁黄铜焊丝	w(Cu)= 57%~59%,w(Sn)= 0.7%~1.0%,w(Si)= 0.05%~ 0.15%,w(Fe)= 0.35%~1.20%, w(Mn)= 0.03%~0.09%,其余为 Zn	860	
HSCuZn-4	HS224	硅黄铜焊丝	w(Cu)= 61%~69%, w(Mn)= 0.3%~0.7%,其余为 Zn	905	

表 6-3　铝及铝合金焊丝的型号、牌号、化学成分及用途

型　号	牌　号	名　称	主要化学成分	熔点(℃)	用　途
SA1	HS301	纯铝焊丝	w(Al)≥99.6%	660	纯铝的氩弧焊及气焊
SAiSi-1	HS311	铝硅合金焊丝	w(Si)= 4%~6%,其余为 Al	580~610	焊接除铝镁合金外的铝合金
SAlMn	HS321	铝锰合金焊丝	w(Mn)= 1.0%~1.6%,其余为 Al	643~654	铝锰合金的氩弧焊及气焊
SAlMg-5	HS331	铝镁合金焊丝	w(Mg)= 4.7%~5.7%, w(Mn)= 0.2%~0.6%, w(Si)= 0.2%~0.5%,其余为 Al	638~660	焊接铝镁合金及铝锌镁合金

2. 气焊熔剂

气焊过程中被加热的熔化金属极易与周围空气中的氧或与焊接火焰中的氧化合形成氧化物,使焊缝中产生气孔、夹渣等焊接缺陷。为了防止金属的氧化,以及消除已经形成的氧化物,在焊接各种有色金属、不锈钢、铸铁等材料时,必须采用气焊熔剂。而在焊接低碳钢时,无需使用,常用气焊溶剂的性能及用途如表 6-4 所示。

表 6-4　常用气焊溶剂的性能及用途

焊剂牌号	代　号	名　称	基本性能	用　途
气剂 101	CJ101	不锈钢及耐热钢气焊熔剂	熔点 900 ℃,有良好的润湿作用,能防止熔化金属被氧化,焊后熔渣易清除	不锈钢及耐热钢气焊用助熔剂
气剂 201	CJ201	铸铁气焊剂	熔点 650 ℃,呈碱性反应	铸铁气焊时助熔剂
气剂 301	CJ301	铜气焊熔剂	硼基类,易潮解,熔点 650℃,呈酸性反应,能有效溶解氧化铜及氧化亚铜	铜及铜合金气焊时助熔剂
气剂 401	CJ401	铝气焊熔剂	熔点 560 ℃,呈酸性反应,极易吸湿受潮,在空气中易使铝腐蚀,焊后应立即清理干净,气焊时能有效破坏氧化铝膜	铝及铝合金气焊时助熔剂

使用气焊熔剂的方法有两种,一是将熔剂直接撒在焊件的焊接处,一是将熔剂蘸在焊丝上送入熔池,在焊接熔池内,气焊熔剂和已生成的金属氧化物及非金属夹杂物互相作用生成熔渣被排出,另一方面生成的熔渣覆盖在熔池的表面,防止外界空气侵入熔池,从而保证了焊缝的质量。

焊剂的使用要求应包括:

(1)焊剂应具有很强的反应能力。能迅速溶解某些氧化物和某些高熔点的化合物,生成低熔点和易挥发的化合物。

(2)焊剂应具有在熔化后黏度小、流动性好,形成熔渣的熔点和密度比母材和焊丝低,熔渣在焊接过程中浮于熔池表面,而不停留在焊缝金属中的能力。

(3)焊剂应能减少熔化金属的表面张力,使熔化的焊丝与母材更容易熔合。

(4)熔化的焊剂在焊接过程中,不应析出有毒气体,不应对焊接接头有腐蚀等副作用。

(5)焊接后的熔渣容易被清除。

焊剂按所起的作用不同,可分为化学反应焊剂和物理焊剂两大类。由于不同的金属在焊接时会出现不同性质的氧化物,因此必须选择相应的焊剂。如何使焊剂和焊丝匹配,如表 6-5 所示。

表 6-5 国产焊剂使用范围及配用焊丝

牌 号	焊剂类型	配用焊丝	使用范围
HJ130	无锰高硅低氟	H10Mn2	低碳钢及低合金结构钢如 Q345(即 16Mn)等
HJ230	低锰高硅低氟	H08MnA、H10Mn2	低碳钢及低合金结构钢
HJ250	低锰中硅中氟	H08MnMoA、H08Mn2MoA	焊接 15MnV、14MnMoV、18MnMoNb 等
HJ260	低锰高硅中氟	Cr19Ni9	焊接不锈钢
HJ330	中锰高硅低氟	H08MnA、H08Mn2	重要低碳钢及低合金钢,如 15g、20g、16Mng 等
HJ350	中锰中硅中氟	H08MnMoA、H08MnSi	焊接含 MnMo、MnSi 的低合金高强度钢
HJ431	高锰高硅低氟	H08A、H08MnA	低碳钢及低合金结构钢

三、焊接和气割所用设备及器具

焊接和气割所用设备和器具分成 3 个部分:氧气储存供给系统、乙炔储存供给系统和管路焊炬系统。

1. 氧气瓶

氧气瓶(见图 6-2)是一种储存和运输氧气用的圆柱形高压容器。氧气瓶由瓶体、瓶阀(见图 6-3)、瓶箍、瓶帽和防震圈等构成。氧气瓶的外表涂上天蓝色漆,并用黑漆在上面标注“氧气”二字,瓶体上套有防震橡胶圈,使气瓶在受到震动或碰撞时能得到缓冲从而保证安全。

氧气瓶的工作压力为 15 MPa,容积为 40 L,可以储存 6 m^3的氧气。使用时,一般选用焊接压力为 0.2~0.3 MPa,切割压力为 0.48 MPa。使用氧气瓶时要保证安全可靠,为防止爆炸,放置时必须平稳。不与其他气瓶混放,不得靠近明火或热源,避免撞击。夏日要防止日晒,冬季阀门冻结时应用热水解冻,不能用其他明火加热。氧气瓶禁止沾染油脂。氧气瓶内部压力高达15 MPa,但在焊接时一般使用压力为 0.2~0.3 MPa,所以在氧气瓶的出口端装有减压器。

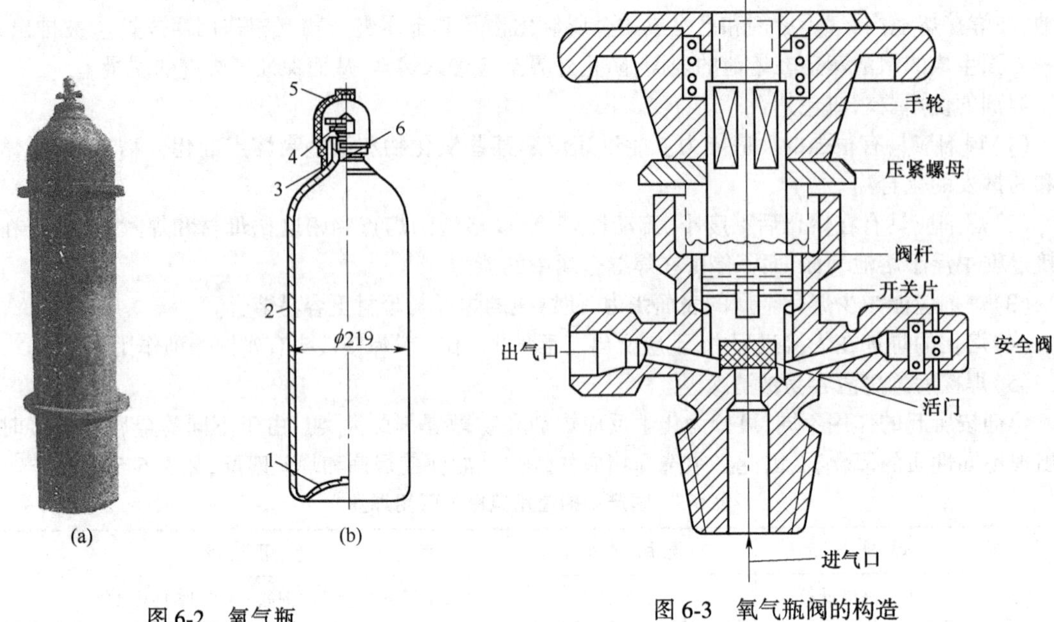

图 6-2 氧气瓶

1—瓶底;2—瓶体;3—瓶箍;4—氧气瓶阀;5—瓶帽;6—瓶头

图 6-3 氧气瓶阀的构造

2. 乙炔瓶

乙炔瓶是储存和运输乙炔的容器,其构造如图 6-4 所示。其外形与氧气瓶相似,外表面漆成白色,并标出红色的"乙炔"字样和"不可近火"字样,乙炔瓶的工作压力为 1.5 MPa。在乙炔瓶内装有浸满丙酮的多孔性填料,这些填料采用质轻而多孔的活性炭、木屑、浮石及硅藻土等合制而成,能使乙炔稳定而又安全地储存在瓶内。乙炔瓶阀下面的填料中心部分的长孔内放有石棉,以帮助乙炔从多孔填料中分解出来。使用时,溶解在丙酮内的乙炔就会分解出来,通过乙炔瓶阀流出。而丙酮仍留在瓶内,以便溶解再次压入的乙炔。乙炔瓶体的上面是瓶口,内壁攻有螺纹,用来旋上乙炔瓶阀。瓶口外壁也攻有螺纹,用来旋上瓶帽,保护瓶阀免受意外碰撞而损坏。乙炔阀门的构造如图6-5 所示。

3. 回火防止器

回火防止器又称回火保险器,是装在燃料气路上的防止燃气管路或气源回烧的保险装置,其类型及结构如图 6-6 所示。在气焊或气割时,由于气体压力不正常或焊嘴堵塞等,高温燃烧的火焰会沿导管倒燃,倒流的火焰若进入乙炔发生器就会产生严重的爆炸事故。所以,乙快发生器的输出管路上必须装置回火防止器。回火防止器的进气管与乙炔发生器相连,出气管通往焊炬。当回火火焰倒流进入回火防止器时,水位阀将压下使止回阀关闭从而切断气源,同时推开安全阀而将回火火焰排入大气。这样就使乙炔不致回烧到乙炔发生器而造成爆炸事故。

4. 减压器

氧气瓶和乙炔瓶中的气体压力是非常高的,而气焊和气割对气体压力要求却不高,二者相差悬殊。为了将钢瓶内的高压气体调节成工作时的低压气体,并在工作时间保持压力的稳定,必须使用减压器 。减压器上面有两个表头,一个表头指示氧气瓶内部的压力,另一个表头指示焊接时所需的压力。减压器工作时,先拧入调压螺钉,使调压弹簧受压。当阀门被顶开高压气体进入低压室时,由于气体体积膨胀,使气体压力降低,低压表指示出低压气体的压力。随着低压室中气体压力的增加,压力薄膜及调压弹簧自动使阀门的开启度逐渐减小;当低压室内气体压力达到一定数值时,就会将阀门固定。调节调压螺钉的拧入程度,可以改变低压室内气体压力,如图 6-7 所示。

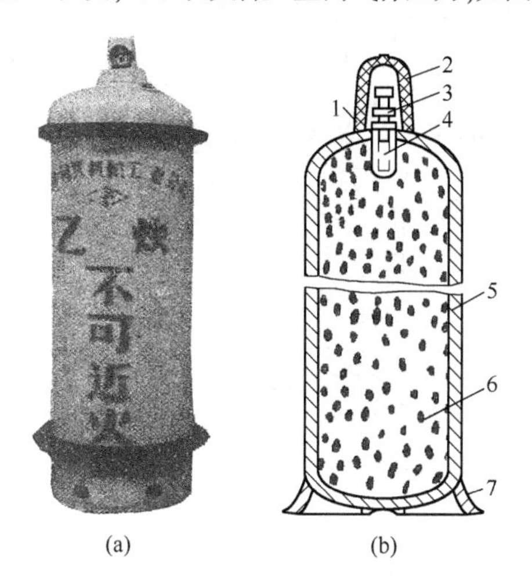

图 6-4 乙炔瓶的构造

1—瓶口;2—瓶帽;3—瓶阀;4—石棉;
5—瓶体;6—多孔填料;7—瓶底

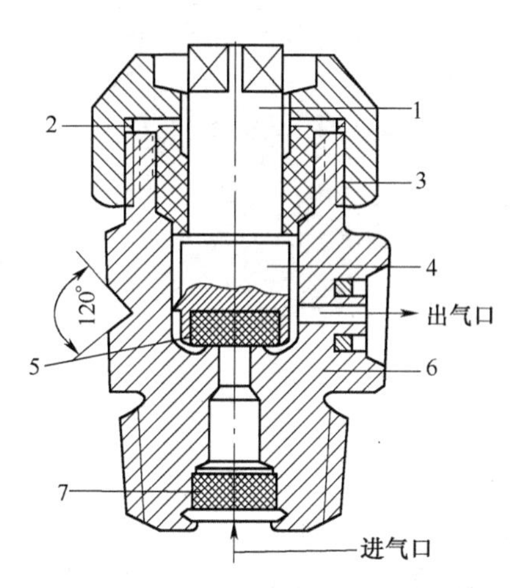

图 6-5 乙炔瓶阀的构造图

1—阀杆;2—压紧螺母;3—密封圈;
4—活门;5—尼龙垫;6—阀体;7—过滤体

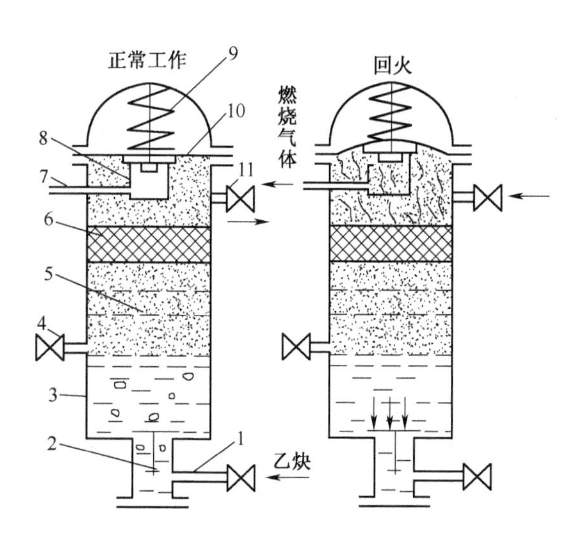

(a) 水封式中压回火防止器

1—进气口;2—止回阀;3—筒体;4—水位阀;
5—挡板;6—滤清器;7—放气口;8—放气活门;
9—弹簧;10—橡胶膜;11—出气口

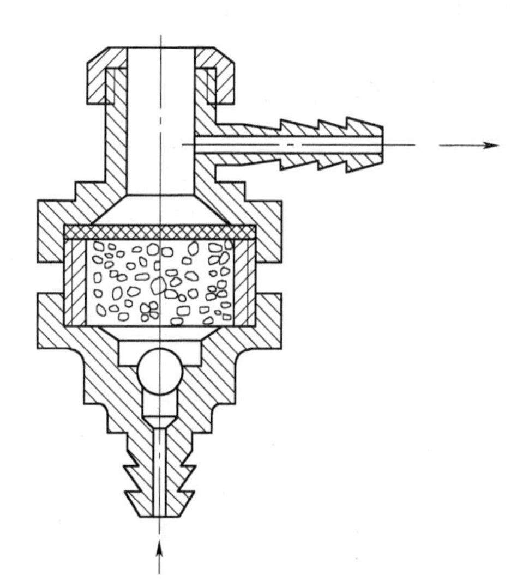

(b) 干式回火防止器

图 6-6 回火防止器的类型及结构

(a)

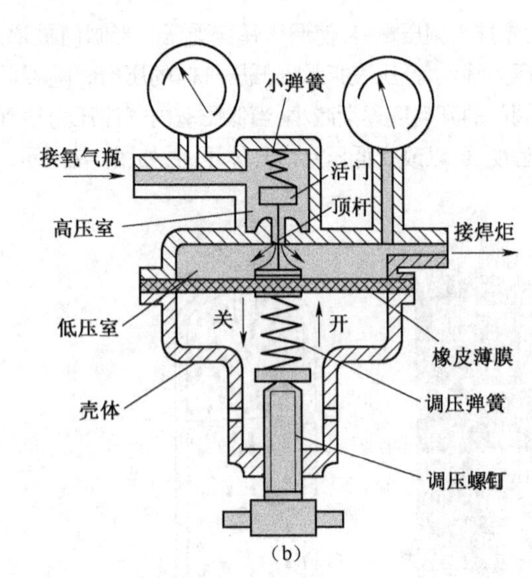

(b)

图 6-7 安装在氧气瓶上的减压器

减压器的作用如下。

(1)减压作用:储存在气瓶里的气体经过减压器降压,达到所需要的工作压力。

(2)示压作用:减压器的高低压表分别表示出瓶内高压压力和减压后的工作压力。

(3)稳压作用:气瓶内气体的压力随着气体的消耗而逐渐下降,而气焊、气割工作时要求气体工作压力相对稳定。减压器既能保证输出稳定的气体工作压力,又使往外输送的工作压力不至于随着气瓶内气体的输出而变化。

5. 焊炬和割炬

焊炬是气焊时用于控制气体混合比例、流量及调整火焰大小并焊接的工具。乙炔和氧气按一定比例均匀混合后由焊嘴喷出,点火燃烧,产生气体火焰,各种型号的焊炬均配有 3~5 个大小不同的焊嘴,以供焊接不同厚度的焊件选用。

(1)焊炬的用途和分类。焊炬是气焊操作的主要工具。它在使用中应能方便地调节氧气和可燃气体的比例、流量和火焰,同时焊炬的质量要小,使用要安全可靠。

焊炬可根据下列特点分类:按可燃气体与氧气的混合方式分为射吸式和等压式两类;按尺寸和质量分为标准型和轻便型(微型)两类;按火焰的数目分为单焰和多焰两类。生产中得以广泛应用的是射吸式焊炬,下面就以它为例介绍。

(2)射吸式焊炬。射吸式焊炬是国内目前广泛使用的焊炬,其构造如图 6-8 所示。它的可燃气体是靠喷射氧流的射吸作用与氧气混合的。射吸式焊炬依靠焊炬喷嘴和射吸管的射吸作用,调节氧气和乙炔气的流量,保证乙炔和氧气的混合气体具有一定的混合比例,使火焰稳定燃烧,从而满足焊接需要。

(3)使用方法:当把氧气阀 4 打开后,保持一定压力的氧气经氧气导管 3 进入喷嘴 5,然后以高速进入射吸管内,使喷嘴周围空间形成真空区,促使乙炔导管 2 中的乙炔气体(此时应打开乙炔阀门 1,被吸入射吸管 6 内,并与氧气在混合气管 7 内充分混合后,从焊嘴喷出)点燃后成为需要的焊接火焰。

由于喷嘴的射吸作用,使高压氧和低压乙炔能较均匀地按一定比例混合,并以相当高的流速喷出,当乙炔压力不大时(一般大于 0.001 MPa 即可)就能正常使用,这是射吸式焊炬的最大优点。

此外，这类焊炬还可使用中压乙炔气体，因而得到了广泛应用。割炬的使用基本同焊炬，射吸式割炬的结构如图 6-9 所示。

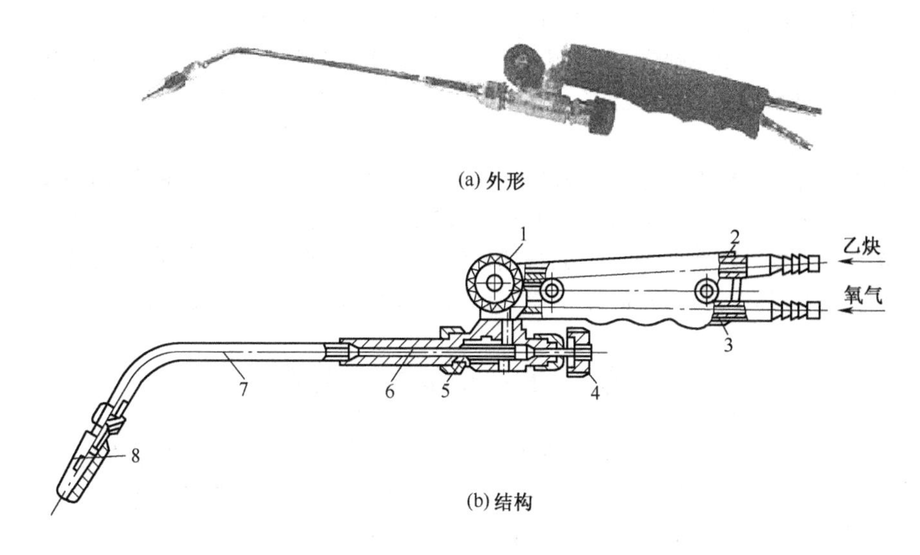

(a) 外形

(b) 结构

图 6-8　射吸式焊炬的构造

1—乙炔阀；2—乙炔导管；3—氧气导管；4—氧气阀；5—喷嘴；6—射吸管；7—混合气管；8—焊嘴

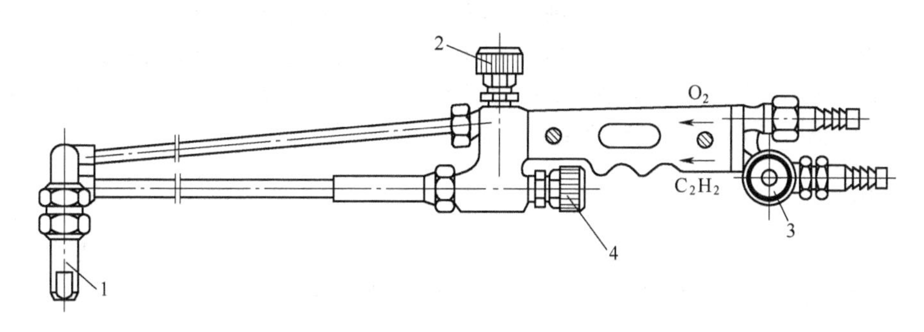

图 6-9　射吸式割炬结构图

1—割嘴；2—切割氧调节阀；3—乙炔调节阀；4—氧气调节阀

四、气焊、气割用胶管

（1）气焊、气割时用的胶管，必须能够承受足够的气体压力，并要求质地柔软、质量小、以便于工作。目前国产的胶管是用优质橡胶掺入麻织物或棉织纤维制成的，根据输送的气体不同，胶管可分为氧气胶管和乙炔胶管两种。

（2）根据国家标准 GB 9448—1999《焊接与切割安全》有关规定，氧气胶管为黑色，乙炔胶管为红色。氧气胶管的工作压力为 1.0 MPa，试验压力为 3.0 MPa。乙炔胶管的工作压力为 0.5 MPa。通常氧气胶管的内径为 8 mm，乙炔胶管的内径为 10 mm。一般情况下胶管的长度不小于 5 m，如果操作地点离气源较远，可根据实际情况将两副胶管连接起来使用。但必须用卡子或细铁丝扎牢，一般以 10~15 m 为宜，过长会增加气体流动阻力。

(3)乙炔胶管和氧气胶管的强度不同,不得相互代用。

(4) 新的胶管首次使用时,要先将胶管内壁的滑石粉吹干净,以防焊炬的各通道被堵塞。在使用胶管时,不能使管子沾染油脂,以免加速老化,并要防止火烫和折伤。

(5)严禁使用被回火烧损的胶管。已经严重老化的胶管应停止使用,及时更换新的。

(6)氧气、乙炔胶管与回火防止器、汇流排等导管连接时,管径必须相互吻合,并用管卡或细铁丝夹紧。

(7)焊、割工作前应检查胶管有无磨损、划伤、穿孔、裂纹、老化等现象,若有应及时修理或更换。

(8)乙炔管在使用中脱落、破裂或着火时,应首先关闭焊炬或割炬的所有调节阀将火焰熄灭,然后停止供气。氧气胶管着火时,应迅速关闭氧气瓶阀,停止供气。禁止用弯折氧气胶管的办法来熄灭火焰。乙炔管着火时可用弯折前一段胶管截止乙炔通路的办法将火熄灭。

第二节　气焊基本工艺

气焊工艺参数及选择,正确选择气焊焊接参数是保证气焊接头质量的重要依据。

气焊工艺参数包括焊丝的型号、牌号及直径、气焊焊剂、火焰的性质及能率、焊炬的倾斜角度、焊接方向、焊接速度和接头形式等,它们是保证焊接质量的主要技术依据。

一、焊丝直径的选择

焊丝直径主要应根据焊件的厚度来确定。根据焊件的厚度来决定,焊接 5 mm 以下板材时焊丝直径要与焊件厚度相近,一般选用 1~3 mm 焊丝。若焊丝过细,则焊件尚未熔化,而焊丝即已熔化下滴,会造成未熔合、焊缝高低不平和焊缝宽窄不一致等缺陷;焊丝过粗,则所需的加热时间增长,会增大焊件加热范围,造成热影响区组织过热,使焊接接头质量降低。

二、气焊熔剂

气焊熔剂的选择要根据焊件的成分及其性质而定。一般碳素结构钢气焊时不需要气焊熔剂;而不锈钢、耐热钢、铸铁、铜及铜合金、铝及铝合金气焊时,则必须采用气焊熔剂。

三、火焰的性质及能率

火焰能率是以每小时可燃气体(乙炔)的消耗量(L/h)来表示的。火焰能率的大小,主要取决于氧、乙炔混合气体的流量。流量的粗调,主要是靠更换焊炬型号和焊嘴号码来实现;流量的细调则可调节气体调节阀。通过调整混合气体中乙炔与氧气的比例,可获得 3 种不同性质的火焰,焊、割常使用的是中性焰、碳化焰及氧化焰 3 种氧乙炔焰。

中性焰又称正常焰,其氧气和乙炔的混合比为1.0~1.2。中心焰由焰心、内焰和外焰 3 部分组成。焰心呈尖锥状、白色明亮、轮廓清楚;内焰呈蓝白色,轮廓不清楚,与外焰无明显界线,外焰由里向外逐渐由淡紫色变为橙黄色。内焰区在距离焰心前面 2~4 mm 处,是焰心外边颜色较暗的一层,其温度最高,可达 3 150 ℃,如图 6-10(a)所示,温度分布如图 6-11 所示。

中性焰适用于焊接低碳钢、中碳钢、合金钢、纯铜和铝合金等材料。

碳化焰的结构如图 6-10(b)所示。碳化焰的氧气和乙炔混合的体积比小于 1.0。由于氧气较少,燃烧不完全,整个火焰比中性焰长,温度较低,最高温度为 2 700~3 000 ℃。由于乙炔过剩,故适用于焊接高碳钢、硬质合金，焊补铸铁等。焊接其他材料时，会使焊缝材料增碳，变得硬而脆。

氧化焰的结构如图 6-10(c)所示。氧化焰的氧气与乙炔混合的体积比大于 1.2。氧与乙炔混合比例大于 1.2 时燃烧所生成的火焰称为氧化焰。氧化焰比中性焰短，分为焰心和外焰两部分。由于火焰中有过量的氧，故燃烧比中性焰剧烈，而对熔池金属有强烈的氧化作用，降低了焊缝质量，所以一般气焊不宜采用。只有在气焊黄铜、镀锌铁板时才用轻微氧化焰，以利用其氧化性，在熔池表面形成一层氧化物薄膜，以减少低沸点锌的蒸发。

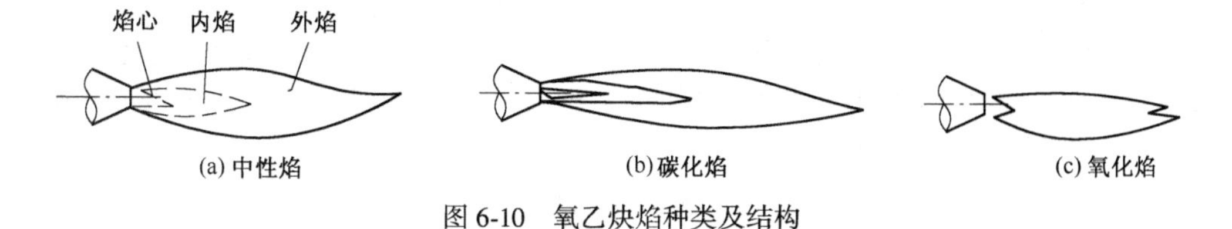

图 6-10　氧乙炔焰种类及结构

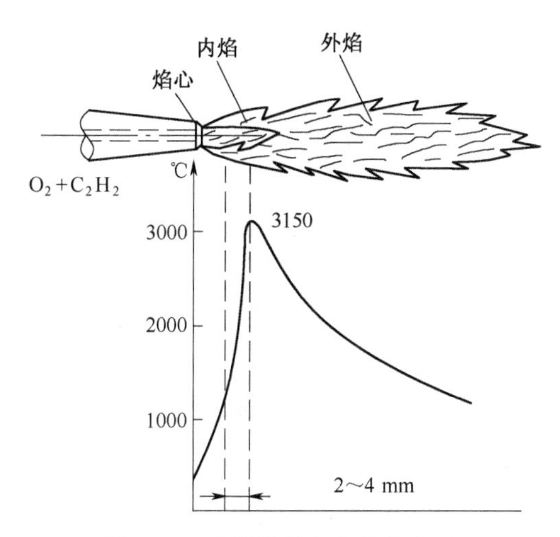

图 6-11　中性焰的温度分布情况

气焊火焰的性质应该根据焊件的不同材料合理选择，具体选用如表 6-6 所示。

表 6-6　气焊火焰的性质选择

焊 接 材 料	应 用 火 焰	焊 接 材 料	应 用 火 焰
低碳钢	中性焰	铬不锈钢	中性焰或轻微碳化焰
中碳钢	中性焰或轻微碳化焰	铬镍不锈钢	中性焰或轻微碳化焰
低合金钢	中性焰	纯铜	中性焰
高碳钢	轻微碳化焰	锡青铜	轻微氧化焰
灰铸铁	碳化焰或轻微碳化焰	黄铜	氧化焰
高速钢	碳化焰	铝及其合金	中性焰或轻微碳化焰
锰钢	轻微氧化焰	铅、锡	中性焰或轻微碳化焰
镀锌铁皮	轻微氧化焰	镍	碳化焰或轻微碳化焰
硬质合金	碳化焰	蒙乃尔合金	碳化焰

四、焊嘴倾角的选择

焊嘴倾角是指焊嘴中心线与焊件平面之间的夹角 α。焊嘴号码应根据母材金属的厚度、熔点和导热性能等因素来选择，如表 6-7 所示。焊嘴与工件的夹角如表 6-8 所示，焊嘴倾角在焊接过程中不是一成不变的，焊炬倾斜角度的大小主要取决于焊件的厚度和母材的熔点及导热性。焊件越厚、导热性及熔点越高，采用的焊炬倾斜角越大，这样可使火焰的热量集中；相反，则采用较小的倾斜角。焊接碳素钢，焊炬倾斜角与焊件厚度的关系，如图 6-12 所示。在气焊过程中，焊丝与焊件表面的倾斜角一般为 30°~40°，它与焊炬中心线的角度为90°~100°。为了迅速形成熔池，焊嘴的倾角可为 80°~90°，熔池形成后则可转为正常的焊接角度。当焊接即将结束时，为了填满熔池，而又不使焊缝收尾处过热，此时应减小焊嘴倾角。使焊嘴对准熔池加热以填满弧坑。

表 6-7 焊嘴的选择

焊嘴号	1	2	3	4	5
工件厚度/mm	<1.5	1-3	2-4	4-7	7-11

表 6-8 焊嘴与工件的夹角

夹角/(°)	30	40	50	60
工件厚度/mm	1-3	3-5	5-7	7-10

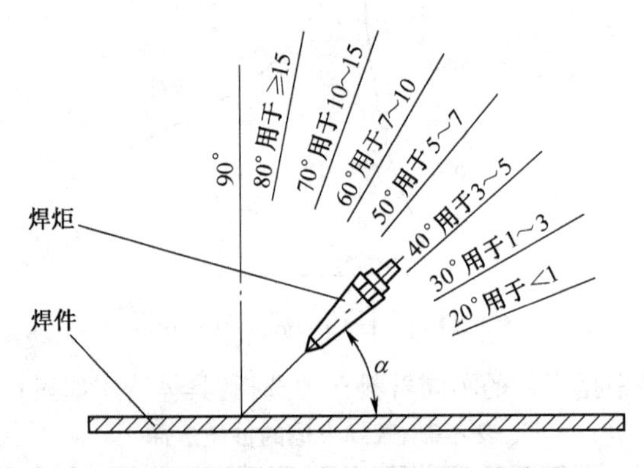

图 6-12 焊炬倾斜角与焊件厚度的关系

五、焊接速度的选择

焊接速度对生产效率和产品质量都有影响，一般来说，对于厚度大、熔点高的焊件，焊接速度要慢些，以免发生未熔合的缺陷；而对于厚度小、熔点低的焊件，焊接速度要快些，以免烧穿或使焊件过热，降低焊缝质量。

六、焊接方向

气焊时，按照焊炬和焊丝的移动方向不同，可分为左向焊法和右向焊法两种，如图 6-13 所示。

1. 右向焊法

焊炬指向焊缝，焊接过程自左向右，焊炬在焊丝面前移动。右向焊法适合焊接厚度较大、熔点

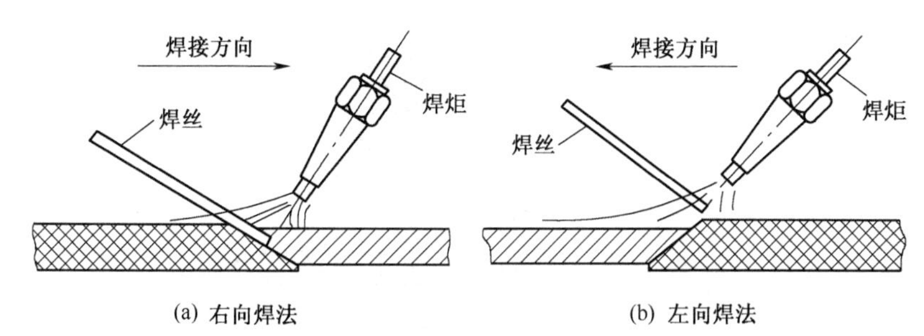

(a) 右向焊法　　(b) 左向焊法

图 6-13　右向焊法和左向焊法

及导热性较高的焊件,但右向焊法不易掌握,一般较少采用。

2. 左向焊法

焊炬是指向焊件未焊部分,焊接过程自右向左,而且焊炬是跟着焊丝走。这种方法操作简便,容易掌握,适宜于薄板的焊接,是普遍应用的焊接方法。左向焊法缺点是焊缝容易氧化,冷却较快,热量利用率较低,所以生产效率较低。

七、焊接速度

一般情况下,厚度小、熔点低的焊件,焊接速度要快些,以免烧穿和使焊件过热,降低产品质量;厚度大、熔点高的焊件,焊接速度要慢些,以免产生未焊透的缺陷。总之,在保证焊接质量的前提下,应尽量加快焊接速度,以提高生产效率。

八、气焊操作

焊枪与工件夹角约为30°,焊丝与焊枪夹角约为90°,焰心与工件距离为2~4 mm。焊炬与焊丝的位置如图 6-14 所示。

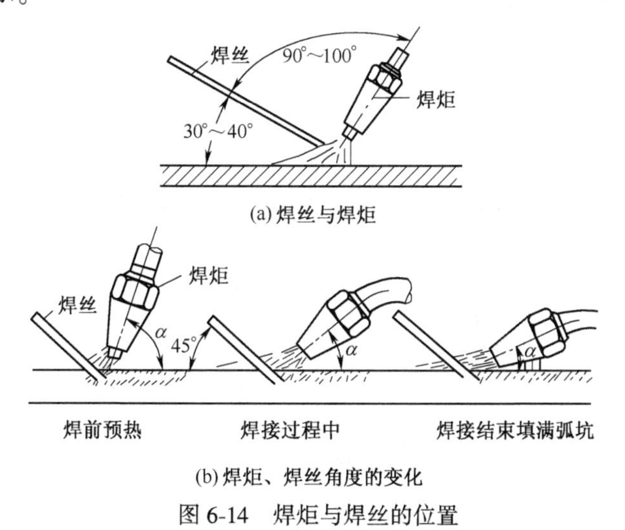

(a) 焊丝与焊炬

(b) 焊炬、焊丝角度的变化

图 6-14　焊炬与焊丝的位置

九、气焊(平焊)操作

气焊过程如图 6-15 所示。

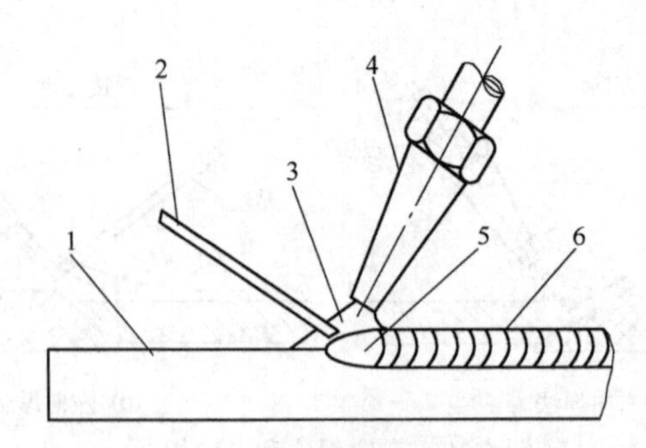

图 6-15　气焊过程示意

1—焊件;2—焊丝;3—气焊火焰;4—焊嘴;5—熔池;6—焊缝

十、具体操作步骤

1. 点火、调节火焰与灭火

(1)点火。点火时,先微开氧气阀门,再开乙炔阀门,随后用明火点燃。

(2)调节火焰。先根据焊件材料确定应采用哪种氧乙炔焰,并调整到所需的火焰,再根据焊件厚度,调整火焰大小。

(3)灭火。灭火时应先关乙炔,再关氧气。

2. 堆平焊波

气焊时,通常用左手拿焊丝,右手持焊炬,两手动作应协调,沿焊缝向左或向右焊接。

3. 接头形式

气焊的接头形式有对接接头、卷边接头、角接接头等。对接接头是气焊采用的主要接头形式,角接接头、卷边接头一般只在薄板焊接时使用,搭接接头、T 形接头很少采用,因为这种接头会使焊件产生较大的变形。采用对接接头,当板厚大于 5mm 时应开坡口。板料常用的气焊接头形式如图 6-16 所示。

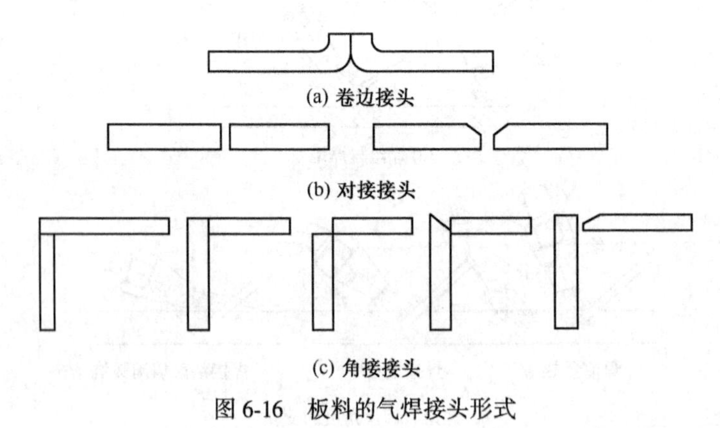

图 6-16　板料的气焊接头形式

第三节　气　　割

气焊除了可焊接金属外,还可以切割金属。气焊与气割广泛用于安装、工业生产及修理等行业。实际生产中，经常是电弧焊和气焊配合使用。利用气焊切割，使钢板和管材分开或制成不同的几何形状；然后利用电弧焊焊接或使分离的工件连接到一起。图 6-17所示为气割示意图。

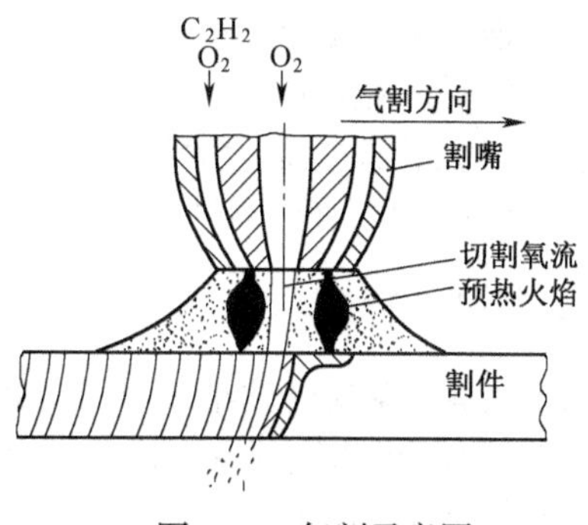

图 6-17　气割示意图

一、气割的原理

氧气切割是利用某些金属在纯氧中燃烧的原理来实现金属切割的。气割开始时，用气体火焰将待切割处附近的金属预热到燃点。然后打开切割氧气的阀门，纯氧射流使高温金属燃烧生成的金属氧化物被燃烧热熔化，并被氧气流吹掉。金属燃烧产生的热量和预热火焰同时又把邻近的金属预热到燃点，沿切割线以一定速度移动割炬，便形成切口。在整个气割过程中，割件金属没有熔化。因此，金属气割过程实质上是金属在纯氧中的燃烧过程。气割所需设备中，除用割炬代替焊炬外，其他设备与气焊相同。其过程分为预热、燃烧和吹渣 3 个阶段。

满足上述条件的金属材料有纯铁，低碳钢、中碳钢和低合金结构钢等，而铸铁、不锈钢和铜、铝及其合金不能气割，气割过程如图 6-18 所示。

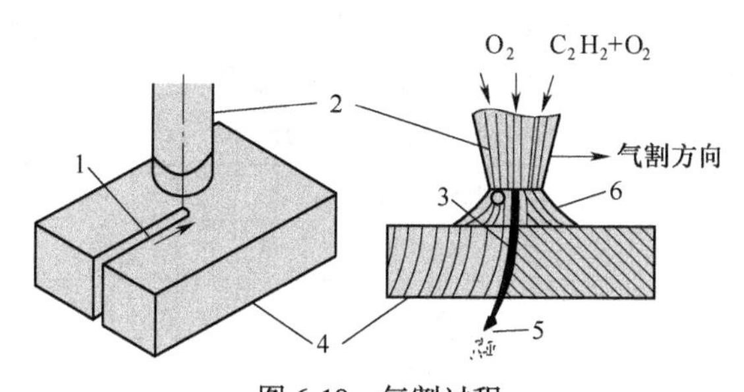

图 6-18　气割过程

1—割缝；2—割嘴；3—氧气流；4—工件；5—氧化物；6—预热火焰

二、对金属材料进行气割时，必须具备的条件

（1）被切割金属的燃点必须低于其熔点，这样才能保证金属气割过程是燃烧过程而不是熔化过程。碳钢中，随含碳量增加，燃点升高而熔点降低。金属的燃点必须低于其熔点。这是金属维持正常气割的最基本条件。否则，金属在未达到燃烧时就开始熔化成液态，就不会成为氧气气割，只能算是熔割了。

低碳钢的燃点约为 1 350 ℃，熔点约为 1 500 ℃，能完全满足这一条件，所以低碳钢具有良好的气割条件。随着含碳量的逐渐增多，碳钢的熔点降低，燃点升高，气割条件越来越差。当含碳量达到 0. 70%时，其熔点和燃点都接近于 1 300 ℃，含碳量超过 0. 70%时，熔点比燃点低，就无法进行气割了。

（2）金属氧化物的熔点应低于金属本身的熔点，同时流动性要好，否则，气割过程形成的高熔点金属氧化物会阻碍下层金属与切割射流的接触，使气割发生困难。

金属在高速氧气流中剧烈燃烧所生成的氧化物熔渣的熔点必须比金属本身的熔点低，而且黏度要小，流动性要好，才容易被氧气流从切口中吹掉。相反，高熔点的熔渣会阻碍金属与高速氧流的接触，妨碍金属燃烧，加上熔渣黏度大，就会产生黏渣现象，使气割发生困难，无法保证气割质量。

高碳钢、铸铁，铜、铝、铬、镍、锌和锰等金属的氧化物的熔点都高于或接近金属本身的熔点，采用氧乙炔气割是很困难的。

(3)金属燃烧时能放出大量的热，而且金属本身的导热性要低，这样才能保证气割处的金属具有足够的预热温度，使气割过程继续进行。

三、气割的特点

气割具有效率高、成本低的优点。手工气割的设备很简单，机动性强，操作灵活方便，适用面较广，能在各种位置切割，能在钢板上切割出各种外形复杂的零件。

但是气割仅适用于低碳钢、中碳钢和普通低合金钢等少数金属，当切割厚度较薄的工件时，会产生很大的残余变形，影响工件质量。手工气割要求操作者具有较高的技术水平，在使用中，如果违反操作规程，粗心大意，容易发生爆炸、燃烧等事故。

四、气割的工艺规范

1. 气割氧压力

气割氧的压力对气割质量有很大影响，还会导致产生紊流。如果氧气压力过低，氧气供应不足，会使金属燃烧不完全，延长了氧化反应的过程，严重时还会造成割不透；相反，如果氧气压力过大，不仅使得氧气的消耗量增大，而且过剩的氧气会起到强烈的冷却作用，妨碍金属的燃烧，造成切口表面粗糙，切口宽度加大，气割速度下降。气割氧压力的选择主要是根据工件的厚度，如表6-9所示。

表6-9　氧气压力的关系

钢板厚度/mm	切割速度/($mm \cdot min^{-1}$)	氧气压力/MPa
4	450~500	0.2
5	400~500	0.3
10	340~450	0.35
15	300~375	0.375
20	260~350	0.4
25	240~270	0.425
30	210~250	0.45
40	180~230	0.45
60	160~200	0.5
80	150~180	0.6

2. 气割速度

气割速度是气割过程中割嘴移动的速度。它是衡量气割效率的重要标志，在操作时要掌握适当。气割速度过快，会使切割面产生凹心，表面纹路粗糙，后拖量大，背面挂渣增多，严重时甚至割不透。气割速度过慢，会使工件过热，其切口两旁边缘被熔化而产生塌边，在切口下部因气流挠动出现深沟或切口变宽，使上下口都呈喇叭状。

气割速度主要由工件厚度和割嘴的型号来确定。工件越厚，气割速度越慢；工件越薄；气割速度越快。

判断气割速度是否得当,主要是根据切口的后拖量来进行。所谓后拖量,就是在氧气气割过程中,工件切口下层金属比上层金属燃烧时迟缓的距离。如图 6-18 所示,通过切口底部的气割氧气流的出口位于喷嘴垂直位置之后,使切断面上的气割氧气流轨迹的始点与终点在一个水平方向上有一段距离,这就是后拖量。一般可以从切断面的沟纹来加以直观判断。在正常的气割速度下,切断面的沟纹具有轻度的后拖量,或接近于垂直;速度过快,沟纹将产生明显的后拖量。后拖量大于工件厚度的 10%时,要调整气割速度。几种参数的关系如表 6-10 所示。

表 6-10　几种参数的关系

板厚/mm	切割氧孔径/mm	氧气速度/MPa	切割速度 /cm · min^{-1}	气体消耗量/L · min^{-1}	
				氧　气	乙　炔
6	0.5~1.0	0.1~0.21	50~81	8.3~26.7	2.3~4.3
6	0.8~1.5	0.11~0.24	51~70	16.7~43.3	2.8~5.2
9	0.8~1.5	0.11~0.28	48~66	21.7~55	2.5~5.2
12	0.8~1.5	0.14~0.30	43~61	36~58.3	3.8~6.2
19	1.0~1.5	0.15~0.35	38~56	55~75	5.7~7.2
25	1.2~1.5	0.15~0.38	35~48	61.7~81.7	6.2~7.5
38	1.7~2.1	0.16~0.38	30~38	86.7~113	6.5~8.5
50	1.7~2.1	0.16~0.42	25~35	86.7~123	7.5~9.5
75	2.1~2.2	0.20~0.35	20~28	98.3~157	7.5~10.5
100	2.1~2.2	0.28~0.42	16~23	138~182	9.8~12.3

3. 预热火焰的能率

气割时,预热火焰要用中性焰和轻微氧化焰,不能用碳化焰。因为碳化焰内存在游离状态的碳,容易造成切口周围金属表面发生渗碳现象,当对气割后的工件焊接时,会在焊缝内产生气孔和裂纹等缺陷。

预热火焰的能率是否得当,可以直观判断。如果切口上边缘出现连续珠状钢粒,甚至熔成圆角,或者切口背面熔渣增多,说明预热火焰的能率过大,相反,气割速度过慢,会出现割不透而中断气割,从而表明预热火焰能率过小。

4. 割嘴与工件间的倾角

割嘴沿气割前进方向所倾斜的角度称为割嘴和工件间的倾角。它可分为 3 种,割嘴向气割方向倾斜为前倾,向气割方向的后方倾斜为后倾,垂直工件时,倾角为 90°,如图 6-19 所示。割嘴的倾角会对气割速度和后拖量产生影响。倾角适当,能充分利用燃烧反应的热量,加快气割速度;倾角不当,不但不能提高气割速度,反而会造成气割困难,降低切割质量。

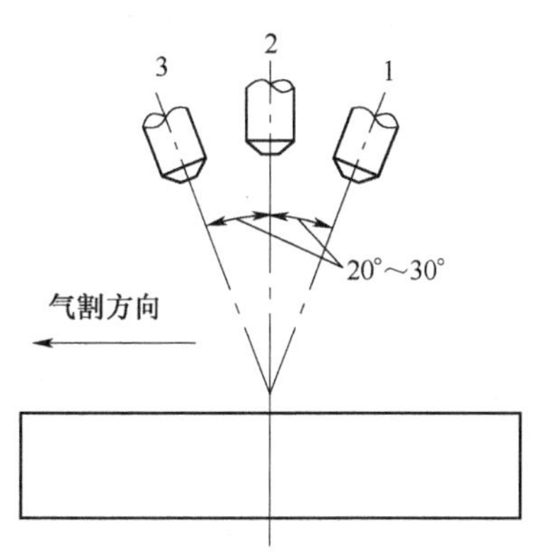

图 6-19　厚度与倾角
1—厚度为 4~20 mm 时;2—厚度为 20~30 mm 时;3—厚度大于 30 mm 时

割嘴的倾角主要取决于工件厚度。一般的经验:当工件厚度小于 4 mm 时,倾角为后倾 25°~45°。工件厚度为 4~20 mm 时,为后倾 20°~30°。工件厚度为 20~30 mm 时,割嘴垂直于工件。工件厚度大于 30 mm,开始气割时,前倾 5°~30°;割透后,倾角为 90°,结束时,后倾 5°~30°。

5. 割嘴与工件表面的距离

割嘴和工件表面应保持一定的距离，这样既可以减少气割过程中空气对切割氧气流的污染，又可以提高切口质量。但如果距离过近，预热火焰会将切口上边缘熔化，继而造成回火、回烧现象，切口表面也容易造成渗碳，所以避免过近距离操作。具体割嘴与工件表面的距离应根据预热火焰的长度和工件的厚度来决定，通常保持火焰的焰心距工件表面 3~6 mm 为宜。

第四节　CO_2 气体保护焊

利用 CO_2 作为保护气体的气体保护焊称为 CO_2 气体保护焊。一般可分为半自动焊、自动焊两种。

一、CO_2 气体保护焊的基本知识

1. 基本原理

它是用焊丝和工件之间产生电弧来熔化金属的一种熔极气体保护焊。CO_2 气体匀速流过焊丝和熔融焊缝周围的空间，把空气中的氧气与焊缝隔离，起到保护焊缝的作用。

2. CO_2 气体保护焊的特点

优点：CO_2 气体价格廉价，和电弧焊相比生产效率高（不用清渣及换焊条），焊接成本较低；焊接时电流密度大，电弧热利用率高，焊后不需清渣，生产效率高；电弧热量集中，焊件受热面积小、变形小；焊缝抗裂性好，焊接质量较高，明弧焊接易于控制；操作灵活，适宜各种空间位置的焊接；易于实现机械化和自动化。

缺点：CO_2 气体在高温时会分解，使电弧气氛具有强烈氧化性，导致合金元素的氧化烧损，所以不能焊接容易氧化的有色金属和高合金钢等；另外 CO_2 焊表面成形差，飞溅较多；CO_2 气体过多地排向大气会影响地球大气环境。

3. CO_2 气体保护焊的应用

CO_2 气体保护焊可用于低碳钢、低合金钢、耐磨零件的堆焊，铸钢件的补焊等，厚薄均可，薄板较有优势。可以全位置焊接，应用于车辆、船舶、机械、容器等结构。

4. CO_2 气体保护焊设备

CO_2 气体保护焊设备如图 6-20 所示。

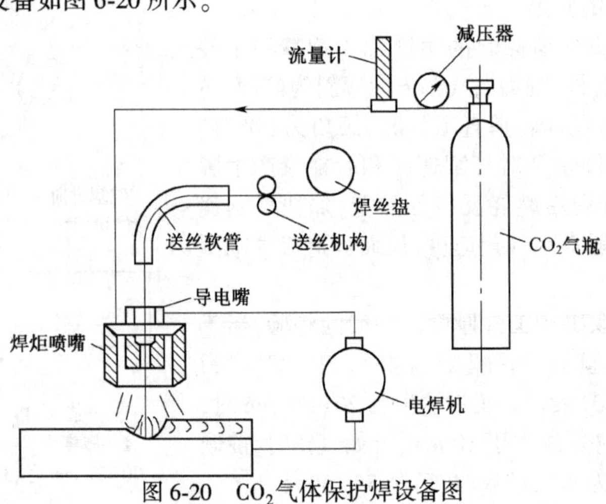

图 6-20　CO_2 气体保护焊设备图

5. CO_2气体保护焊操作

CO_2气体保护焊操作一般采用左焊法和右焊法，手法同气焊。

右焊法加热集中，热量可以充分利用，熔池保护效果好，而且由于电弧吹力作用，将熔池金属推向后方，所以焊缝饱满，但焊接时不便确定焊接方向，容易焊偏，尤其是对接接头。

左焊法电弧对待焊处具有预热作用，能得到较大熔深，焊缝成形得到改善，左焊法观察熔池困难但观察待焊区清楚，不易焊偏，CO_2 气体保护焊一般采用左焊法。

典型工件：低碳钢板的焊接操作。

二、CO_2 焊设备（以半自动 CO_2 焊设备为例）

CO_2 焊设备由焊接电源、送丝机构、焊枪、供气系统和控制系统组成，有的还有循环水冷系统。

1. 焊接电源

一般选用直流电源。直流电源具有以下要求：

用于细丝（短路过渡）焊接，配用等速送丝系统的平特性；用于粗丝焊接，配用变速送丝系统的下降特性；另外对动特性的要求：细丝短路过渡焊机对动特性有特别的要求，即对短路电流上升速度、短路电流峰值、电弧电压恢复速度 3 个指标有一定的要求，目的是保证短路过渡过程可靠的同时又控制飞溅。

2. 送丝系统

送丝方式的变化主要在于细丝/平特性（等速送丝）焊机上，以适应不同场合的要求，图 6-21 所示为各种送丝方式的焊枪。

（1）送丝方式：

①推丝式：焊枪简单、轻巧，以鹅颈式焊枪多见，实际应用较多，特点是送丝距离有限（通常不大于 5 m），送细丝效果欠佳。

②拉丝式：焊枪复杂、较重，以手枪式焊枪多见，薄板结构使用较多，特点是适于送细丝、远距离送丝。

③推拉丝式：焊枪结构复杂，适用于远距离送（细、软）丝，多用于机器人焊接和铝的熔化极气体保护焊。

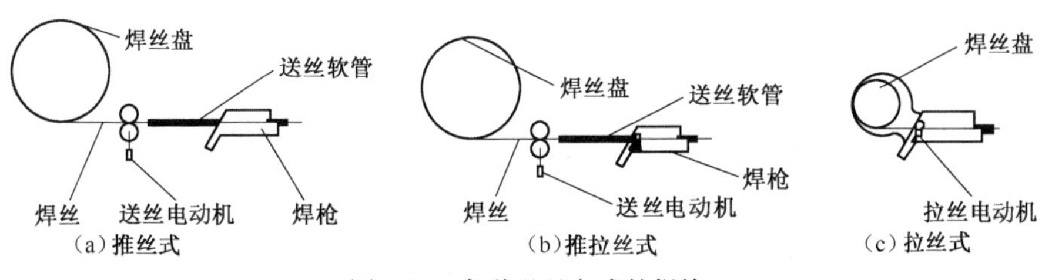

图 6-21　各种送丝方式的焊枪

（2）送丝机构（送丝机）由送丝电动机、减速装置、送丝滚轮和压紧机构等组成；CO_2 焊专用焊机的送丝机构采用单主动送丝即可。

送丝机构多为独立式，也有与电源作为一体的。

3. 焊枪

（1）半自动焊枪分为推丝式焊枪和拉丝式焊枪。推拉式焊枪，送不同材质的焊丝，要用不同的送丝套管(如送钢焊丝用钢质套管即可,而送铝焊丝通常要用特氟隆套管)。

(2)自动焊枪多见于专用焊机上。把半自动焊枪夹于焊接小车上自动焊,现在生产中应用十分广泛。

(3)易损件:

①喷嘴。

②纯铜或铜合金做的导电咀。

但易损件是事实上的"标准件",使用时应注意以下几点:

a. 互不替代。不同品牌的焊枪,其易损件的尺寸不同,往往无法替代。

b. 不同品牌。有专业厂家专门生产焊枪易损件,同一种易损件可能有不同品牌的选择(其寿命、价格不一)。

c. 距离影响。喷嘴端部与导电咀端部的距离会影响焊丝伸出长度,从而影响到电弧的稳定性和焊接质量。

4. 供气系统

供气系统由气瓶(铝白色)、预热器、减压/流量计、气管和电磁气阀组成,必要时可加装干燥器,如图 6-22 所示。

通常将预热器、减压器、流量计作为一体,称为 CO_2 减压流量计(通常属于焊机的标准随机配备)所处位置及结构如图 6-23 所示。但不同气体的减压流量计按规定不能互换使用。

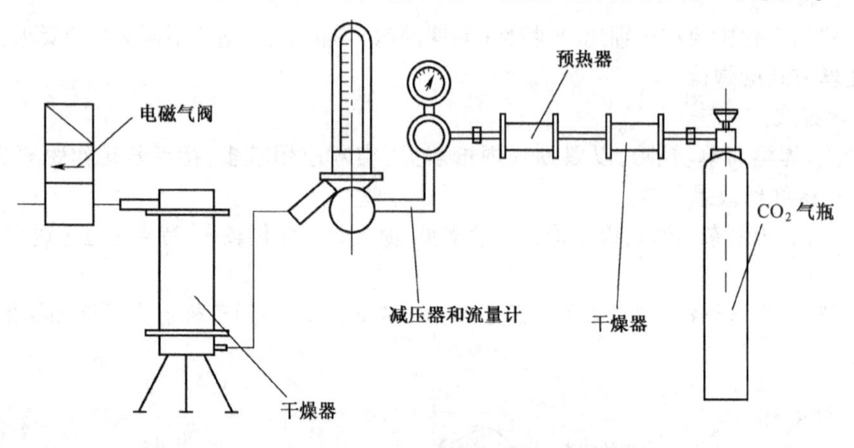

图 6-22 CO_2 焊的供气系统

5. 控制系统

工频三相 380 V 电源输入整流、滤波后通过 IGBT 逆变为中频交流,经中频变压器降压、整流、滤波后输出适合于焊接的直流电,然后接入送丝机、焊枪输出。通过灵敏的反馈电路来控制焊机的动态响应速度;控制电路对整机进行闭环控制,使焊接电源具有良好的抗电网波动能力,焊接性能优异;通过逆变减小了焊机的体积和重量,提高焊接性能。

三、CO_2 焊的气体及焊丝

1. 气体的性质

CO_2 无色、无味,比空气重 0.5,升华、凝华、压缩才能液化,高温下会分解。用铝白色标准钢瓶装(40 L/25 kg),允许使用的最高环境温度不大于 40 ℃;压力表指示的是瓶内 CO_2 饱和蒸气压(与液态多少无关),指针下降即应换气。

使用气瓶时应遵守有关的安全规程。

去除水分的办法:

①倒置排水。

②正置后使用前再预排气。

③使用干燥器(现已少见)。

④瓶内气压低至 1 MPa 时即刻停止使用。

焊接用 CO_2 应符合 HG/T 3728—2004《焊接用混合气体氩—二氧化碳》的要求,其纯度标准为合格品≥99.5%,一等品≥99.7%,优等品≥99.9%(体积比)。

其他指标请参见机械工程标准汇编焊接卷。

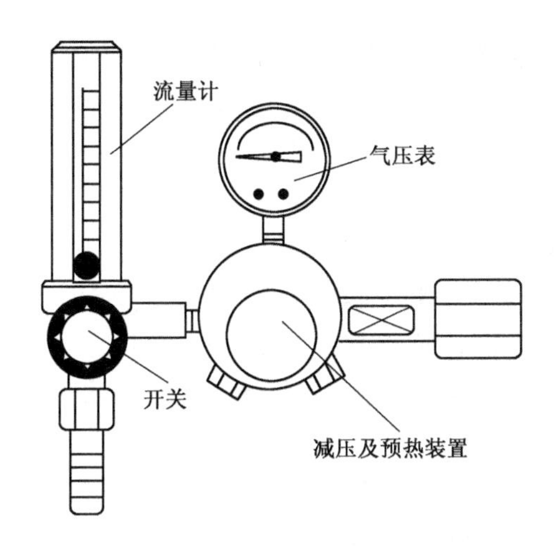

图 6-23 CO_2 减压流量计的结构

2. 焊丝

(1)焊丝的选择需符合相关标准,焊丝的孔径与所选焊接电流及其适合的板厚如表 6-11 所示。

表 6-11 焊丝的孔径与所选焊接电流及其适合的板厚关系

丝径/mm	电流范围/A	适用板厚/mm
0.6	40~100	0.6~1.6
0.8	50~150	0.8~2.3
0.9	70~200	1.0~3.2
1.0	90~250	1.2~6
1.2	120~350	2.0~10
1.6	>300	>6.0

(2)焊丝牌号和直径。根据最新的国家标准,焊丝用型号表示,已不再用牌号表示。

焊丝的直径系列有(0.5)、(0.6)、0.8、1.0、1.2、(1.4)、1.6、2.0、2.5、(3.0)、3.2 mm,表面通常镀铜以防生锈(最新的技术使焊丝已取消镀铜,改为涂层,效果更好,如锦泰焊丝)。

四、CO_2 焊工艺

CO_2 气体保护焊一般多用于碳钢、普通低碳钢的焊接,用药芯焊丝也可以焊一些高合金钢。

CO_2 气体保护焊工艺的一般原则包括坡口的选择、焊前处理、基本操作技术及常用工艺等。

1. 坡口的选择

坡口可参照 GB/T 985.1—2008《气焊、焊条电弧焊、气体保护焊和高能束焊的推荐坡口》选择。坡口角度稍小、钝边稍大。CO_2 焊的焊丝较细,所以间隙应小些(尤其是自动焊),一般多采用左焊法,立焊可采用下向焊。工艺包括焊前清理、引弧、熄弧和焊缝连接等。

2. 焊前清理

CO_2 的氧化性强,所以抗锈能力强。但为保险起见,仍然要求焊前对焊件严格清理。一般情况,除非要求特别严格,否则坡口上的少量黄锈如不作清理,一般不会引起气孔,也不会导致焊缝严重增氢。

3. 基本操作技术

(1)引弧。CO_2 气体保护焊一般采用接触短路法引弧。

(2)熄弧。焊接结束时不要立即熄弧,这样容易留下弧坑,而且容易产生裂纹、气孔等缺陷,而应在弧坑处稍作停留,待弧坑填满后再缓慢抬起焊枪,终止焊接。

(3)焊缝的连接。焊缝接头的连接一般采用退焊法,操作方法同手工电弧焊。

4. 常用工艺举例

1)细丝($\leqslant\phi1.6$mm)/短路过渡 CO_2 焊

实际生产中应用最多的是细丝($\leqslant\phi1.6$ mm)/短路过渡 CO_2 焊,其工艺要点及工艺参数:焊接电流 I、焊接电压 U、焊丝直径 ϕ、焊接速度 v、气体流量、焊丝伸出长度 l。一般考虑板厚、层数、位置等因素确定焊丝直径(打底推荐使用 $\phi0.8$ mm),再确定合适的焊接电流,然后匹配以最佳的焊接电压。焊接电压与焊接电流的最佳匹配范围较窄,通常只有±1 V。对于 $\phi0.8$、$\phi1.0$ mm 的焊丝,有一个简捷的寻找 I/U 最佳匹配的办法:以 100 A/20 V 为基准进行参数调节(可以通过观察电弧的行为、焊丝的熔化、铁水的铺展、收弧时熔滴球的大小等现象,听电弧的声音等来辅助判断参数是否合适)。焊丝伸出长度 $l\approx10\phi$,气体流量一般取 9~15 L/min。自动焊还要考虑焊接速度是否合适。

细丝($\leqslant\phi1.6$ mm)/短路过渡 CO_2 焊工艺参数的确定也可参考图 6-24~图 6-28,以及表 6-12。

2)(粗丝)滴状过渡 CO_2 焊

粗丝($>\phi1.6$ mm)/滴状过渡 CO_2 焊工艺要点:工艺参数一般包括:I、U、ϕ、v、l、气体流量、送丝速度。经常采用大电流、高电压、大气体流量,这样才更适合于平位置的填充、盖面焊,由于飞溅较大,建议在 CO_2 中加入少量 Ar。由于中职学校条件所限,这部分内容了解即可。

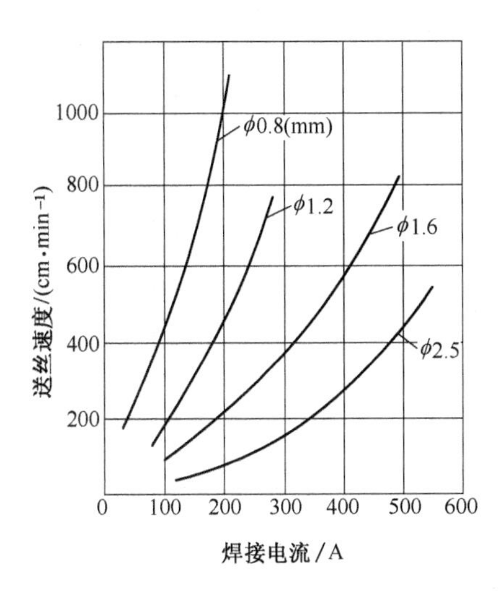

图 6-24　焊接电流与送丝速度的关系

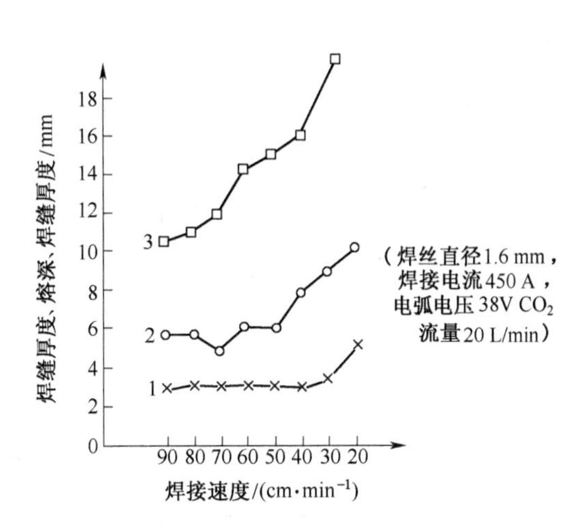

图 6-25　焊接速度与焊缝成形的关系

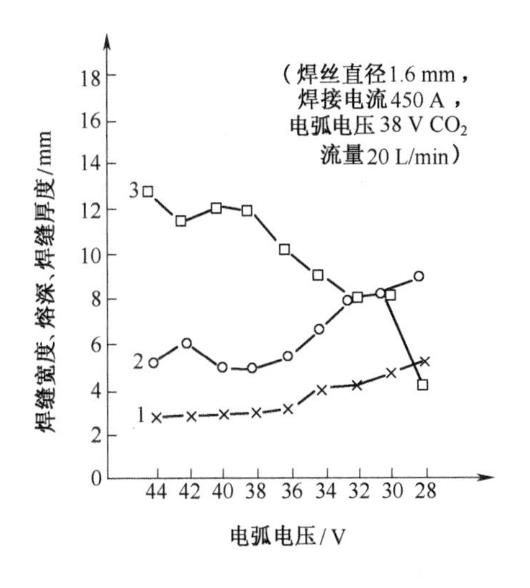

图 6-26　焊接电流与送丝速度的关系

1—焊缝厚度；2—熔深；3—焊缝宽度

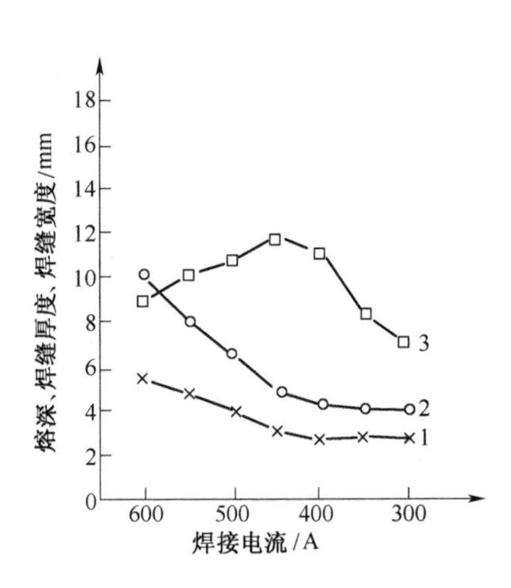

图 6-27　焊接速度与焊缝成形的关系

1—焊缝厚度；2—熔深；3—焊缝宽度

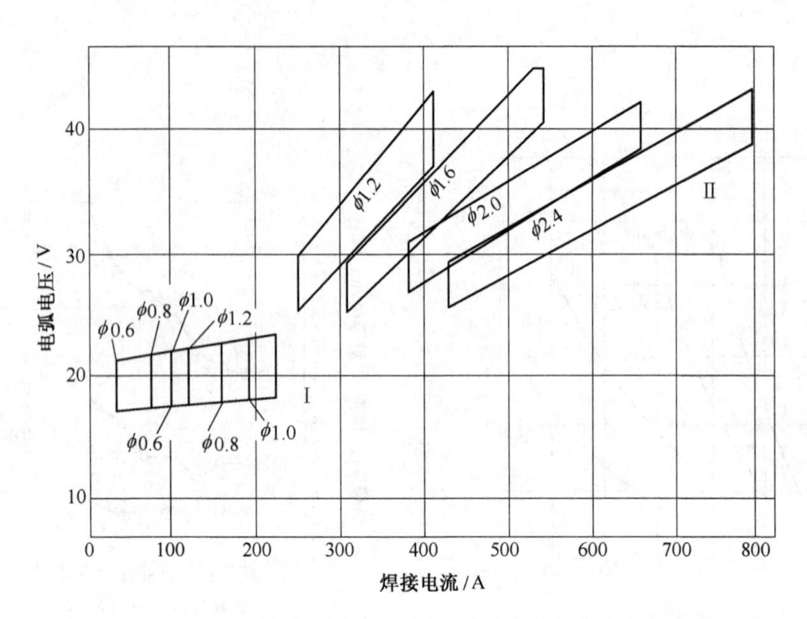

图 6-28 不同直径焊丝焊接 12 mm 钢板时的焊接电流和电弧电压范围

Ⅰ—短路过渡；Ⅱ—粗滴过渡；φ—焊丝直径

表 6-12 合适的电弧电压与焊接电流范围

焊丝直径/mm	短 路 过 渡		颗粒状过渡	
	焊接电流/A	电弧电压/V	焊接电流/A	电弧电压/V
0. 5	30～60	16～18	—	—
0. 6	30～70	17～19	—	—
0. 8	50～100	8～21	—	—
1. 0	70～120	18～22	—	—
1. 2	90～150	19～23	160～400	25～38
1. 6	140～200	20～24	200～500	26～40
2. 0	—	—	200～600	27～40
2. 5	—	—	300～700	28～42
3. 0	—	—	500～800	32～44

实训一　气焊基本训练

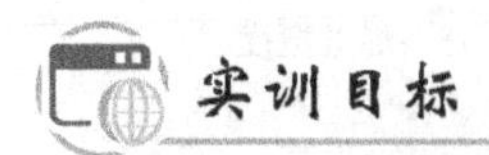

实训目标

①了解气焊的基础知识。

②掌握气焊的要求。

③掌握气焊的操作过程。

④掌握回火原因及预防、处理措施。

⑤培养学生自我分析焊接质量的能力,使学生通过学习气焊的焊接操作过程来预防和解决焊接过程出现的质量问题。

实训分析

气焊是利用气体燃烧的热量熔化母材及填充金属的焊接方法。通常气焊使用乙炔(C_2H_2)作可燃气体,氧气作助燃气体,火焰温度可以达到3 100~3 300 ℃。与焊条电弧焊相比较,气焊温度低,火焰热量比较分散,因此,生产效率低,焊接变形较大。但是,气焊的火焰温度较低且容易控制熔池的温度,这对精细件(如薄板和管件)的焊接是有利的。此外,气焊不需要电源,移动灵活,对室外维修工作比较方便。目前,气焊适合于焊接厚度3 mm以下的薄钢板、铸铁、不锈钢及铜、铝合金等。

相关知识

1. 气焊安全

根据国家标准GB 9448—1999《焊接与切割安全》规定,焊工在操作时除加强个人防护外,还必须严格执行焊接安全规程,掌握防火、防爆常识,最大限度地避免安全事故。

具体应注意以下方面:

(1)预防火灾和爆炸。

(2)预防有害气体。

(3)预防弧光辐射。

(4)气瓶的安全使用。

2. 气焊的特点及应用

(1)火焰对熔池的压力及对焊件的热输入量调节方便,故熔池温度、焊缝形状和尺寸、焊缝背面成形等容易控制。

(2)设备简单,移动方便,操作易掌握,但设备占用生产面积较大。

(3)焊距尺寸小,使用灵活。由于气焊热源温度较低,加热缓慢,生产效率低,热量分散,热影响区大,焊件有较大的变形,接头质量不高。

(4)气焊适于各种位置的焊接。适合3mm以下的低碳钢、高碳钢薄板、铸铁焊补,以及铜、铝等有色金属的焊接。在船上无电或电力不足的情况下,气焊则能发挥更大的作用,常用气焊火焰对工件、刀具进行淬火处理,对紫铜皮进行回火处理,并矫直金属材料和净化工件表面等。此外,由微型氧气瓶和微型熔解乙炔气瓶组成的手提式或肩背式气焊气割装置,在旷野、山顶、高空作业中应用是十分简便的。

3. 气焊的基本原理

气焊是利用可燃气体与助燃气体,通过焊炬混合后喷出,经点燃而发生剧烈的氧化燃烧,以燃烧所产生的热量去熔化工件接头部位的母材和焊丝而达到金属牢固连接的方法,如图6-29所示。

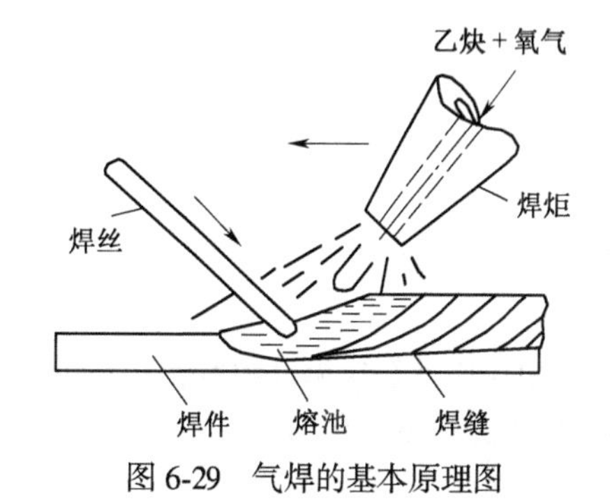

图6-29　气焊的基本原理图

气焊所用的可燃气体很多,有乙炔、氢气、液化石油气、煤气等,而最常用的是乙炔气。乙炔气的发热量大,燃烧温度高,制造方便,使用安全,焊接时火焰对金属的影响最小,火焰温度高达3 100~3 300 ℃。氧气作为助燃气,其纯度越高,耗气越少。因此,气焊又称氧乙炔焊。

气焊所用设备及气路连接如图 6-30 所示。

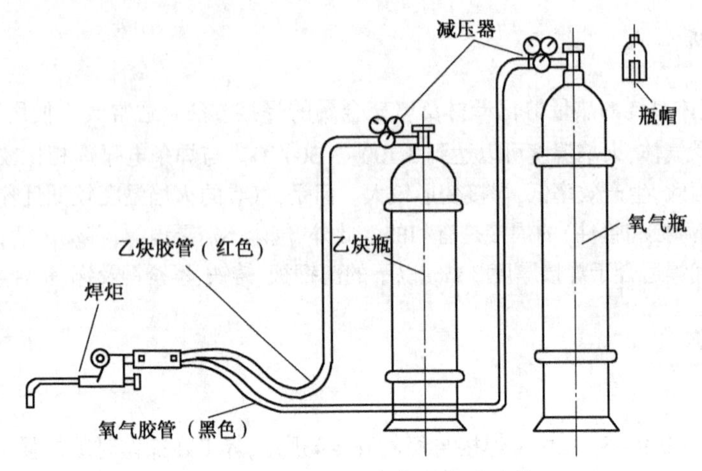

图 6-30 气焊所用设备及气路连接

4. 常用的气体及氧炔火焰

气焊使用的气体包括助燃气体和可燃气体。助燃气体是氧气;可燃气体有乙炔、液化石油气和氢气等。

乙炔与氧气混合燃烧的火焰称为氧炔焰。按氧与乙炔的不同比值,可将氧炔焰分为中性焰、碳化焰(也叫还原焰)和氧化焰 3 种,如图 6-31 所示。

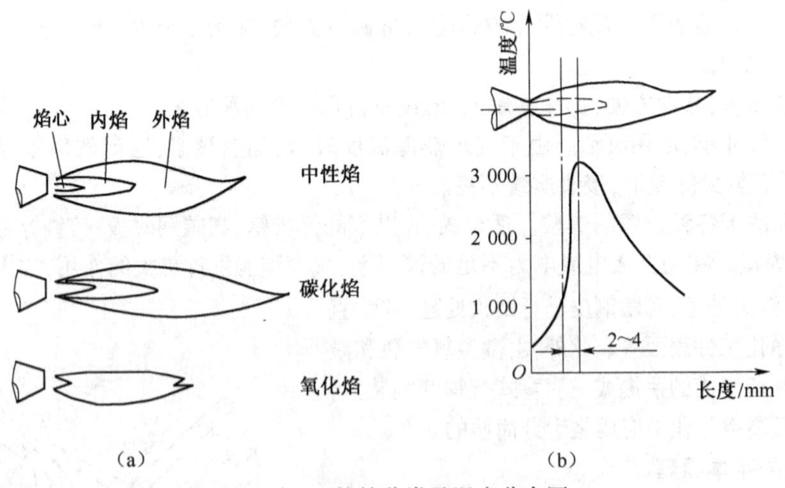

图 6-31 氧-乙炔焰分类及温度分布图

①中性焰燃烧后无过剩的氧和乙炔。它由焰心、内焰和外焰 3 部分组成。焰心呈尖锥形,色白而明亮,轮廓清楚。离焰心尖端 2~4 mm 处化学反应最激烈,因此,温度最高,为 3 100~3 200 ℃。内焰呈蓝白色,有深蓝色线条;外焰的颜色从里向外由淡紫色变为橙黄色,火焰呈中性焰。

②碳化焰燃烧后的气体中尚有部分乙炔未燃烧。它的最高温度为 2 700～3 000℃。火焰明显，分为焰心、内焰和外焰 3 部分。

③氧化焰中有过量的氧。由于氧化焰在燃烧中氧的浓度极大，氧化反应又非常剧烈。因此，焰心、内焰和外焰都缩短，而且内焰和外焰的层次极为不清，可以把氧化焰看作由焰心和外焰两部分组成。它的最高温度可达 3 100～3 300 ℃。由于火焰中有游离状态的氧，因此，整个火焰有氧化性。

实训实施

1. 焊前准备（材料及工具）

（1）焊接设备：H01-12 焊炬（见图 6-32）、乙炔瓶、氧气瓶、减压表、胶管。

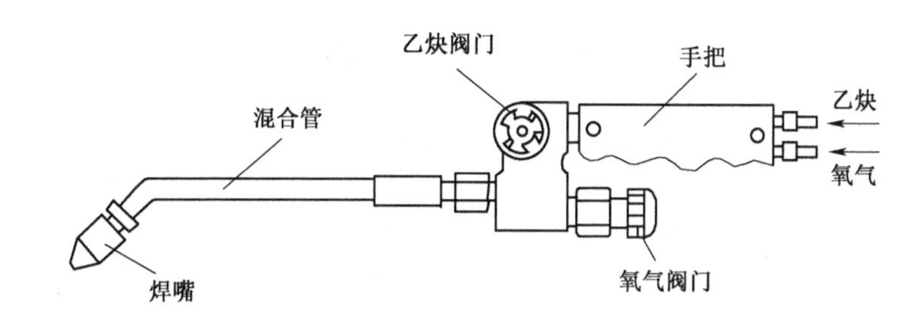

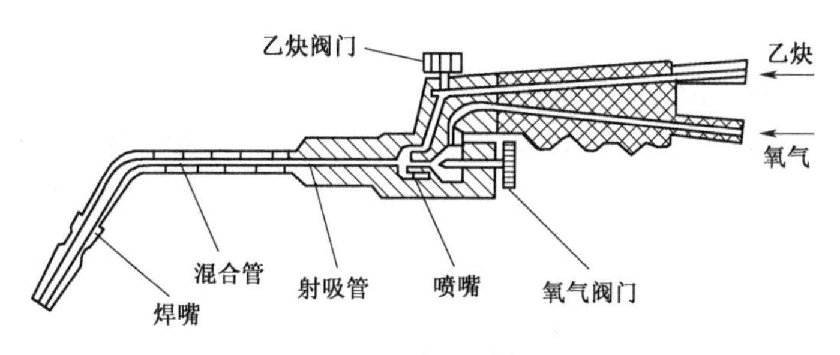

图 6-32　焊炬结构示意图

各型号的焊炬均备有 5 个大小不同的焊嘴，可供焊接不同厚度的工件使用。

（2）劳动保护用品：手套、工作服、工作帽、绝缘鞋、墨镜。

（3）辅助工具：钢丝刷、角磨机、焊缝检验尺。

（4）实训材料：

①焊件：Q235，规格为 300 mm×10 mm×3 mm 角铁，两块组成一个焊件。

②焊丝、氧气、乙炔。

（5）安全检查与设备调试。

2. 确定焊接工艺参数

焊接工艺参数可参考表 6-11 和表 6-12。

3. 焊接操作要点

试件装配→选择焊接工艺参数→施焊→清理试件→检查焊接质量→整理现场。

1）焊法选择（见图 6-33）

气焊操作是右手握焊炬，左手拿焊丝，可以向右焊（右焊法），也可向左焊（左焊法）。

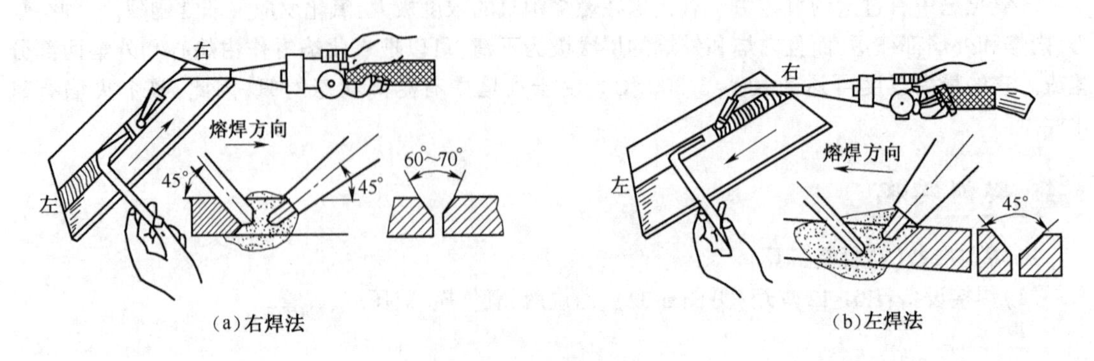

图 6-33 气焊的焊接方法

右焊法是焊炬在前，焊丝在后。这种方法是焊接火焰指向已焊好的焊缝，加热集中，熔深较大，火焰对焊缝有保护作用，容易避免气孔和夹渣，但较难掌握。此种方法适用于较厚工件的焊接，而一般厚度较大的工件均采用电弧焊。因此，右焊法很少使用。

左焊法是焊丝在前，焊炬在后。这种方法是焊接火焰指向未焊金属，有预热作用，焊接速度较快，可减少熔深和防止烧穿，操作方便、适宜焊接薄板。用左焊法，还可以看清熔池，分清熔池中铁水与氧化铁的界线。因此，左焊法在气焊中被普遍采用。

2）点火

点火之前，先把氧气瓶和乙炔瓶上的总阀打开，然后转动减压器上的调压手柄（顺时针旋转），将氧气和乙炔调到工作压力。再打开焊枪上的乙炔调节阀，此时可以把氧气调节阀少开一点氧气助燃点火（用明火点燃），如果氧气开得大，点火时就会因为气流太大而出现啪啪的响声，而且还点不着。如果不少开一点氧气助燃点火，虽然也可以点着，但是黑烟较大。点火时，手应放在焊嘴的侧面，不能对着焊嘴，以免点着后喷出的火焰烧伤手臂。

3）熄火

焊接结束时应熄火。熄火之前一般应先把氧气调节阀关小，再将乙炔调节阀关闭，最后再关闭氧气调节阀，火即熄灭。如果将氧气全部关闭后再关闭乙炔，就会有余火窝在焊嘴里，不容易熄火，这是很不安全的（特别是当乙炔关闭不严时，更应注意）。此外，这样的熄火黑烟也比较大，如果不调小氧气而直接关闭乙炔，熄火时就会产生很响的爆裂声。

实训评价

施焊时，要使焊嘴轴线的投影与焊缝重合，同时要掌握好焊炬与工件的倾角 α。工件越厚，倾角越大；金属的熔点越高，导热性越大，倾角就越大。在开始焊接时，工件温度尚低，为了较快地加热工件和迅速形成熔池，α 应该大一些（80°~90°），喷嘴与工件近于垂直，使火焰的热量集中，尽快使接头表面熔化。正常焊接时，一般保持 α 为 30°~50°。焊接将结束时，倾角可减至 20°，并使焊炬作上下摆动，以便连续地对焊丝和熔池加热，这样能更好地填满焊缝和避免烧穿。焊嘴倾角与工件厚度的关系如图 6-34 所示。

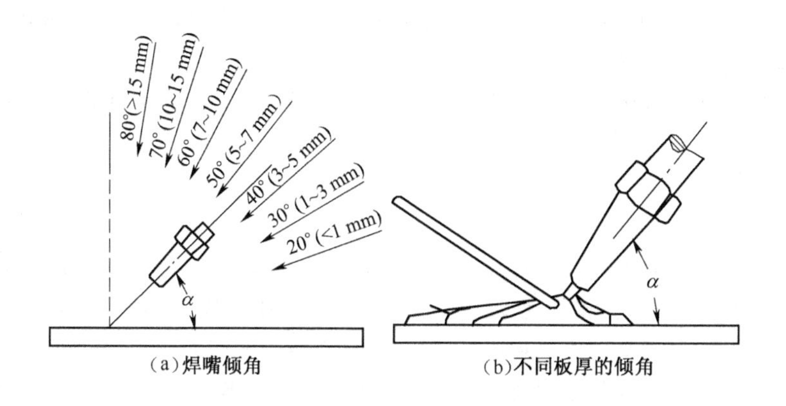

图 6-34　焊嘴倾角与工件厚度的关系

焊接时，还应注意送进焊丝的方法，焊接开始时，焊丝端部放在焰心附近预热。待接头形成熔池后，才把焊丝端部浸入熔池。焊丝熔化一定数量之后，应退出熔池，焊炬随即向前移动，形成新的熔池。注意焊丝不能经常处在火焰前面，以免阻碍工件受热；也不能使焊丝在熔池上面熔化后滴入熔池；更不能在接头表面尚未熔化时就送入焊丝。焊接时，火焰内层焰心的尖端要距离熔池表面 2~4 mm，形成的熔池要尽量保持瓜子形或椭圆形。

思考与练习

(1)简述气焊的特点。

(2)简述气焊的基本原理

(3)简述常用的气体及氧炔火焰的性能。

(4)简述左、右向焊法的区别。

(5)进行点火、熄火操作练习。

实训二　板与板的气焊

实训目标

培养学生自我分析焊接质量的能力，使学生通过实训中的气焊的焊接操作学会预防和解决焊接过程出现的质量问题。

实训分析

为了使被焊的两块金属母材获得正确的位置，常常需要在待施焊的焊缝上，先焊上若干条间距大致相等、长度很短的焊缝，称为定位焊。定位焊缝不宜过长、过宽、过高，特别是较厚的焊件，还要保证有足够的熔深，不然会造成正式焊缝高低不平，宽窄不一和熔合不良等缺陷。

若定位焊时产生焊接缺陷,应及时铲除或修补。对薄板的直缝焊件,定位焊由中间向两端进行,定位焊长度为5~7 mm,间距为50~100 mm。

对较厚焊件,定位焊应由两端向中间进行,定位焊长度为20~30 mm,间距为200~300 mm。

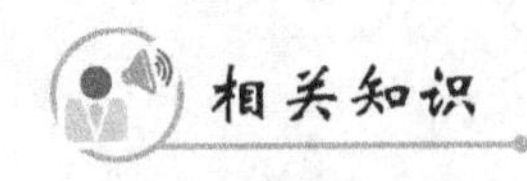

相关知识

1. 回火的处理

在焊接操作中有时焊嘴头会出现爆响声,随着火焰自动熄灭,焊枪中会有吱吱响声,这种现象称为回火。因氧气比乙炔压力高,可燃混合物会在焊枪内发生燃烧,并很快扩散在导管里而产生回火。如果不及时消除,不仅会使焊枪和皮管烧坏,而且会使乙炔瓶发生爆炸。所以当遇到回火时,不要紧张,应迅速在焊炬上关闭乙炔调节阀,同时关闭氧气调节阀,等回火熄灭后,再打开氧气调节阀,吹除焊炬内的余焰和烟灰,并将焊炬的手柄前部放入水中冷却。

2. 气焊火焰

改变氧和乙炔的体积比,可获得3种不同性质的气焊火焰:中性焰、碳化焰和氧化焰,如图6-35所示(与气焊相同,成分比例见图6-35)。在操作过程中,要注意避免产生回火现象。

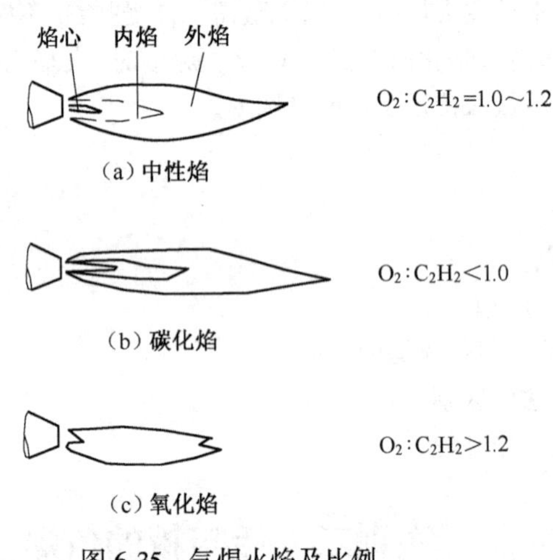

图6-35 气焊火焰及比例

3. 气焊丝

气焊用的焊丝起填充金属的作用,焊接时与熔化的母材一起组成焊缝金属。常用气焊丝有碳素结构钢焊丝、合金结构钢焊丝、不锈钢焊丝、铜及铜合金焊丝、铝及铝合金焊丝、铸铁焊丝等。

在气焊过程中,气焊丝的正确选用十分重要,应根据工件的化学成分、机械性能选用相应成分或性能的焊丝,有时也可用被焊板材上切下的条料作焊丝。

4. 气焊熔剂(焊粉)

为了防止金属的氧化,消除已经形成的氧化物和其他杂质,在焊接有色金属材料时,必须采用气焊熔剂。常用的气焊熔剂有不锈钢及耐热钢气焊熔剂、铸铁气焊熔剂、铜气焊熔剂、铝气焊熔剂。

气焊时,熔剂的选择要根据焊件的成分及其性质而定。

5. 其他

1)橡胶管

橡胶管是输送气体的管道，分氧气橡胶管和乙炔橡胶管，两者不能混用。国家标准规定：氧气橡胶管为黑色，乙炔橡胶管为红色。氧气橡胶管的内径为 8 mm，工作压力为 1.5 MPa；乙炔橡胶管的内径为 10 mm，工作压力为 0.5 MPa 或 1.0 MPa；橡胶管长一般为 10 m～15 m。

氧气橡胶管和乙炔橡胶管不可有损伤和漏气发生，严禁明火检漏。特别要经常检查橡胶管的各接口处是否紧固，橡胶管有无老化现象。橡胶管不能沾有油污等。

2）气焊工艺与焊接规范

气焊的接头形式和焊接空间位置等工艺问题的考虑与焊条电弧焊基本相同。气焊尽可能用对接接头，厚度大于 5 mm 的焊件需开坡口以便焊透。焊前接头处应清除铁锈、油污、水分等。

气焊的焊接规范主要需确定焊丝直径、焊嘴大小和焊接速度等。

焊丝直径由工件厚度、接头和坡口形式决定，开坡口时第一层应选较细的焊丝。焊丝直径的选用可参考表 6-13。

表 6-13　不同厚度工件配用焊丝的直径

工作厚度（mm）	1.0～2.0	2.0～3.0	3.0～5.0	5.0～10	10～15
焊丝直径（mm）	1.0～2.0	2.0～3.0	3.0～4.0	3.0～5.0	4.0～6.0

焊嘴大小影响生产效率。导热性好、熔点高的焊件，在保证质量前提下应选较大号焊嘴（较大孔径的焊嘴）。

在平焊时，焊件越厚，焊接速度应越慢。对熔点高、塑性差的工件，焊速应慢。在保证质量前提下，尽可能提高焊速，以提高生产效率。

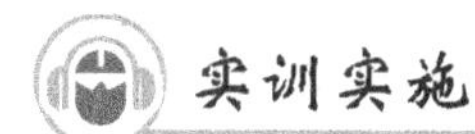

1. 焊前准备

劳保用品、气焊工具准备、施焊前的准备：

（1）在调节氧乙炔焰的过程中，若发现火焰的形状歪斜或发出“吱、吱”声时，应用通针将焊嘴内的杂质清除干净，直至火焰正常后方可焊接。

（2）为保证焊接质量，气焊前一般应用砂纸或钢丝刷将焊丝及焊件接头处表面的氧化物、铁锈及油污等脏物清除干净。

（3）起焊前，必须对起焊点预热。预热时，焊嘴的倾角为 80°～90°，并要使火焰在起焊处往复移动，以保证焊接处温度均匀升高。如果两焊件厚度不同，火焰应稍微偏向厚件。只有当起焊处形成白亮而清晰的熔池时，才可起焊。

2. 确定焊接工艺参数

需确定气焊丝直径、焊嘴大小、焊接速度等。

（1）在气焊过程中，应根据工件的化学成分、机械性能选用相应成分或性能的焊丝，有时也可用被焊板材上切下的条料作焊丝。气焊用的焊丝起填充金属的作用，焊接时与熔化的母材一起组成焊缝金属。常用气焊丝有碳素结构钢焊丝、合金结构钢焊丝、不锈钢焊丝、铜及铜合金焊丝、铝及铝合金焊丝、铸铁焊丝等。焊丝直径的确定主要参考工件厚度，如表 6-14所示。

表 6-14　工件厚度与焊丝直径

工件厚度/mm	1~2	2~3	3~5	5/10	10~15	>15
焊丝直径/mm	1~2	2	2~3	3~4	4~6	6~8

(2)坡口的选择。一般分为板料坡口的选择和棒料坡口的选择,如图 6-36、图 6-37 所示。

(3)焊接速度。厚度大、熔点高的焊件,焊接速度要慢些,以免产生未焊透的缺陷;厚度小、熔点低的焊件,焊接速度要快些,以免烧穿和使焊件过热;在保证质量的前提下,尽量加快焊接速度,提高生产效率。

(4)焊丝的填充。起焊时,不但要注意熔池的形成情况,还要将焊丝末端置于外层火焰下预热。当熔池形成后,才可将焊丝送入熔池,接着将焊丝迅速提起,同时,火焰向前移动,以便形成新的熔池。待新的熔池形成后,再将被火焰预热的焊丝送入熔池,如此循环,就形成了焊缝。在操作过程中,应掌握好焊炬向前移动的速度,使熔池的形状和大小始终保持一致。气焊厚度≤1 mm时,可不填充焊丝。

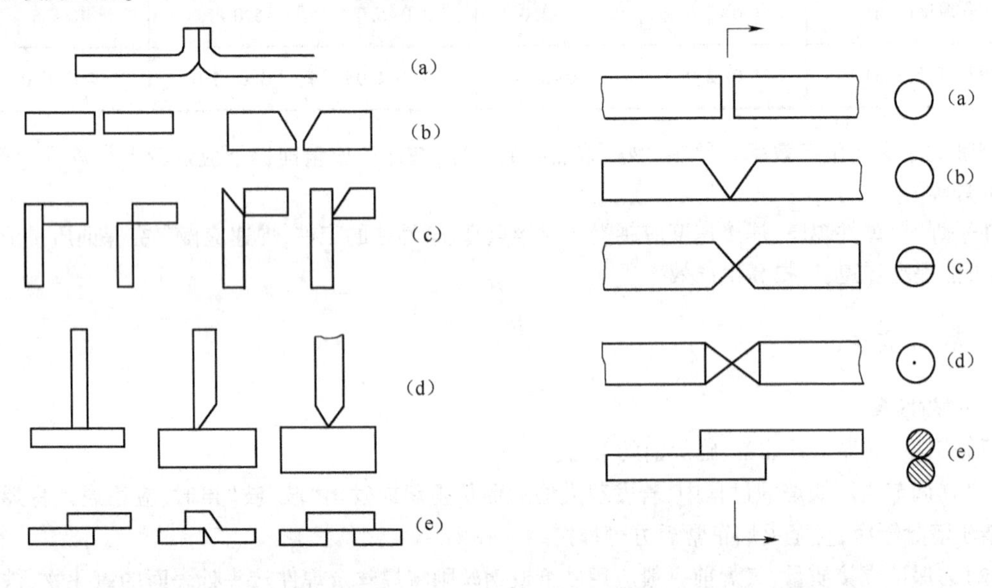

图 6-36　板料气焊时的坡口形式　　图 6-37　棒料气焊时的坡口形式

(5)焊嘴倾角的选择。焊接中,要注意掌握好焊嘴与工件的夹角 α。α 大,火焰热量散失小,工件加热快,温度高。当焊接厚度大、熔点较高或导热性较好的焊件时,α 要大一些。焊接开始时,为了较快地加热工件和迅速形成熔池,α 应大些,可取 80°~90°;正常焊接时,一般保持在30°~50°之间;当焊接结束时,α 应适当减小,以便更好地填满弧坑和避免焊穿。

(6)焊嘴和焊丝的摆动。焊接中,焊嘴和焊丝应做均匀协调的摆动,才能获得优质、美观的焊缝。焊嘴和焊丝的摆动有 3 个方向:

①沿焊缝方向做前进运动,不断熔化焊件和焊丝而形成焊缝。

②在垂直于焊缝方向做上下跳动。

③在焊缝宽度方向做横向摆动(或圆圈运动)。

焊嘴和焊丝的摆动方法(见图 6-38)及幅度,与焊件的厚度、材质、空间位置及焊缝尺寸有关。前 3 种适用于厚度较大焊件的焊接和堆焊。最后一种适用于薄板的焊接。

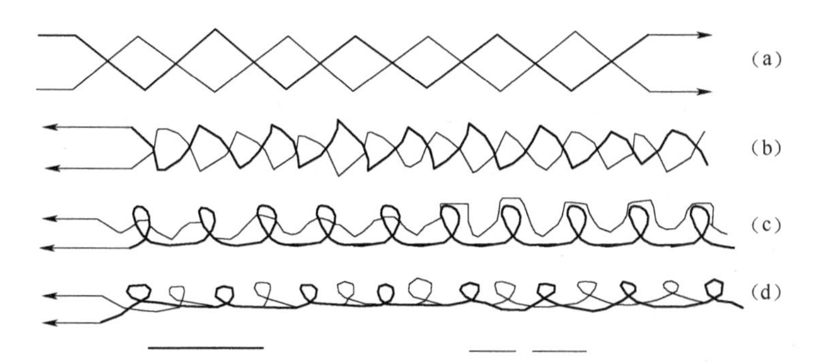

图 6-38　焊嘴和焊丝的摆动方法

(7)焊缝的连接。后焊焊缝与先焊焊缝连接时,应用火焰将原熔池周围充分加热,待已凝固的熔池及附近的焊缝金属重新熔化又形成熔池后,方可熔入焊丝。焊接重要焊件时,接头处必须重叠 8~10 mm。

3. 气焊操作要点

(1)点火。先把氧气瓶和乙炔瓶上的总阀打开,然后转动减压器上的调压手柄(顺时针旋转),将氧气和乙炔调到工作压力。再打开焊枪上的乙炔调节阀,此时可以把氧气调节阀少开一点氧气助燃点火(用明火点燃),焊炬结构如图 6-39 所示。

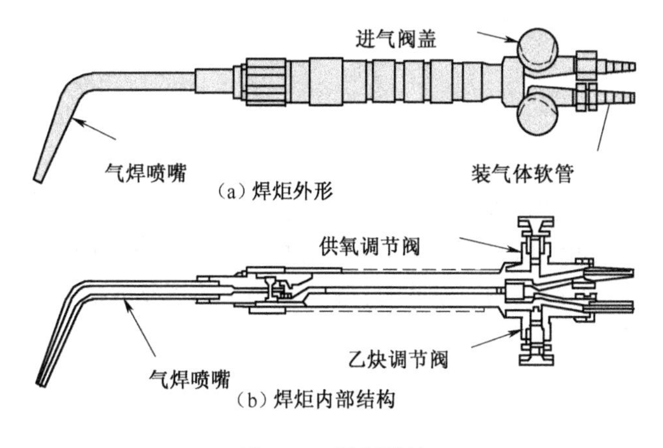

图 6-39　焊炬结构

(2)调节火焰。刚点火的火焰是碳化焰,然后逐渐开大氧气阀门,改变氧气和乙炔的比例,根据被焊材料性质及厚薄要求,调到所需的中性焰、氧化焰或碳化焰。需要大火焰时,应先把乙炔调节阀开大,再调大氧气调节阀;需要小火焰时,应先把氧气关小,再调小乙炔。

(3)焊接方向。气焊操作是右手握焊炬,左手拿焊丝,可以向右焊(右焊法),也可向左焊(左焊法)。

(4)施焊方法。施焊时,要使焊嘴轴线的投影与焊缝重合,同时要掌握好焊炬与工件的倾角 α。工件越厚,倾角越大;金属的熔点越高,导热性越大,倾角就越大。

(5)熄火。熄火之前一般应先把氧气调节阀关小,再将乙炔调节阀关闭,最后再关闭氧气调节阀,火即熄灭。

实训评价

不允许出现熔池不清晰且有气泡、火花飞溅加大或熔池内金属沸腾的现象,一旦出现,说明火焰选择不当,如不能及时将火焰调节成中性焰,则重新进行气焊练习。

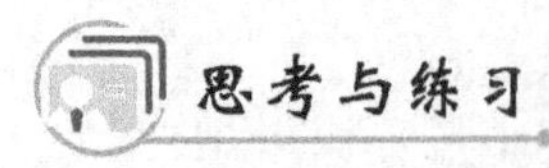

思考与练习

(1)气焊工艺参数包括哪些?

(2)接头形式有哪些?

(3)焊丝直径如何选择?

(4)焊接速度如何掌握?

(5)回火处理如何进行?

实训三　气割操作技术

实训目标

①明确金属进行气割必须满足的条件。

②掌握气割操作技术。

实训分析

氧气切割简称气割,是一种切割金属的常用方法。气割时,先把工件切割处的金属预热到它的燃烧点,然后以高速纯氧气流猛吹。这时金属就发生剧烈氧化,所产生的热量把金属氧化物熔化成液体。同时,氧气气流又把氧化物的熔液吹走,工件就被切出了整齐的缺口。只要把割炬向前移动,就能把工件连续切开。

相关知识

1. 气割过程

气割过程如图 6-40 所示。工作时,先点燃预热火焰,使工件的切割边缘加热到金属的燃烧点,然后开启氧气阀门进行切割。气割所用的割炬如图 6-41 所示。

2. 金属气割的两个条件

(1)金属的燃点应低于其熔点。

(2)金属氧化物的熔点应低于金属的熔点。

纯铁、低碳钢、中碳钢和普通低合金钢都能满足上述条件,具有良好的气割性能。高碳钢、铸铁、不锈钢,以及铜、铝等有色金属都难以进行氧气切割。

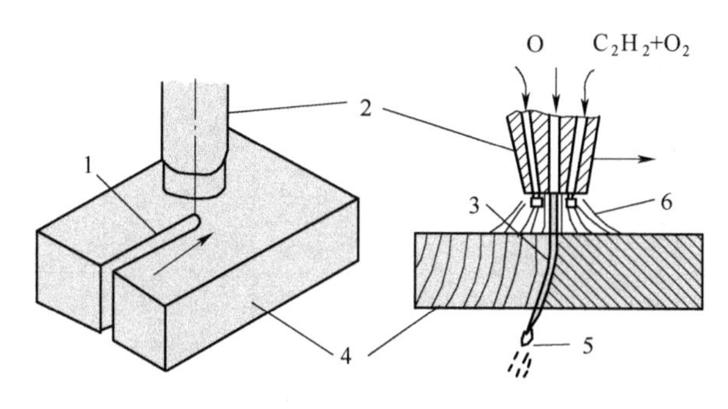

图 6-40　气割过程

1—割缝；2—割嘴；3—氧气流；4—工件；5—氧气物；6—预热火焰

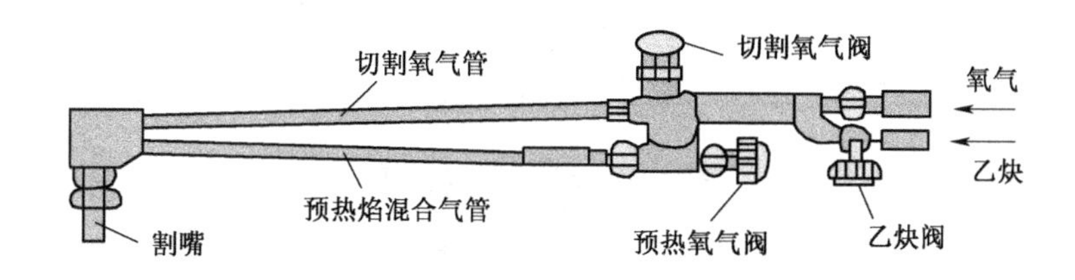

图 6-41　气割所用的割炬

实训实施

1. 气割安全

气割是利用可燃气体与氧气混合燃烧所释放出的热量作热源，进行金属材料切割的加工方法，是金属材料热加工中最常用的工艺方法之一。

在气割中，常用乙炔作为可燃气体。采用乙炔作为可燃气体的火焰称为氧乙炔焰。氧乙炔焰的气割，在钢材的下料及坡口的制备方面，应用更为广泛。

由于在气割过程中，要使用高压气瓶、易燃易爆气体及高温火焰等，所以如果设备有缺陷或违章操作，可能引起火灾、爆炸、烧伤、烫伤等事故，在气割过程中要注意安全。

2. 准备工作

(1)熟悉图纸和工艺文件，详细了解工件的材质、规格和公差要求等。

(2)将割枪装在固定的胶管接头上，检查氧气表、乙炔保险壶工作是否正常，割枪射吸力是否良好。常用割炬基本参数如表 6-15 所示。

(3)使用氧气瓶时，应将瓶放稳并放气吹去接头处的尘杂物，再装氧气表。当瓶内气压低于工作压力时，必须更换，且移动气瓶应避免撞击，严禁沾油。

3. 操作

(1)根据钢板厚度选用割嘴，并按照规定调节工艺规范，如表 6-16 所示。

表 6-15　常用割炬基本参数 G01

型　号	割炬号码	割炬孔径/mm	切割厚度范围/mm（低碳钢）	气体压力/MPa		气体消耗量	
				氧　气	乙　炔	氧气/($m^3 \cdot h^{-1}$)	乙炔/($m^3 \cdot h^{-1}$)
G01－30	1	0.7	3～10	0.2	0.001～0.1	1	520
	2	0.9	10～20	0.25		1.73	600
	3	1.1	20～30	0.3		2.6	650
G01－100	1	1.0	20～40	0.3		2.4	600
	2	1.3	40～60	0.4		4.4	700
	3	1.6	60～100	0.5		7.4	900
G01－300	1	1.8	100～150	0.5		10.5	1 050
	2	2.2	150～200	0.65		14	1 300
	3	2.6	200～250	0.8		20	1 800
	4	3.0	250～300	1.0		25	2 000

表 6-16　割嘴和工艺参数

割嘴型号	板厚/mm	嘴　号	氧气工作压力/MPa	乙炔工作压力/MPa	可见切割氧流长度/mm
G01-30	3～30	1	0.20	0.001-1	60
		2	0.25		70
		3	0.30		80
G01-300	10～100	1	0.30	0.001～0.1	80
		2	0.40		90
		3	0.50		100
G01-300	100～300	1	0.50	0.001～0.1	110
		2	0.65		130
		3	0.80		150
		4	1.0		170
G02-100	3～100	1	0.20	0.04	60
		2	0.25	0.94	70
		3	0.30	0.05	80
		4	0.40	0.05	90
		5	0.50	0.06	100
G02-300	3～300	1	0.20	0.04	60
		2	0.25	0.04	70

续表

割嘴型号	板　厚/mm	嘴　　号	氧气工作压力/MPa	乙炔工作压力/MPa	可见切割氧流长度/mm
G02-300	3~300	3	0.30	0.05	80
		4	0.40	0.05	90
		5	0.50	0.06	100
		6	0.50	0.06	110
		7	0.65	0.07	130
		8	0.8	0.08	150
		9	1.0	0.09	170

(2)检查切割氧流线(风线)。氧流线应为笔直清晰的圆柱体,若氧流线不规则,要关闭所有阀门修整割嘴。

(3)气割工件采用氧化焰,火焰的大小应根据工件的厚度适当调整。

(4)气割时割嘴对准气割线一端加热工件至熔融状态,开快风使金属充分燃烧,工件烧穿后再开始沿气割线移动割嘴。

(5)切割要在钢板中间开始的,如割圆,应在钢板上先割出孔,如钢板较厚可先钻孔,再由孔开始切割。

(6)气割薄板时,割嘴不能垂直于工件,需偏斜 5°~10°,火焰能率要小,气割速度要快。

(7)气割厚板,割嘴垂直于工件,距表面 3~5 mm,切割终了割嘴向切割方向的反向倾斜 5°~10°,以利于收尾时割缝整齐。

(8)使用拖轮切割弧线,割枪不可抬太高,尤其割小弧线厚板应使割枪与工件平行。

(9)工作时应常用针疏通割嘴,割嘴过热应浸入水中冷却。

(10)气割特殊钢材,按工艺要求。

(11)气割完毕要除去熔渣,并对工件进行检查。

实训评价

1. 气割切口的质量要求

气割切口表面应光滑干净,而且粗细纹路要一致,气割的氧化铁渣容易脱落;气割切口缝隙较窄,而且宽窄一致;气割切口的钢板边缘棱角没有熔化等。

切口质量的评定内容及等级划分:

(1)表面粗糙度:表面粗糙度是指切割面波纹峰与谷之间的距离(取任意 5 点的平均值),用 G 表示 。

(2)平面度:平面度是指沿切割方向垂直于切割面上的凸凹程度。按被切割钢板厚度 δ 的百分比计算,用 B 表示 。

(3)上缘熔化程度:上缘熔化程度是指气割过程中烧塌情况,表现为是否产生塌角及形成间断或连续性的熔滴及熔化条状物,用 S 表示。

(4)挂渣:挂渣是指切断面的下缘附着铁的氧化物,按其附着多少和剥离难易程度来区分等级,用 Z 表示 。

(5)缺陷的极限间距:缺陷的极限间距是指沿切线方向的切割面上,由于振动和间断等原因,出现沟痕,使表面粗糙度突然下降,其沟痕深度为 0. 32~1. 2 mm,沟痕宽度不超过 5 mm 者称为缺陷。缺陷的极限间距用 Q 表示 。

(6)直线度:直线度是指切割直线时,沿切割方向将起止两端连成的直线同切割面之间的间隙,用 P 表示 。

(7)垂直度:垂直度是指实际切断面与被切割金属表面的垂线之间的最大偏差。

2. 提高切口表面质量的途径

(1)切割氧气压力大小要适当。切割氧压力过大时,使切口过宽,切口表面粗糙,同时浪费氧气;过小时,气割的氧化铁渣吹不掉,切口的熔渣容易黏在一起,不易清除。

(2)预热火焰能率要适当。预热火焰能率过大时,钢板切口表面的棱角被熔化,尤其是在气割薄件时会产生前面割开,后面黏在一起的现象;火焰能率过小时,气割过程容易中断,而且切口表面不整齐。

(3)气割速度要适当。气割速度太快时,产生较大的后拖量,不易切透,甚至造成铁渣往上飞,容易发生回火现象;气割速度太慢时,钢板两侧棱角熔化,同时浪费气割气体,较薄的板材易产生过大的变形以及粘连现象,割后不易清理。气割速度适当时,熔渣和火花垂直向下飞去,切口光洁,熔渣容易清除。

3. 常见缺陷的产生原因及防止方法

1)切口过宽且表面粗糙

切口过宽且表面粗糙是由于切割氧气压力过大造成的。切割氧气压力过低时,切割的熔渣便吹不掉,切口的熔渣黏在一起,不易去除。因此气割时,应将切割氧气压力调整适宜。

2)切口表面不齐或棱角熔化

切口表面不齐或棱角熔化产生的原因是预热火焰过强,或切割速度过慢;火焰能率过小时,切割过程容易中断且切口表面不整齐,所以,为保证切口规则,预热火焰能率大小要适宜。

3)切口后拖量大

切割速度过快致使切割后拖量过大,不易切透,严重时会使熔渣向上飞,发生回火。切割时,可根据熔渣流动情况进行判断,采用较为合理的切割速度,从而消除过大的后拖。

思考与练习

(1)金属进行气割必须满足的条件。

(2)气割切口的质量要求。

(3)提高切口表面质量的途径。

(4)常见缺陷的产生原因及防止方法。

实训四　CO_2 气体保护电弧焊

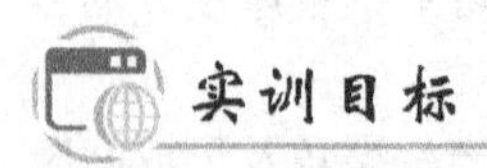

实训目标

①必须充分理解和掌握 CO_2 气体保护焊与其他焊接方法的区别,这是能够准确把握 CO_2 焊的

前提和关键。

②通过制订相应的焊接工艺等实践环节来培养和提高工艺能力和经验。

③掌握 CO_2 气体保护电弧焊的基本知识。

④掌握应用 CO_2 气体保护电弧焊焊接薄板技术。

实训分析

CO_2 气体保护电弧焊是使用焊丝来代替焊条，经送丝轮通过送丝软管送到焊枪，经导电咀导电，在 CO_2 气氛中，与母材之间产生电弧，靠电弧热量进行焊接。CO_2 气体在工作时通过焊枪喷嘴，沿焊丝周围喷射出来，在电弧周围造成局部的气体保护层使溶滴和溶池与空气机械地隔离开来，从而保护焊接过程稳定持续地进行，并获得优质的焊缝。

相关知识

1. 干伸长度为什么要求严格

焊接过程中，保持焊丝干伸长度不变是保证焊接过程稳定性的重要因素之一。

过长时：气体保护效果不好，易产生气孔，引弧性能差，电弧不稳，飞溅加大，熔深变浅，成形变坏。

过短时：看不清电弧，喷嘴易被飞溅物堵塞，飞溅大，熔深变深，焊丝易与导电咀粘连，焊接电流一定时，干伸长度的增加，会使焊丝熔化速度增加，但电弧电压下降，电流降低，电弧热量减少。

热量=干伸长度热量+电弧热量

2. CO_2 气体保护电弧焊的特点

1）优点

（1）焊接生产效率高：比 MMA 高 2~4 倍。

（2）焊接成本低：是 MMA 或 SAW 的 40%~50%。

（3）焊接变形小：尤适于薄板焊接。

（4）焊接质量高：对铁锈不敏感，焊缝含氢量低。

（5）适用范围广：全位置焊接能力好，打底/填充/盖面、厚/薄板均宜。

（6）操作简便：比 MMA 容易操作、适于自动焊（robot）。

（7）绿色环保：CO_2 来自可再生资源。

2）“缺点”

（1）飞溅较大（这一缺陷目前已经解决）。

（2）焊接设备较“复杂”（用今天的眼光看，已不复杂）。

（3）抗风能力差（所有气体保护焊的共同缺憾，但药芯焊丝 CO_2 焊无此问题）。

（4）不能焊接有色金属。

3. 焊接电压

1）焊接电流的选定

根据焊接条件（板厚、焊接位置、焊接速度、材质等参数）选定相应的焊接电流。

CO_2 焊机调电流实际上是在调整送丝速度。因此 CO_2 焊机的焊接电流必须与焊接电压相匹配，既一定要保证送丝速度与焊接电压对焊丝的熔化能力一致，以保证电弧长度的稳定。根据焊接

条件选定相应板厚的焊接电流,然后根据下列公式计算焊接电压:

焊接电流<300 A 时:焊接电压=(0.04 倍焊接电流+16±1.5)V。

焊接电流>300 A 时:焊接电压=(0.04 倍焊接电流+20±2)V。

2)焊接电压和焊接电流

焊接电压:提供焊丝熔化能量,电压越高焊丝熔化速度越快。

焊接电流:实际上是调送丝速度与熔化速度的平衡结果。

3)焊接电压对焊接效果的影响

电压偏高时:弧长变长,飞溅颗粒变大,易产生气孔,焊道变宽,熔深和余高变小。

电压偏低时:焊丝插向母材,飞溅增加,焊道变窄,熔深和余高大。

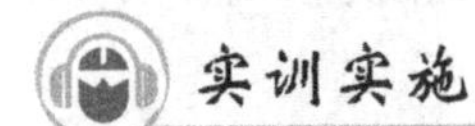

实训实施

1. 规范调节

实训按参考公式进行焊前预制和试焊。

(1)首先确定电流,再根据手感、声音、电弧稳定判断电压高低然后微调电压。

(2)在焊接电压和焊接电流一定的情况下,焊接速度的选择应保证单位时间内给焊缝足够的热量。半自动的焊接速度为 30~60 cm/min;自动焊的焊接速度可高达 250 cm/min 以上。

焊接速度过快时:焊道变窄,熔深和余高变小。

(3)干伸长度:焊丝从导电咀到工件的距离。

选择时根据电流进行。小于 300 A 时:L=(10~15)倍焊丝直径。

大于 300 A 时:L=[(10~15)倍焊丝直径+5]mm。

(4)极性选择:CO_2 焊、MAG 焊和脉冲 MAG 焊一般都采用直流反极性。

(5)焊枪是直接用于完成焊接工作的工具。

作用:作为电极传递焊接电流;经送丝软管和一线制电缆向焊接部位输送焊丝和气体;通过微动开关向焊机发出控制命令。

要求:送丝均匀、导电可靠、气体保护良好、结构简单、经久耐用、轻便、柔软、使用性能良好。

(6)导电咀是直接向焊丝传递电流的零件,导电咀内孔与焊丝接触而导电,导电咀外表面与喷嘴内壁之间流过保护气体。

使用时导电咀的规格必须与焊丝直径保持一致,即导电咀内径不能过大或过小,过大导电不好,过小则送丝阻力增加,均会造成焊接过程不稳定,严重影响焊接质量。

(7)送丝机构(送丝机)由送丝电机、减速装置、送丝滚轮和压紧机构等组成。CO_2 焊专用焊机的送丝机构采用单主动送丝即可。送丝机构多为独立式,也有与电源作为一体。

(8)供气系统由气瓶(铝白色)、预热器、减压/流量计、气管和电磁气阀组成,必要时可加装干燥器。

通常将预热器、减压器、流量计作为一体,称为 CO_2 减压流量计(通常属于焊机的标准随机配备)。

2. CO_2 焊工应使用的护具

(1)焊接皮手套和脚盖可防止烫伤。

(2)护目镜片的选用如表 6-17 所示。

表 6-17　护目镜片的选用

电流范围/A	100 A 以下	100~300 A	300 A 以上
护目镜片号	9 号以上	11 号以上	13 号以上

(3)遮光眼镜:为了避免侧光及飞溅物伤害眼镜,应戴无色遮光眼镜。

(4)防尘口罩:焊接时,当使用整体或局部通风不能使烟尘浓度降到卫生标准以下时,必须选用合适的防尘口罩或防毒面具。

3. 焊接

根据工件厚度,角焊缝可分为单道焊和多层焊。单道焊:最大焊脚高度为 7~8 mm。多层焊:多层焊适用于8 mm以上焊脚。

因后退法余高过高,作业性能差,气保效果不好,因此,水平角焊宜采用前进法焊接。

立向下焊适用于板厚 6 mm 以下的工件。立向下焊关键是控制熔池不下淌,防止发生焊瘤和焊不透。

立向上焊时,如果平直送枪,焊缝呈凸状,易产生咬边,因此,应采用小摆动法送枪。工艺参数的选择如表 6-18 所示。

表 6-18　工艺参数的选择

焊丝直径/mm	焊接电流/A	电弧电压/V	焊接速度/m/h	气体流量/(T/min)
1.0~1.2	130~150	22~26	20~30	10~15

实训评价

1. 起焊点与质量关系(见图 6-42)

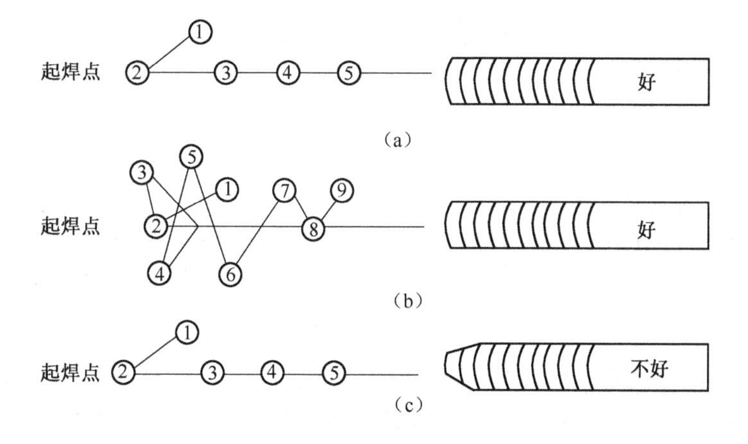

图 6-42　起焊点与质量关系示意图

2. 不良操作与结果

(1)若焊枪成逆向倾角时则:

①焊缝狭窄;②余高大;③熔深大;④易产生气孔。

(2)若焊丝直径大则:
①飞溅多;②电弧不稳定;③熔深小。
(3)若焊接速度高则:
①焊缝狭窄;②熔深小;③余高小;④易产生咬边。
(4)保护气体:
①若流量小或风大则产生气孔。
②随气体种类的不同而有不同的电弧状态焊缝形状、熔敷金属的性质。
(5)若导电咀与母材之间的距离大则:
①在一定送丝速度下电流减小、熔深小;②焊缝容易弯曲。
(6)喷嘴高度过高则:
①气体保护焊效果变坏;②产生气孔。
高度过低则:①由于飞溅而容易堵塞不能长时焊接;②焊接不清晰。
(7)若焊接电流大则:
①焊缝宽;②熔深大;③余高大;④飞溅颗粒小而少,焊缝成形不好。
(8)弧长长时则:
①焊缝宽;②熔深小;③余高小;④飞溅颗粒大。
(9)若大量的附有油污、锈迹等就会产生气孔。

思考与练习

(1)简述 CO_2 气体保护弧焊优、缺点。
(2) CO_2 气体保护焊中,如何进行规范调节?
(3)评价不良操作与结果。

实训五 氩 弧 焊

实训目标

①用焊点试验法来判断气体保护效果。
②掌握钨极氩弧焊操作技术。

实训分析

①主要是在铝板上点焊。电弧引燃后焊枪固定不动,待燃烧 5~10 s 后断开电源。这时铝板上焊点周围因受到"阴极破碎"作用,出现银白色区域,这就是气体有效保护区域,称为去氧化膜区,其直径越大,说明保护效果好,如图 6-43 所示。

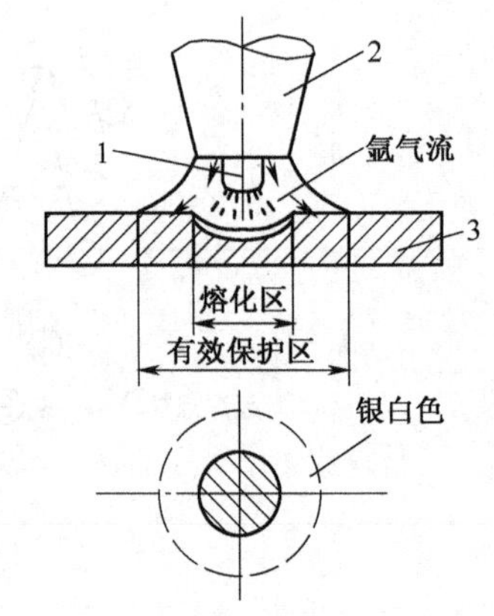

图 6-43 判断氩气的保护效果示意图
1—钨极;2—焊枪;3—焊件

②在生产实际中也可以通过直接观察焊缝表面色泽

和是否存在气孔来判定气体保护效果如何，见表 6-19。

表 6-19　保护效果的判定

焊接材料	最　好	良　好	较　好	最　坏
不锈钢	银白、金黄	蓝色	红灰	黑色
铝合金	银白色	—	—	黑灰色

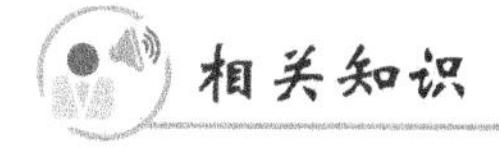

相关知识

1. 氩弧焊的原理

氩弧焊是使用氩气作为保护气体的一种气体保护电弧焊方法，如图 6-44 所示。

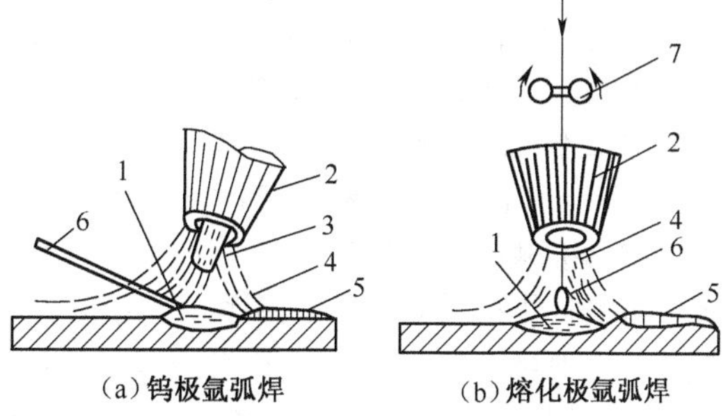

图 6-44　氩弧焊的原理示意图

1—熔池；2—喷嘴；3—钨极；4—气体；5—焊缝；6—焊丝；7—送丝滚轮

2. 注意事项

1)怎样正确使用手工钨极氩弧焊机

焊工工作前，应看懂焊接设备使用说明书，掌握焊接设备一般构造和正确的使用方法；焊机应按外部接线图正确连接，并检查铭牌电压值与网路电压值必须相符，外壳必须可靠接地；焊机使用前，必须检查水路、气路的连接是否良好，以保证焊接时正常供水、气；工作完毕或临时离开工作现场，必须切断电源，关闭水源及气瓶阀门。

2)操作过程中，若不慎焊丝与钨极相触碰怎么办

如果焊丝与钨极相触碰，会发生瞬间短路造成焊缝污染和夹钨。此时应立即停止焊接，用砂轮磨掉被污染处，直至露出金属光泽，被污染的钨极要重新磨尖后，方可继续施焊。

3)手工钨极氩弧焊的氩气流量大小对焊缝质量有何影响

如果氩气流量过小，容易产生气孔、焊缝被氧化等缺陷；若氩气流量过大，则会产生紊流，使空气卷入焊接区，降低保护效果。在生产实践中，孔径为 12~20 mm 的喷嘴，最佳氩气流量范围为 8~16 L/min。

4)手工钨极氩弧焊时，如何判断焊接电流是否合适(见图 6-45)

焊接电流合适时，钨极端部的电弧呈半球状[见图 6-45(a)]，此时电弧稳定，焊缝成形良好；焊接电流过小时，钨极端部电弧偏移，此时电弧飘动[见图 6-45(b)]；焊接电流过大时，钨极端部发热，钨极的部分熔化脱落到熔池中[见图 6-45(c)]形成夹钨等缺陷，并且电弧不稳，焊接质量差。

5)手工钨极氩弧焊过程中应该注意哪些事宜

打底焊时，应尽量采用短弧焊接，填丝量要少，焊枪尽可能不摆动，当焊件间隙较小时，可直接进行击穿焊接；如果定位焊缝有缺陷，必须将缺陷磨掉，不允许用重熔的办法来处理定位焊缝上的缺陷。

盖面焊时，填充焊丝要均匀，快慢适当。过快焊缝余高大；过慢则焊缝下凹和咬边。焊至收尾处焊件温度会提高很多，这时就应适当加快焊接速度，收弧时多送几滴熔滴填满弧坑，防止产生弧坑裂纹。

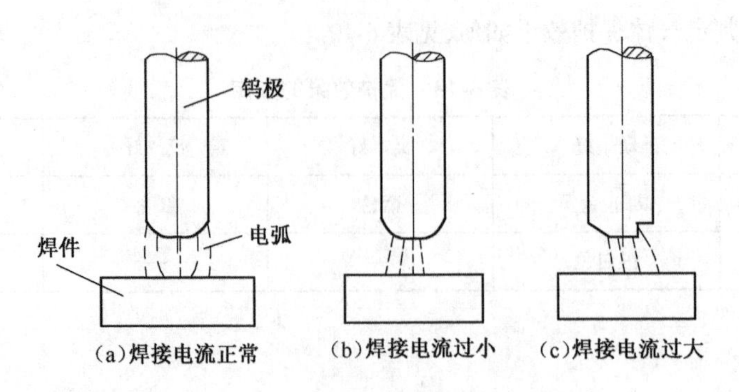

图 6-45 焊接电流与电弧关系图

手工钨极氩弧焊是双手同时操作,这一点有别于焊条电弧焊。操作时,双手配合协调显得尤为重要。因此,应加强这方面的基本功训练。

3. 手工钨极氩弧焊操作要点

(1)引弧。通常手工钨极氩弧焊机本身具有引弧装置(高压脉冲发生器或高频振荡器),钨极与焊件并不接触保持一定距离,就能在施焊点上直接引燃电弧。如没有引弧装置操作时,可使用纯铜板或石墨板作引弧板,在其上引弧,使钨极端头受热到一定温度(约 1 s),立即移到焊接部位引弧焊接。这种接触引弧,会产生很大的短路电流,很容易烧损钨极端头。

(2)持枪姿势和焊枪、焊件与焊丝的相对位置(见图 6-46)。一般焊枪与焊件表面成 70°~80°的夹角,填充焊丝与焊件表面为 15°~20°。

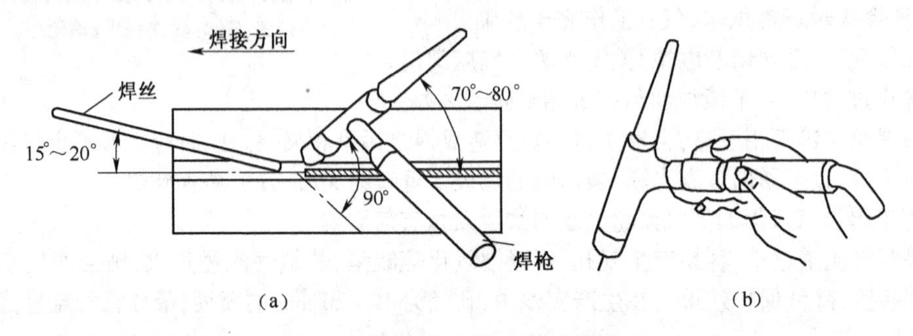

图 6-46 焊枪与焊件表面示意图

(3)右焊法与左焊法。右焊法适用于厚件的焊接,焊枪从左向右移动,电弧指向已焊部分,有利于氩气保护焊缝表面不受高温氧化。左焊法适用于薄件的焊接,焊枪从右向左移动,电弧指向未焊部分有预热作用,容易观察和控制熔池温度,焊缝形成好,操作容易掌握。一般均采用左焊法。

(4)焊丝送进方法。一种方法是以左手的拇指、食指捏住,并用中指和虎口配合托住焊丝便于操作的部位。需要送丝时,将捏住焊丝的拇指和食指伸直,如图 6-47(a)所示,即可将焊丝稳稳地送入焊接区,然后借助中指和虎口托住焊丝,迅速弯曲拇指、食指,向上倒换捏住焊丝,如图 6-47(b)所示,如此反复填充焊丝。

另一种方法如图 6-48 所示,夹持焊丝,用左手拇指、食指、中指配合动作送丝,无名指和小手指夹住焊丝控制方向,靠手臂和手腕的上、下反复动作,将焊丝端部的熔滴送入熔池,全位置焊时多用此法。

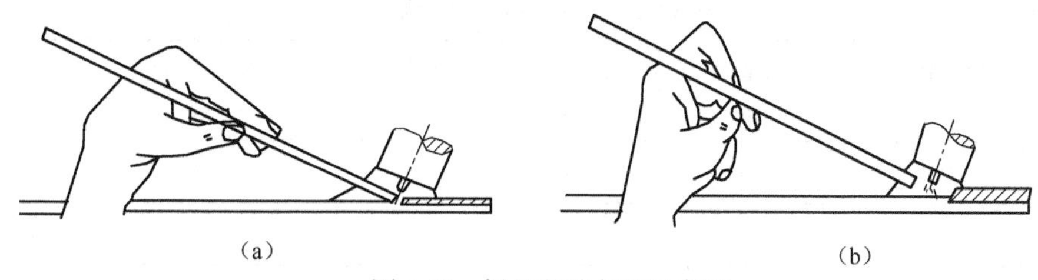

图 6-47　焊丝送进方法示意图

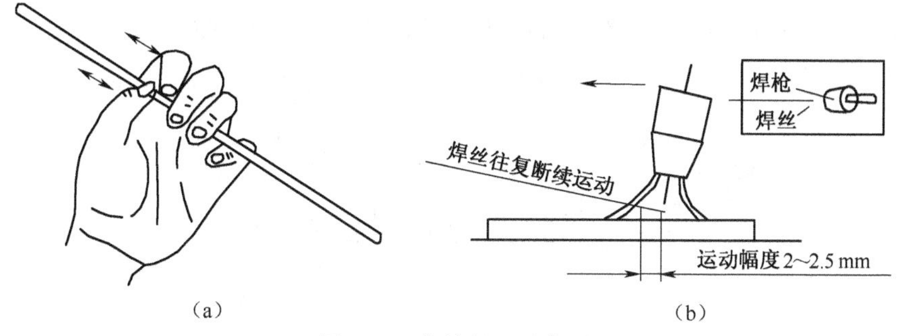

图 6-48　夹持焊丝示意图

(5)收弧。一般氩弧焊机都配有电流自动衰减装置,收弧时,通过焊枪手柄上的按钮断续送电来填满弧坑。

若无电流衰减装置时,可采用手工操作收弧,其要领是逐渐减少焊件热量,如改变焊枪角度、稍拉长电弧、断续送电等。收弧时,填满弧坑后,慢慢提起电弧直至熄弧,不要突然拉断电弧。熄弧后,氩气会自动延时几秒停气,以防止金属在高温下产生氧化。

实训实施

1. 焊前准备

(1)焊接设备:WS-300 型钨极氩弧焊机。

(2)氩气瓶及氩气流量调节器(AT-15 型)。

(3)铈钨极:Wce-20,直径为 2.4 mm。

(4)气冷式焊枪:QQ-85°/150-1 型。

(5)焊件:Q235-A,长×宽×厚为 300 mm×100 mm×3 mm。

(6)焊丝:H08A,直径为 2.0 mm。

(7)清理焊件与焊丝。

(8)装配及定位焊。

2. 焊机调试

(1)分别开启气阀和电源开关,若无异常情况,可调节焊接电流为 70~100 A,氩气流量为 6~7 L/min。

(2)正式操作前,通过短时焊接,对设备进行一次负载检查,检查气路和电路系统工作是否正常。

(3)确定焊接工艺参数,如表 6-20 所示。

表 6-20 确定焊接工艺参数

焊接层次	钨极直径/mm	喷嘴直径/mm	钨极伸出长度/mm	氩气流量/$L \cdot min^{-1}$	焊丝直径/mm	焊接电流/A
底层焊	2.4	8~12	5~6	8~12	2.0	70~90
盖面焊	2.4	8~12	5~6	10~14	2.0	100~120

3. 焊接操作

(1)打底层焊接采用左焊法，焊丝、焊枪与焊件之间的角度如图 6-49 所示。

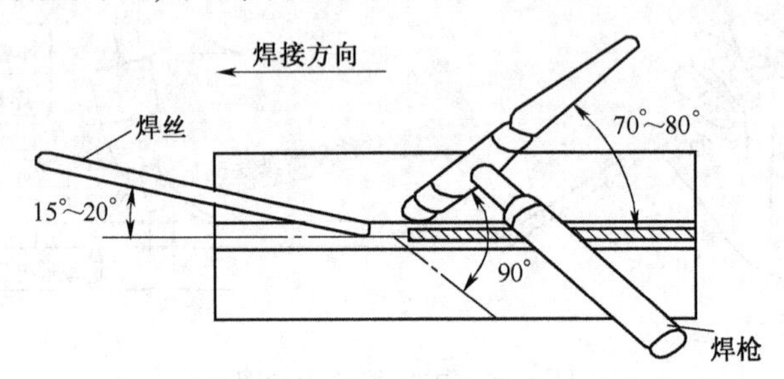

图 6-49 打底层焊接时，焊丝、焊枪与焊件之间的角度示意图

起焊时，将稳定燃烧的电弧移向定位焊缝的边缘，用焊丝迅速触及焊接部位试探，当感到该部位变软开始熔化时，立即填加焊丝，焊丝的填充一般采用断续点滴填充法，同时，焊枪向前做微微摆动。

焊接过程中，若焊件间隙变小时，则应停止填丝，将电弧压低 1~2 mm，直接击穿；当间隙增大时，应快速向熔池填加焊丝，然后向前移动焊枪。

一根焊丝用完后，焊枪暂不抬起，按下电流衰减开关，左手迅速更换焊丝，将焊丝端头置于熔池边缘之后，启动正常焊接电流，继续焊接。

(2)盖面层焊接应适当加大焊接电流，可选择比打底层焊接时稍大些的钨极直径及焊丝。操作时，焊丝与焊件间的角度尽量减小，焊枪做小锯齿形横向摆动。

(3)焊后关闭气路和电源，并清理操作现场。

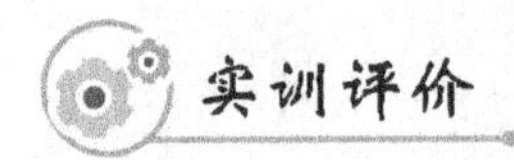

实训评价

实训项目评分表如表 6-21 所示。

表 6-21 项目评分表

项 目	考核要求	分 值	扣分标准	检验结果	得 分
操作焊机	正确使用焊机	10	不正确不得分		
工艺参数选择	参数选择合理	10	不合理不得分		
焊缝宽度差	≤1	10	超过标准不得分		
焊缝余高	0~2	10	超过标准不得分		
焊缝余高差	≤1	5	超过标准不得分		
错边量	无	5	超过标准不得分		

续表

项　目	考核要求	分　值	扣分标准	检验结果	得　分
焊后角变形	≤3°	5	超过标准不得分		
夹渣	无	10	出现一处扣5分		
气孔	无	5	出现一处扣2分		
未焊透	无	5	出现一处扣5分		
未熔合	无	5	出现一处扣5分		
咬边	无	5	出现一处扣4分		
凹陷	无	5	出现一处扣4分		
焊缝外观成形	波纹均匀、美观	10	根据实际情况酌情扣分		

思考与练习

(1)如何判断氩弧焊的保护效果？
(2)简述氩弧焊的原理。
(3)如何正确选用氩弧焊机？
(4)手工钨极氩弧焊时，如何判断焊接电流是否合适？
(5)手工钨极氩弧焊过程中应该注意哪些事宜？
(6)手工钨极氩弧焊操作要点。

课后练习

(1)简述气焊的原理。
(2)简述气焊的优缺点。
(3)对气焊丝的要求有哪些？
(4)简述气焊熔剂的使用方法。
(5)简述气焊熔剂的使用要求。
(6)简述氧气瓶、乙炔瓶的特点及使用要求。
(7)简述回火防止器的应用。
(8)简述减压器的使用。
(9)简述焊炬的用途与分类、使用方法。
(10)简述导气管的使用要求。
(11)简述气焊工艺参数的类别。
(12)如何选择焊丝直径？
(13)简述氧乙炔焰的类别及其性质对比。
(14)如何合理选择氧乙炔焰？
(15)如何选择焊嘴倾角？
(16)简述左、右向焊法的异同点。
(17)简述焊接过程中如何进行点火、调节火焰与灭火。
(18)简述气焊时接头形式的选用。

(19)简述气割的原理及其过程。

(20)金属能够气割必须具备哪些条件?

(21)简述气割的特点。

(22)简述气割时工艺参数的选择规范。

(23)气割时割嘴的倾角如何选择?

(24)简述二氧化碳气体保护焊的基本原理。

(25)简述二氧化碳气体保护焊的优缺点。

(26)简述二氧化碳气体保护焊如何选择焊接电源。

(27)简述各种送丝方式的异同点。

(28)简述二氧化碳气体保护焊焊接工艺的选择原则。

参考文献

[1] 雷玉成,陈希章,朱强. 金属材料焊接工艺[M]. 北京:化学工业出版社,2007.

[2] 李亚江,陈茂爱,孙俊生. 实用焊接技术手册[M]. 河北科学技术出版社,2002.

[3] 李荣雪. 金属材料焊接工艺[M]. 北京:机械工业出版社,2009.

[4] 王洪光. 实用焊接工艺手册[M]. 北京:化学工业出版社,2010.

[5] 张应立. 现代焊接技术[M]. 北京:金盾出版社,2010.

[6] 伍广. 焊接工艺[M]. 北京:化学工业出版社,2010.